まえがき

一九二五年（大正十四年）、東京・大阪・名古屋でラジオ放送局が開局して第一声を上げました。一九五三年（昭和二十八年）にはテレビの放送も始まります。放送の誕生から四分の三世紀が経過しました。メディアの登場はいつの時代にあっても劇的であり歴史に大きな足跡を残してきましたが、二十世紀の新しいメディアである放送は、とりわけ大きな役割を果たしました。

ＮＨＫが五年ごとに行っている「国民生活時間調査」によれば、二〇〇〇年には、国民の九割以上がテレビを見ており、一人当たり一日の視聴時間は平日で三時間二十五分（一九九五年は三時間十九分）、土曜三時間三十八分（同三時間四十分）、日曜四時間十三分（同四時間三分）に及んでいます。平日と日曜のテレビ視聴時間は、過去最高です。ほかのメディアについて、平日の場合を見ると新聞が二十三分、ラジオは二十一分にとどまっています。

同じくＮＨＫの「日本人とテレビ調査」（二〇〇〇年）は、「あなたにとってどうしても欠かせないものは何か」を尋ねています。「テレビ」三四・八％を筆頭に、「家族との話」三三・四％、「新聞」一三・二％、「知人との話」六・七％、「ラジオ」四・六％と続いています。

テレビが人々の暮らしの中にしっかりと位置づけられ、社会の変革や文化の創造に不可欠の存在になっていることを示す数値、といえるのではないでしょうか。

テレビとその前史であるラジオ——放送のメディアは、二十一世紀に入って大きく変わろうとしています。衛星放送やケーブルテレビで始まったデジタル化は、二〇〇三年以降地上波放送に波及していきます。高画質・高音質のハイビジョン、多チャンネル、双方向などの放送サービスが展開されつつあります。通信の高速大容量化を可能にするブロードバンドの導入とパソコンや携帯電話の普及で、テレビ受像機やラジオ受信機以外にも多様な端末で放送を受信し、また視聴者の側からの情報発信も可能になります。

衛星放送の開始とともに、編成や個々の番組は大きく変わりました。多様な放送メディアの登場と多チャンネル化の進展は、放送のハードとソフト両面でのさらなる激変をもたらしそうです。現代の情報社会で基幹メディアの役割を果たしている放送は、これからどう変わっていくのでしょうか。変化のテンポが余りにも速いために、明確な展望を持ちえないのが実情です。

しかし、歴史は不連続に発展するものではありません。過去四分の三世紀にわたって展開された目覚ましい技術の発展、この間に放送された数多くの番組とそれに関わった大勢の放送人たちの取り組み、放送を見聞きした視聴者の理解と支援の積み重ねの上に、今日の放送があるのです。これまでの放送の歴史をしっかりと見ることによって、これからの放送の展開を見通す手掛かりが得られるのではないでしょうか。

こんな考えに立って、二十世紀の放送の発展を記録しようという計画がNHKの内部で具体化したのは一九九五年のことでした。放送文化研究所に編集室が置かれ、放送史の編纂作業が始まりました。大勢の関係者から取材し、編集室のスタッフのほかNHKの現役やOB、外部の専門家らが執筆に携わりました。そして、七十六回目の放送記念日に当たる二〇〇一年三月二十二日に『20世紀放送史』の刊行をみました。

総合的な放送史は、一九七七年にNHKが編纂・出版した『放送五十年史』以来二十四年ぶりになります。『20世紀放送史』は、『五十年史』以後のテレビの成熟期とそれに続く多メディア時代の開幕に記述の力点を置きました。さいわい大勢の方から好評を得ましたが、上下二巻延べ千二百六十八ページ、これに七百九十二ページの年表がついた三点セットは大部に過ぎます。このため手軽に読める普及版の刊行を求める声がたくさん寄せられました。

本書『放送の20世紀』は、そうしたご要望に応えるとともに、二十世紀における日本の放送の発展をコンパクトに描こうと企画したものです。ベースはあくまでも『20世紀放送史』にあります。しかし、本史の執筆者は九十七人に上り、取り上げた内容も放送、技術、制度・政策、放送関連分野など多岐にわたっています。手軽に読めるものにするためには、構成の手直しや文体の統一が必要です。そこで放送史編集室の座長を務めた小田貞夫が、本史の趣旨を生かしつつ構成を考え、執筆に当たりました。その上で、放送文化研究所の監修を得ました。

『20世紀放送史』は、

1 放送の機能や役割を、その時々の社会情勢や文化との相互作用の中に位置づける

2 放送が人々の生活にどう影響したか、人々は放送をどう受け止めたか、視聴者の皆さんからみた放送史という観点を心掛ける

3 NHKの社史ではなく、民放の動向はもとより活字メディアや映画、通信、コンピューターなど放送隣接分野も視野に入れ、トータルなメディア史の中での放送、という位置づけを目指す

4　放送に取り組んだ記者やディレクター、アナウンサー、技術者らの志や情熱を描き出し、放送人の顔が見える歴史を目指す

の四点を重視して編纂されました。

普及版である本書においても、この視座に徹することを心掛けたつもりです。読者の皆さんが懐かしく思い出す番組名や、関係者の固有名詞をなるべくたくさん出してみました。

本書が、二十世紀の日本で放送が果たした役割を知り、二十一世紀での展開を予測する手掛かりになれば、執筆者としては望外の喜びです。

第2部 テレビの時代

第2章　主役になったテレビ　136

第3章　衛星中継の時代へ　180

第2部
テレビの時代

第4章　本格化したカラー放送　215

第5章　成熟期に入ったテレビ　245

第3部 多メディアの時代

第1部
ラジオの時代

20世紀は、科学技術の著しい進歩から多彩な文化が生まれた。なかでも放送は、その大きな影響力によって人々の生活に不可欠なメディアとなり、文化の創造、世論の形成、政治や経済、社会の改革に重要な役割を果たすようになる。20世紀は、放送の世紀ともいえる。

アメリカで世界最初のラジオ局が開局して5年後の1925年、東京・大阪・名古屋でラジオが第一声を上げた。やがて放送網は全国に広がり、ドラマやスポーツ中継、演芸などの番組が家庭に届けられて、ラジオは人々の暮らしに溶け込んでいった。

2.26事件に始まって日中戦争から太平洋戦争へと、時代は戦争一色に変わっていく。政府の厳しい監督と統制の下でスタートした日本のラジオは、国策伝達の強力なメディアとして政府や軍に利用された。それでも、戦況のニュースや防空警報を伝えるラジオは人々の命綱ともいえる存在であった。

1945年、長い戦争が終わる。占領軍は日本の民主化と非軍事化を進める上でラジオを重視した。「マイクの開放」に象徴されるような多彩な番組が登場し、戦後の混乱と疲弊の中にあった人々に笑いと明るい話題を提供した。電波三法の制定で日本の放送体制が整備され、1951年には民放ラジオが誕生する。ＮＨＫ・民放の併存体制が始まり、ニュースや番組での競争の中で、放送文化が開花していく。ラジオの受信契約数は1460万件にまで伸びた。

第❶章 ラジオの誕生と成熟

「こちらは東京放送局であります」――ラジオ第一声

「ＪＯＡＫ、ＪＯＡＫ。こちらは東京放送局であります」

一九二五年（大正十四年）三月二十二日の朝九時三十分。東京・芝浦の仮放送所から、日本のラジオ第一声が流れた。アナウンサーの京田武男は「ジェーイ、オーウ、エーイ、ケーイ」と深く緩やかに、抑揚をつけて、遠くへ呼びかけるようにして東京放送局のコールサインを伝えた。

午前十時からは、社団法人東京放送局の開局式のもようが電波に乗った。総裁後藤新平が、ラジオという新しい事業に対する抱負を述べた。「現代の科学文明の成果である無線電話（ラジオ）なしに将来の文化生活を想像することはできない」と前置きした後藤は、放送の機能として次の四点を挙げた。

（一）文化の機会均等――ラジオは都市と地方、老幼男女、各階級の間の区別をなくし、あらゆるものに電波の恩恵を均等に提供する

（二）家庭生活の革新――これまで慰安娯楽は家庭の外に求めていたが、ラジオを囲んで一家団

らんを楽しむことができるようになる

（三）教育の社会化――多数の民衆に耳から学術知識を注入することで、従来の教育を大きく進歩させる

（四）経済機能の敏活――海外経済事情や株式、生糸、米穀など商品市況が速報されることで、経済取引が活発になる

後藤が述べた放送の機能と役割は、ラジオ時代を経てテレビ全盛を迎えた今日でも通用する道理である。その卓越した先見性に驚嘆する。

後藤は、放送の自主自律についても卓見を述べている。放送事業は法律や規則の力で目的を達成するものではなく、放送局の当事者も聴取者も、関係者のすべてが高い自治的な自覚と倫理的観念とをもってラジオを活用していかなければならない、という。逓信官僚が放送を監督し厳しく規制しようとしていたのとは対照的な姿勢であった。

この日までに東京放送局と聴取契約を結んだものは三千五百人、未届けも含めて国内でラジオ受信機を持っていた人は八千人以上と推定された。ほとんどの人は鉱石ラジオで放送を聞いた。当時、東京の男性小学校教員の初任給は月額二十五円、真空管を使ったラジオは百円から二百円、輸入品のスーパーヘテロダイン式ラジオになると千五百円もした。鉱石ラジオは検波器と同調回路のセットで十円、レシーバーやアンテナ、アースに碍子《がいし》をそろえて三十円であった。

当時のラジオ放送は出力が弱いため、受信するには高いアンテナを張る必要があった。高い竹ざおのアンテナが林立するさまは、やがて大都市の新しい風景となっていく。鉱石ラジオはレシーバ

ーを耳に当てて一人で聞くものだ。後藤がいうラジオを囲んでの一家団らんが実現するのは、真空管式ラジオの普及まで待たなければならなかった。

ラジオ前史時代に話を戻す。

一八三七年、アメリカの電気技師サミュエル・モールスが電信機を開発、それに使う略号のモールス符号を考案した。符号ではなく、人の声や音楽を直接電線で伝えることはできないか。モールスの電信機から約四十年後の一八七六年に、グラハム・ベルが電話を発明する。一八八〇年代には、アメリカとヨーロッパの都市で電話が急速に普及する。日本でも一八九〇年（明治二十三年）には、東京、横浜両市内と両市間を結ぶ一般加入電話が始まる。

電信と電話は、情報の伝達に当たって時間の壁を打ち破った。だが、電線のないところに情報を送ることはできない。空間の壁が立ちはだかっていた。その壁が破れるには、なお二十年の歳月が必要だった。

一八九五年十二月、二十歳のイタリア人学生マルコーニが無線で電波を送信する実験に成功した。イギリスに渡ったマルコーニは九七年、最初の無線電信施設を開設する。

一九〇六年のクリスマス・イブ。米マサチューセッツ州の沖合を航行していた艦船の通信士たちは、突然、無線電信の受話器を通じて聞こえてきた人の声にびっくりした。それまで無線電信が送受するのは「トン・ツー」「トン・ツー・ツー」の無機質なモールス信号だったからである。続いて女性の独唱やバイオリンの演奏も流れてきた。

世界最初のラジオ放送といわれるこの電波は、R・A・フェッセンデンが開発した高周波発電機式送信機を使って届けた〝クリスマス・プレゼント〟であった。

電波で音声を送る——放送の試みが、以後各地で繰り広げられる。

一九一四年にヨーロッパで始まった第一次世界大戦には、数々の新兵器が登場した。無線通信機はその代表的なものであった。戦闘に不可欠な情報の収集や伝達・連絡が迅速、的確に行われるようになった。アメリカのゼネラルエレクトリック（GE）とウェスティングハウスの二大電気機器メーカーは、大量の通信機の発注を受けて大きな利益を上げた。一八年に大戦は終わり、両社は格好の市場を失う。

GEは、戦後いち早くRCAを設立してヨーロッパ諸国との国際無線事業に乗り出した。出遅れたウェスティングハウスは、放送の分野に目をつけた。商務省から放送局開設の免許を得、呼び出し符号はKDKAと決まる。ピッツバーグにある工場の中で最も高い建物の屋上に、放送設備を置いた。

一九二〇年十一月二日、大統領選挙の開票日に合わせてKDKAは開局した。開票結果がピッツバーグ・ポスト紙の編集局から電話でKDKAに送られ、電波に乗った。五百人から千人の人々が放送を聞いて、ハーディングが第二十九代大統領に当選したことを知った。

KDKAは開局早々、放送が持つ最大の特性である速報性を発揮してみせたのであった。KDKA局の誕生は全米に喧伝され、世界各国にラジオ熱が広がった。一九二二年、全米の放送局の数は五百局を超えた。

「ほんまによう聴いておくれやした」——三局の開局

欧米からラジオ企業化の情報が入ってくるにつれ、日本でもラジオ熱が高まっていった。民間に多くの研究者が現れ、新聞社も熱心に公開実験に取り組んだ。

電話事業を主管する逓信省は、一九二二年（大正十一年）の夏、「放送用私設無線電話に関する議案」をまとめた。「放送」という言葉が公式に使われたのは、これが最初である。

「放送」の登場は、これより五年前の一九一七年一月のことだ。インド洋を航行中の客船三島丸が「アフリカ沿岸にドイツの仮装巡洋艦が出没」との電信を受信した。発信元が不明だったので、同船の無線電信局長は通信日誌に「かくかくの放送を受信」と記した。〝送りっ放し〟の電信という意味である。

逓信省の議案によって、日本の放送制度の基本が固まった。骨子は次の二点である。

○放送のための特別立法は行わず、すべて既存の無線電信法の枠内で処理する
○放送事業は「民営」によるものとする

放送は公共性を持つとはいえ、業務の実態が行政にはなじまず、また国民生活に絶対緊要の事業とも認められない、将来の見通しも明らかではないから窮迫する国家財政からいっても官営にはできない——放送事業を民間にゆだねることにした理由である。

二三年十二月には、「放送用私設無線電話規則」が公布・施行される。関東大震災でいったん消えかかった民間のラジオ熱が再燃した。逓信省には百件を超す放送事業の許可願が出される。なかで

も熱心な出願者は、新聞社であった。経費のかかる号外の発行に替えて、ラジオによるニュースの速報を考えたからだといわれる。ラジオの公開実験が次々に行われた。

逓信省は当面、東京・大阪・名古屋の三都市に限って放送局の設置を認める方針を決め、三都市の有力な出願者を集めて、一局に統合するように促した。東京と名古屋では一局化への統合は順調に進んだが、大阪では出願者が二派に分かれて対立した。

二四年六月、加藤高明を首班とする護憲三派内閣が成立すると、後に首相となる犬養毅が逓信大臣に就任した。犬養は、「大阪で紛糾が続くのは、放送がもうかる事業だと見ているからだろう。これをもうからぬようにすればよい」と考えた。「公益性の高い放送事業は、営利の手段にすべきではない」として、事業の性格を営利法人（株式会社）から公益法人（社団法人）に改めた。

二四年十一月に社団法人東京放送局が発足、翌年一月に名古屋放送局、二月には大阪放送局が続いた。

東京放送局は、二五年三月一日に仮放送を始めることを決定する。世間は一日も早い開局を待ち望んでいたし、大阪に先を越されたくないという気持も強かった。取りあえず芝浦の府立東京高等工芸学校の図書室の一部を放送所に借りることにした。放送機や送信用アンテナの支柱も借り物だった。夜を日に継いでの工事が進められた。逓信省から仮放送の許可も下りた。ところが、直前の検査でスタジオや出演者控え室の不備が指摘され、仮放送に「待った」がかかった。三月一日開局を大々的に宣伝してきた東京放送局としては、後には引けない。必死の交渉の末、試験送信の名目でなら電波を出してよいということになった。

愛宕山の放送局　(写真提供：NHK)

1925年7月12日から使用を開始、仮放送がやっと本放送になった。後年東京タワーを設計する内藤多仲が建築の指導・審査に当たった。鉄筋コンクリート2階建てのクリーム色の局舎と高さ45メートルのアンテナ用鉄塔2基がそびえ、内幸町の放送会館に移るまでの14年間、ここから放送が出された。愛宕山は新しいメディアセンターの役割を果たし、出演者たちは親しみを込めて“ヤマ”と呼んだ。

三月一日午前九時三十分、海軍軍楽隊の演奏で試験送信が始まった。放送局には開局を待ちわびていたアマチュアラジオファンから、受信状態についての電話がひっきりなしにかかった。試験送信は三月二十二日に仮放送に切り替わった。六月一日には大阪放送局が、また、七月十五日には名古屋放送局がそれぞれ開局した。

愛宕山に建設していた東京放送局の新局舎が完成、七月十二日に仮放送は本放送に替わった。洋楽用の二十三坪（七十六平方メートル）の演奏室（スタジオ）が出来たおかげで、それまでは難しかった大編成のオーケストラの演奏が可能になる。

大阪放送局（JOBK）は六月二十八日、上方歌舞伎界の大御所初代中村鴈治

郎の出演で台詞劇『熊谷陣屋』『忠臣蔵七ッ目茶屋場』を放送した。放送が終わると鴈治郎は汗をぬぐいながらマイクに向かい、こうあいさつした。「皆さん、ほんまによう聴いておくれやした」。たちまち「成駒家はんが私たちにあいさつしやはった」と感激と感謝の手紙がＢＫに殺到した。鴈治郎のひとことは、ラジオがごく身近なメディアであることを人々に感じさせたのであった。

ラジオ独自の芸術形式を創造しようという試みも、早くから始まった。新劇の開拓に努め築地小劇場を創設した小山内薫らによるラジオドラマの模索であった。

七月十九日に東京放送局が放送した長田幹彦演出の『大尉の娘』には井上正夫、水谷八重子らが出演した。日本最初のラジオドラマである。

八月十三日には『炭坑の中』が放送された。「電灯を消してお聴きください」の呼びかけでドラマが始まる。炭坑事故で真っ暗な坑道に閉じ込められた若い男女と一人の老人を主人公に、極限状態に置かれた人間の心理のもつれを「聴覚だけの世界」で鮮やかに描き出した。前年イギリスのＢＢＣで放送された作品を小山内が翻訳・演出した。

爆発や地底で水があふれ出る音を巧みに使い、息詰まる雰囲気を出して大変な評判になった。作家の久保田万太郎は、このドラマを聴いて「ガーンと打ちのめされたような感銘を受けた。…ラジオドラマの限りない将来を感じた」と述べた。『炭坑の中』は大阪、名古屋でも再演、放送された。

ラジオの発展・普及にいち早く着目したのは読売新聞だった。二五年十一月十五日付の紙面に「よみうりラヂオ版」を登場させた。本紙八ページに続く二ページの付録で、目につきやすいように桃色の紙を使った。東京・大阪両放送局の番組時刻表のほか、番組内容の紹介や解説、放送される歌の歌詞などを掲載した。関東大震災の後、首都圏の新聞界は大阪系の朝日と東京日々が景品や福引きを使った大乱売合戦を仕掛け、東京系の報知、国民、時事の各紙は敗れ去った。読売も経営危機に陥っていた。社長の正力松太郎が広告部長の提案を即決、ラジオ版の発行を決めたのだった。読売の読者は毎月数千ずつ増えていった。読売の成功を見て他紙も追随してラジオ版を設けるようになる。

放送スベカラザルコト――放送への監督と統制

放送が始まった当時、すでに新聞、雑誌、書籍は内務省による厳しい統制の下に置かれていた。新聞紙法（一九〇九年）や出版法（一八九三年）で、新聞・雑誌は発行と同時に、書籍は発行三日前までに内務省に納入して、その検閲を受けなければならなかった。安寧秩序や風俗を乱すと認められた記事があれば、発売や頒布が禁止された。陸軍大臣、海軍大臣、外務大臣、内務大臣、検事はそれぞれの所管事項に関して記事掲載を禁止する命令権を持ち、記事掲載の差し止め措置が日常的に行われていた。

一九二五年三月、普通選挙法と治安維持法が成立した。一七年のロシア革命を経て二二年にはソビエト社会主義共和国連邦が成立していた。社会主義思潮の流入を恐れた日本政府は、治安維持法を武器に国民の思想・言論・政治活動の取締りを強化した。

ラジオが誕生したのは、まさにこの二五年三月であった。放送事業は、国の厳しい統制の下に置かれ、政府は無線電信法によって放送を規律した。

「無線電信及無線電話ハ政府之ヲ管掌ス」(同法第一条)。本来なら放送は国が行うべき事業なのだが、とくに許可して民間の公益事業体にゆだねたものなのだから、放送に対する監督統制は、新聞や出版に比べて事業運営の内部にまで立ち入った詳細なものにする——というのが逓信省の考えであった。

放送局の役員人事や事業計画、予算・決算などは逓信大臣による承認、許可、認可が必要だったし、さまざまな命令や行政指導などを通じて政府はこと細かく事業運営に関与した。放送実施の面でも、厳しい監督と規制が行われた。二五年五月、逓信省電務局長は東京・大阪・名古屋の各逓信局長にあてて通達を出した。そこでは「放送スベカラザルコト」として次の事項を列挙している。

○安寧秩序を害し、または風俗を乱す事項
○外交または軍事の機密に属する事項
○官公署や議会が公開していない事項や公開しない議事など
○公判以前における、予審の内容や検事が掲載を差し止めた捜査中の事項など
○犯罪を扇動したり、犯罪人・刑事被告人を援護し、または刑事被告人を陥れる事項
○逓信局が放送を禁止しまたは制限した事項

各逓信局は放送監督官を置いて放送原稿を事前に検閲し、さらに放送中の番組を聴取して原稿から逸脱していないかどうか監視した。アナウンサーや出演者が問題のある発言をしたりすれば、監督官は直ちに中止を命じ、放送は遮断されなければならなかった。

逓信局からは頻繁に放送禁止を含むさまざまな指示・命令・注意が出された。「米の予想収穫高に

関する放送は農林省発表以外のものは放送しないこと」のように、内容のはっきりしているものが多かったが、ラジオドラマなどが「極端ニ走リ良俗ヲ乱リ風教上ニモ悪影響ヲ及」ぼさないよう、脚本検閲や試演臨検（リハーサルの立ち会い）など事前の監督によって厳重に取り締まること（二五年十月の通達）のように、監督官の裁量しだいという例も少なくなく、放送現場を悩ませたのであった。

ラジオ放送は始まったが、放送という新しい文化を享受できたのは東京・大阪・名古屋の三大都市とその周辺の地域に限られていた。そこで逓信省は二六年二月には、全国どこの地域でもラジオを聞けるようにするという全国放送網計画をつくった。

この計画を進めるために、まず東京・大阪・名古屋の三放送局を解散させ、新たに社団法人日本放送協会をつくることになった。放送局側は、統一組織をつくることには賛同したが逓信省が示した新組織の役員人事に反発した。会長岩原謙三と関東、関西、東海三支部の理事長こそ民間出身だが、放送協会の実務を動かす本部・支部の八人の常務理事はすべて逓信省出身者で占められていたからだ。

多数の官僚の天下りに対し、東京放送局解散総会は「政府横暴」「解散反対」の怒号が飛び交い、警察官が警戒に当たる中ようやく解散を可決した。その際「逓信省の態度を遺憾とし、将来の日本放送協会は官憲の圧迫をしりぞけ、本来の精神に基づいて事業を遂行すべきである」と決議した。

二六年八月二十日、社団法人日本放送協会が発足した。このときの加入者数は三十三万八千二百四。聴取料は全国一律で月額一円に決まった。

発足した日本放送協会の最初の仕事は、北海道、東北、中国、九州の各支部の設立と全国放送網の建設であった。役員が各地を訪ね、支部創立とそのための出資会員募集への協力を要請して回った。金融恐慌のさなかで銀行の取り付け騒ぎが全国に広がり、商社や商店の倒産が続くという最悪の時期であった。だが、放送局の開設は地域の近代化を意味した。市長や会議所会頭らが先頭に立って支部の設立に動き、二七年六月までに四つの支部は順次設立にこぎ着けた。

各地の放送局を中継線で結んで全国どこででも同じ放送を聞けるようにする——全国放送網の建設は、二八年十一月六日から始まる昭和天皇即位の大礼を目標に、昼夜兼行で工事と試験が行われ、前日になって中継網は完成を見た。

六日早朝から、即位の大礼の奉祝特別放送が始まった。放送協会の加入者数は、二八年六月から九月にかけて際立って増加した。地方の放送局が相次いで開局したことと大礼特別放送への期待との相乗効果が現れた。即位の大礼は、全国放送網の始動に当たって、格好のメディア・イベントになった。

「ソラ投げました」——全国放送網の展開

放送番組は、報道・教育教養・娯楽に大別される。この頃は娯楽を慰安と呼んでいた。創業期の番組種目別放送時間数の割合を見ると、東京放送局は教育（三七％）、慰安（三六％）、報道（二七％）の順であり、同様に大阪は三一％、三七％、三二％、名古屋は三一％、三七％、三二％であった。大阪と名古屋は慰安番組の比率が高いが、教育教養・娯楽・報道の番組調和は保たれていた。

報道番組は三分の二が『経済市況』、四分の一が『ニュース』で、残りが『天気予報』『日用品物価』『時報』などである。ニュースの比重はまだ低かった。

日本の放送ニュース第一号は、試験送信時代の一九二五年（大正十四年）三月五日夜の東京・深川の洲崎遊郭の大火を伝えた臨時ニュースである。「数千の遊女が赤い蹴出しを翻して逃げ惑うさまは凄惨を極めた」というリアルな表現に、聴取者は面食らったという。

東京放送局の仮放送では一日に三回、定時ニュースを放送した。在京の新聞九社と通信社二社が交替でニュースを提供した。新聞社から受け取った放送用原稿は、逓信局の検閲を受けた後、アナウンサーが一言一句ゆるがせにせず読み上げた。

新聞社は、もともとラジオの速報性や営業・宣伝上の効果に目をつけ、自ら放送局を経営するつもりだった。しかし、政府がそれを認めなかったため、放送局に出資して理事を送り込み、交替でニュースを提供することにしたのであった。

大きな事件が起これば、新聞は自社の紙面づくりに追われてラジオニュースにまでは手が回らない。特ダネなどは出てくるはずがない。新聞社にとって、無償でラジオニュースを提供することがしだいに負担になっていく。二五年七月の本放送への切り替えに際し、新聞社側から一日三回のニュースの提供はできないという申し入れがあり、ニュースは平日二回、日曜・祝祭日は夜一回だけの放送に減ってしまった。

新聞社の提供に頼っている限り、ラジオニュースの充実は望めない。〝自主取材〟があって初めて報道機関といえる。それに一歩近づいたのが、自主編集による全国中継ニュースの開始である。全国中継網が出来た後も、ニュースはすべて各放送局が管内向けに流すローカル放送であった。ニュースの取材・報道態勢が整っていなかったためである。

東京中央放送局の放送部長矢部謙次郎は、ニュースの全国放送と自主性確立の必要を主張し、ニュースの素材を通信社から購入、これを放送局が自らラジオニュースに編集しなければならないと説いた。放送協会は、電通と新聞連合社（連合）の二通信社とニュースの購入契約を結んだ。通信社から送られてくる原稿を東京中央放送局報道課で取捨選択、ラジオ向けに書き直した上、配列して全国に向けて放送する「放送局編集ニュース」が始まったのは、三〇年十一月である。一日二回だったニュースは四回に増え、午後七時のニュースは全国十七分、ローカル八分の計二十五分と時間量も増えた。

一九三〇年代、人々の人気を二分していたスポーツは野球と相撲であった。その人気を全国的に盛り上げる上で、ラジオの実況中継が大きく貢献した。

野球が初めてラジオで中継されたのは、二七年八月十三日、甲子園球場の全国中等学校優勝野球大会であり、日本最初のスポーツ中継でもあった。

大阪中央放送局は、前年から野球中継を企画していたが、甲子園球場を持つ阪神電鉄が「ラジオで放送されては、電車に乗って球場に来てくれる客が減ってしまう」と強く反対した。しかし、主催者である朝日新聞社が阪神電鉄を説得しようやく実現にこぎ着けたものだ。

「いまピッチャーがボールを投げます。ソラ投げました。バッターが打ちました。アッ大飛球です。中堅が走ります。受けました。受けました」

初の野球中継　（写真提供：NHK）
1927年８月、大阪中央放送局は甲子園球場から中等学校野球大会を中継放送した。大会主催者の朝日新聞社が大阪逓信局と交渉して実況アナウンスは検閲しないとの了解を取り付けたが、逓信局は、実況描写放送は事実を伝えうるものとして一応大目に見たものの、監督官を放送席に出張させアナウンサーの言葉に不穏当なものがあれば直ちに放送を遮断する態勢を取った。写真の左から３人目が監督官。

初の野球中継を担当した魚谷忠アナウンサーの描写である。魚谷は大阪・市岡中学の選手として甲子園に出場した経歴を買われた。

東京でもこの年、一高対三高の野球試合や東京六大学野球を中継した。二八年十一月に全国中継網が完成すると、スポーツ中継は全国に放送されるようになり人気は急上昇する。二九年五月の早慶戦は、「神宮球場、どんよりした空、黒雲低く垂れた空、からすが一羽、二羽、三羽、四羽…」の松内則三のアナウンスで、全国の野球ファンを熱狂させた。

昭和初期の大相撲は人気力士が出ず、不況の影響もあって経営難に陥っていた。東京中央放送局から中継計画を持ちかけられた大日本相撲協会の内部には、「わざわざ寒い思いをし、木戸銭を払ってまで両国に足を運ぶものはいなくなる」の反対論が起こった。しかし、相撲界の現状に強い危機感を持っていた六代目出羽海親方（元小結両国梶之助）が「ラジオで好勝負を耳にした人は、必ず国技館に実際の取組を見にきてくれる」と主張し、二八年一月の春場所から相撲中継が始まった。

アナウンスを担当したのは松内則三。最初は左四つ、右四つの区別もつかなかった。相撲に詳しい国民新聞記者の石谷勝が隣に座り、勝負の都度、決まり手を書いて渡し松内を助けた。春場所の入場者は後半に入ってしり上がりに伸びた。出羽海の見通しは当たった。ラジオ放送によって、大相撲は人気を取り戻していった。

四分の三世紀にわたっていまも続く長寿番組『ラジオ体操』が登場するのは、二八年秋のことである。アメリカでメトロポリタン保険会社が、被保険者の健康保持と社会の幸福増進を掲げて体操を指導する番組を始めていた。これにヒントを得た逓信省簡易保険局が放送協会に働きかけて実現したものだ。

二八年十一月一日の朝七時、放送が始まった。陸軍戸山学校軍楽隊出身の江木理一がアナウンサーに転身して体操の指導に当たった。ピアノの伴奏は初日から通算して三十三年間、丹生健夫が担当した。三〇年の夏には、東京・神田万世橋警察署の児童係巡査が子どもたちに呼びかけて「ラジオ体操の会」が始まり、たちまち各地に広がっていく。

ラジオからの号令一つで全国民が一斉に体を動かす。ラジオ体操はやがて、挙国一致の民衆運動の性格を帯びていく。日中戦争の勃発（一九三七年）以後、「ラジオ体操の会」は国民精神総動員運動の中核に取り込まれていった。

「ラジオは玄関、新聞は奥座敷」——加入者百万を突破

一九三一年（昭和六年）九月十八日夜、満州（いまの中国東北部）奉天市（いまの瀋陽）郊外の柳条湖で南満州鉄道の線路が爆破された。満州に駐屯する関東軍の謀略だったが、関東軍は中国軍が不法にも満鉄線を爆破して日本軍を攻撃してきたので応戦したと発表した。満州事変の発端である。ラジオは、十九日朝六時五十四分、臨時ニュースで事変の勃発を伝えた。

事変の勃発とともに、政府は軍発表以外の報道を禁止した。兵力を示す連隊、大隊などの使用や司令部の所在地、陣地線、攻撃の日時などの報道はできなくなった。新聞と放送は「○○部隊」「○○部隊長」といった表現で戦況を伝えた。

こうした制約はあったものの、ラジオは臨時ニュースを武器に速報性を存分に発揮した。東京中央放送局が九月中に放送した事変関係の臨時ニュースは合計十七回、延べ一時間五分に達した。

新聞社も号外を発行したが、速報という点で新聞はラジオに太刀打ちできなくなっていた。放送協会は前年から「放送局編集ニュース」を開始して、ラジオの速報性は高まっていた。とくに定時ニュースのほかに、重要ニュースが入電すればいつでも放送する『臨時ニュース』は、新聞にとって脅威であった。とうとう在京の新聞・通信社の幹部で組織する「二十一日会」が、臨時ニュースを中止するよう放送協会に申し入れた。

これに対して協会は、重大事が臨時ニュースで放送されれば、人々は必ず新聞によって詳細を知

ろうとする。「ラジオは玄関で、新聞は奥座敷」のたとえを使って反論した。

満州事変の翌三二年五月十五日、海軍の青年将校らが首相官邸、内大臣官邸、警視庁などを襲撃。「話せばわかる」と制止する犬養毅首相に「問答無用」と凶弾を浴びせた。政党内閣制に終止符を打ったクーデター、五・一五事件である。

ラジオは、事件発生三時間後の午後八時二十五分に臨時ニュースで第一報を伝えた。以後、翌朝までに五回の臨時ニュースで、事件の経過や首相の絶命を速報した。号外に頼る新聞側の不満は募る一方であった。

「二十一日会」と放送協会との折衝で、ニュースの時間を短縮することになったが実際には放送時間短縮は実現せず、臨時ニュースの問題もそのままであった。ラジオがそれだけ力をつけてきた結果でもあった。

三二年二月、全国のラジオ加入者数が百万を突破した。記念事業の一つとして「全国ラジオ調査」が行われた。全加入者の二九％に当たる三十五万人から回答を得た。

それによれば、聞かれている番組は、ニュース（九一・二％）、気象通報（七五・八％）、童謡（六〇・一％）、落語・漫談（五七・六％）、浪花節（五七・五％）、ラジオドラマ・風景（五一・二％）の順である。

放送に対する希望で最も多かったのは「聴取料の値下げ」で、以下「浪花節の増加」「洋楽回数の減少」と続き、なかに「二重放送の促進」というのがあった。

二重放送とは、一つの放送局が周波数の異なる二つの電波、つまり第1放送と第2放送を出すことである。一波だけの放送では、野球放送中に株式や商品相場の時間が来ると中継を中断しなければならず、聴取者の不満を買っていた。また、夜間は演芸娯楽一辺倒の編成だったため、教育放送の充実を求める人々からの批判が多かった。

そこで放送協会は三一年四月、まず東京で二重放送を実施、第2放送が始まった。初日は、甲子園球場からの全国中等学校選抜野球大会の実況中継、夜は『語学講座・独逸語』『普通学講座・公民科（修身）』『実学講座・数学』などのプログラムを並べた。三三年六月には、大阪と名古屋でも第二放送を開始した。

三二年六月には、『コドモの新聞』が始まった。日曜・祝祭日を除く毎日午後六時二十分から五分間の全国放送で、童話作家の村岡花子と放送局児童係の関屋五十二の二人が一週間交替で、読み手を務めた。子どもたちは、二人を「村岡のおばさん」「関屋のおじさん」と呼んで、『新聞』の時間を心待ちにした。『コドモの新聞』は終戦まで休むことなく続いた。

加入者百万突破の背景には、満州事変でラジオの速報機能が評価されたことがあったが、より直接的な要因として、エリミネーター受信機の登場と小電力局の開設を挙げることができる。

エリミネーター受信機は、交流電源を使用するので電池の交換や充電の手間が省ける上、電灯線がアンテナの役割を果たすという利点があった。スピーカーがついたエリミネーター受信機は、鉱石ラジオと違いレシーバーが不要で、家族そろってラジオを聞くことが可能になった。後藤新平が約束した、ラジオを囲んでの〝一家団らん〟の実現である。

安価な国産受信機が大量に出回るようになり、ラジオ商だけでなく電力供給会社も、受信機取り付け工事費の割引や月賦販売の特典をつけて売り込みを図った。値段は、真空管三本の三球式で五十円程度、真空管は一本四円、電気使用料は月二十銭といわれた。

エリミネーター式はたちまち鉱石ラジオを駆逐して急速に普及、大都市の名物とされた林立する竹ざおのアンテナは、しだいに姿を消していった。

放送協会は三〇年度から第二次拡張計画に着手、福岡、岡山、長野、静岡、新潟、小倉、函館、秋田、松江、高知が順次開局し、ラジオが聞こえる地域が拡大して百万突破を達成したのである。

百万といっても普及率で見れば八・三%に過ぎない。このうち六十万は都市の住民、郡部は四十万。職業別では、商業が四二%、公務・自由業が三七%で、これだけで全体の五分の四を占めた。農業は四%でしかない。当時の日本の就業人口の半分以上を占めた農民は、ほとんどラジオを持っていなかった。

加入者百万突破は、日本の放送が創業の時代を過ぎて成熟期に移ったことを意味した。

「前畑ガンバレ」——ベルリンオリンピックの実況放送

一九三二年（昭和七年）の夏、第十回オリンピック・ロサンゼルス大会が開かれた。放送協会は現地からの中継を計画、オリンピック大会組織委員会も日本の放送計画に協力を約束した。

ところが、不況による寄付金の減少や入場券の売れ行きへの影響を心配した組織委員会が、米国内の放送を計画していたＮＢＣに十万ドルの放送権料を要求、反発したＮＢＣとの間で話し合いがつかずに実況放送は不可能になってしまった。ＮＢＣの施設を借りて日本に実況中継しようという計画は挫折した。

同情したNBCは、ロサンゼルスの放送局から毎日一時間、日本向けに状況速報ができるようにしようと提案してきた。そこで放送協会から派遣された松内則三らの一行は、〝実感放送〟をすることを決める。毎日競技場に行き競技を見てメモを作る。競技が終わるとNBCの放送局に出向き、メモを基にいかにも実況放送であるかのようにしゃべったのである。

〝暁の超特急〟と称された吉岡隆徳は百メートル競走で六位に入賞したが、描写が詳しすぎてスタートからゴールまで放送が一分近くかかったというのも、実感放送ならではのエピソードである。現地時間で夕方の実感放送は、日本では正午から午後一時までの昼休みに当たったことや、日本水泳チームが六種目のうち五種目に優勝したこともあって人気が沸騰、ラジオの前には黒山の人だかりが出来た。

四年後、一九三六年のベルリン大会で初めてオリンピックの中継放送が実現した。ロサンゼルス大会では日本一国だった海外放送陣は、三十二か国四十一団体に増え、さながら〝ラジオ・オリンピック〟の様相を呈した。

八月二日夜から競技の中継放送が始まった。十五日間、原則として朝六時半からの三十分間と夜十一時からの一時間、実況あるいは実況録音で放送した。連日の早朝・深夜の放送は、日本中を寝不足にしたとまでいわれた。

八月十一日の夜、時計の針は間もなく午前〇時にかかろうとしていた。ラジオからは河西三省の切羽詰まった声が流れてきた。

「前畑ガンバレ!」の河西三省アナウンサー(2段目右から2人目) (写真提供：NHK)
ベルリンオリンピック女子200メートル平泳ぎ決勝を伝えた河西は、ラスト50メートルで「ガンバレ」を23回、「勝った」を12回連呼し、深夜の日本全国を沸かせた。「試合が終わった陸上の大江、西田選手らが周りで『ソーレ頑張れ、ソーレ頑張れ』と応援するので、自分もいつの間にか一緒になって『ガンバレ！ガンバレ』をやってしまった」と河西は振り返っている。

「日本の皆さん、間もなく予定時間ですが切らないで待ってください。そのまま待ってください。…そのまま切らずに待ってください」

ようやく女子二百メートル平泳ぎ決勝が始まった。日本の前畑秀子とドイツのゲネンゲルとの対決が焦点であった。

「前畑ガンバレ！　ガンバレ！　前畑ガンバレ、あと二十五、あと二十五、わずかにリード、わずかにリード、前畑、前畑ガンバレガンバレ！　ガンバレ！　ガンバレ！　ガンバレ！　ゲネンゲルも出てきました。ゲネンゲルも出ております。ガンバレ！　ガンバレ！　ガンバレ！

ガンバレ！　ガンバレ！　ガンバレ！　ガンバレ！　ガンバレ！　前畑、前畑リード、前畑リード、前畑リードしております。前畑リード、前畑ガンバレ！　前畑ガンバレ！　リード、リード、あと五メートル、三メートル、二メートル、前畑リード、勝った！　勝った！　勝った！　勝った！　勝った勝った！　前畑勝った！」

スポーツ中継放送の原点として、後世にまで語り継がれたアナウンスである。

このようにラジオは、速報性と伝播性という特性を発揮してみせたが、それは災害時により強く発揮された。

三四年九月二十一日、近畿地方は猛烈な台風に見舞われた。「室戸台風」である。台風が高知県室戸岬に上陸したときに観測された九一一・六ミリバール（ヘクトパスカル）は、最も低い気圧の世界記録であった。

台風は九州・四国・中国・近畿・東海・北陸・関東・東北の広い範囲に被害をもたらした。死者・行方不明者三千三十六人、負傷者一万四千九百九十四人、全半壊・流失家屋九万二千戸、浸水家屋四十万戸に及んだ。とりわけ台風が直撃した近畿地方の被害は甚大であった。大阪府の死者は、全国の六割強に当たる千八百八十八人、このうち六百九十四人は児童生徒と教員であった。

台風は午前五時、室戸岬付近に上陸した。室戸測候所は瞬間最大風速六十メートル以上を観測したが、通信線が途絶して台風上陸や風速のデータを大阪に送信できなかった。台風は六時に徳島、七時には淡路島付近に進んで大阪を直撃するコースを取っていた。だが七時のラジオが伝えた大阪測候所の情報は、「四国の南海上に接近中」という数時間も前の位置であった。風もまだ強くはなかった。人々はいつものように勤めに出かけ、子どもたちは登校した。

　午前八時を過ぎて、状況は一変する。八時三分、大阪測候所の風速計は最大瞬間六十メートルを記録して針が飛び、以後の観測が不能になった。荒れ狂う暴風雨に、木造建築はひとたまりもなかった。大阪市内の小学校の四分の三に当たる百八十校で校舎が倒壊したり大破したりして、登校したばかりの児童が下敷きになった。大阪湾では二メートルを超す高潮が発生、全市の四分の一が浸水した。

　大阪測候所は午前七時十分、中央気象台の無線を受信して台風の急な接近を知った。電話が込み合っていた。ＢＫと連絡が取れて放送依頼が届いたのは七時二十五分であった。「猛烈な台風は紀淡海峡を通って、いま大阪湾を襲おうとしている」。ＢＫは早速この情報を放送したが、間もなく電力会社からの送電が止まった。

　その頃の放送局には、非常用の発電設備がなかった。ＢＫの千里放送所は、台風に備えて前日から充電してあった蓄電池に切り換えて放送を続けた。連続して使えば四時間程度の放送しかできない。そこで必要最小限度の災害関係のニュースや情報を、形容詞などを省きなるべく簡略にして一時間ごとに放送、停電が復旧する翌日の午後二時過ぎまで三十時間余にわたって放送を続けた。

　だが、このように苦労して出し続けた放送も、聴取者にはほとんど聞かれずに終わった。大阪市内の三分の一に当たる二十一万世帯にラジオがあったが、大部分は電灯線から電源を取るエリミネーター受信機であった。旧式の鉱石ラジオの方が電源を必要としない分、災害時に役立つという皮肉な結果となった。

室戸台風は放送の非常態勢の不備をついた。停電で放送が止まったり障害を生じたりした局は近畿・中国・四国・東海・北陸・信越で十四局に上った。台風襲来の最中に放送局が停電で電波を出せなくなったことを、世間は厳しく批判した。放送協会は、非常用発電装置の整備を急ぎ、三年間で全国の放送局に配備を終えた。

一九三五年（昭和十年）三月、放送開始十周年を迎えた。翌月には加入者が二百万を超えた。これを機に放送協会は、学校放送と海外放送の開始という二つの大きな事業に着手する。

東京中央放送局は第二放送の開始に合わせて、社会教育や成人教育の番組を放送していたし、三一年には、臨時の学校放送も試みていた。札幌や広島、静岡などローカルで散発的に学校放送を行う局もあった。なかでも積極的なのは大阪であった。第二放送開始を機に三三年九月から、管内二府八県の小学校を対象にラジオ体操と昼休みの音楽を放送、放課後の課外講座や教師向けの学校教育法講座などを放送していた。

しかし、全国向けの学校放送が実現するまでには、時間がかかった。

学校教育は文部省が統制して他者の介入を許さなかった。学校教育にラジオを取り入れようとすれば、放送は文部省の支配下に入る。そうなれば、ニュースや娯楽番組は内務省が検閲するということになりかねない。放送を所管する逓信省としては、権限保持のために学校放送の実施に消極的にならざるをえない。当時もいまも、省庁の縄張り意識は強烈だ。

その頃の学校教育は、教科書中心・教師中心であった。ラジオを教室に入れることに対し、一部の教育者を除くと大多数は消極的であった。しかし、放送協会は文部省などと粘り強く交渉を重ねた。文部省や学校関係者の間にも、ラジオの教育価値を認めるものがしだいに増えていった。

三五年四月十五日、全国向けの学校放送が始まった。初期の全国向け学校放送は、『ラジオ体操』や著名人が記念日に講演する『朝礼講話』、学年別の『尋常小学校の時間』『高等小学校の時間』と『教師の時間』が編成され、週に五時間四十分の放送であった。

初期のラジオ放送は、中波の電波を使った。波長が〇・一〜一キロメートルで、遠距離になると電波は減衰して聞こえなくなる。遠くまで電波を飛ばそうとすれば、波長が一〇〜一〇〇メートルの短い電波・短波を使わなければならない。

国際間の放送は、短波を使わなければ不可能だ。一九三〇年代に入ると、短波を使った放送が盛んに行われるようになる。

三〇年一月二十一日、ロンドン海軍軍縮会議の会場から英国王ジョージ五世と若槻礼次郎ら各国全権の演説が放送された。大阪中央放送局は、この短波放送をキャッチして国内に向け放送した。ロンドン海軍軍縮条約が成立し、十月二十七日には、条約成立を祝う日英米国際交換放送が行われた。愛宕山のスタジオから浜口雄幸首相、ホワイトハウスからはフーバー大統領、ロンドンの官邸からマクドナルド首相がそれぞれ所信を述べた。この放送は大成功を収めた。

三一年八月には、太平洋横断飛行に成功したリンドバーグ大佐を歓迎する夕《ゆうべ》のもようが、米国に向けて中継放送されている。

満州事変をきっかけに、対外放送への関心が急速に強まる。とくに三三年三月に日本が国際連盟を脱退すると、短波放送を使って日本の事情や主張を、各国民や海外に住む日本人に知らせる必要が増したとして、対外放送を強化しようという機運が高まった。当時、海外居住の日本人は二百万人、そのうち北米・ハワイなど太平洋沿岸に七十万人が住んでいた。

三四年六月からは、国際電話会社の施設を借りて内地の放送番組の大部分が毎日、台湾と満州、朝鮮に短波で中継されるようになる。この放送は、東南アジアや太平洋沿岸各国でも聴取されたため、在留日本人から本格的海外放送の開始を望む声がたくさん寄せられた。

三五年六月一日、北米西部・ハワイ向けの短波放送が始まった。続いて北米東部・南米向け、ヨーロッパ向けの放送も始まる。

日中戦争の開始で海外放送は急速に拡大し、増強されていった。

「今からでも遅くはない」——二・二六事件とラジオ

一九三六年(昭和十一年)二月二十六日の早朝、歩兵第一、同第三、近衛歩兵第三連隊に所属する青年将校二十人余は、完全軍装の兵千四百人を率いて営門を出た。雪を踏んで部隊は岡田啓介首相ら政府首脳や重臣の官邸・私邸、警視庁、朝日新聞社を襲撃した。機関銃まで乱射して主な目標の襲撃を果たした部隊は、国会議事堂を中心に三宅坂、桜田門、虎ノ門、赤坂見附を結ぶ四辺形の内側一帯を占拠した。

二・二六事件である。農村の疲弊や政治の腐敗に不満を持っていた皇道派の青年将校たちが、武力で政権を覆し〝昭和維新〟を実現しようと謀って、事件を起こしたのであった。

午前七時二十分、東京中央放送局に東京逓信局から「五・一五事件のような事件が起きた。事件については、取りあえず放送禁止」の電話が入った。午後〇時四十分のニュースは、東京・大阪両株式取引所と東京手形交換所が臨時休業になったことを伝えたが、事件については一切触れられなかった。午後四時のニュースは株式取引所があすも臨時休業すると伝えた。午後からは、演芸や音楽、家庭講座の放送も中止になっていた。人々は「これは、何かある」と不審に思ったが、ラジオは語らず新聞の号外も出ない。街では流言が広がり始めた。

陸軍省が事件の大要を発表したのは、発生から十数時間が経過した午後八時十五分であった。八時三十五分の臨時ニュースは、襲撃個所は七か所、彼らの趣意書によれば決起の目的は、内外重大危急の際に元老、重臣、財閥、軍閥、官僚、政党などの国体破壊の元凶を取り除くことにあるなど、と、軍の発表をそのまま伝えた。

日付が変わって二十七日午前二時五十分、東京市に戒厳令が布告された。戒厳とは、戦時・事変に際して司法・立法・行政の事務の全部または一部を軍の機関にゆだねることである。九段の軍人会館に戒厳司令部が置かれた。戒厳令施行のニュースは午前六時三十分の臨時ニュースで放送した。

二十八日早朝、奉勅命令が下った。天皇が直接下す命令であり、これに背くものは逆賊となる。戒厳司令部の要請で、東京中央放送局は司令部内にマイクを置き、司令部の発表を速報する態勢を取った。

山王ホテルや割烹幸楽を占拠した将校や下士官らは、大勢の群衆に囲まれて路傍で演説を繰り返していた。群衆の間から、「放送局を占領して、この演説を放送させよ」などと叫ぶものが現れた。あわてた放送協会からの連絡で騎兵第一連隊の兵士が愛宕山に駆けつけ、剣付き銃を構えて警備に

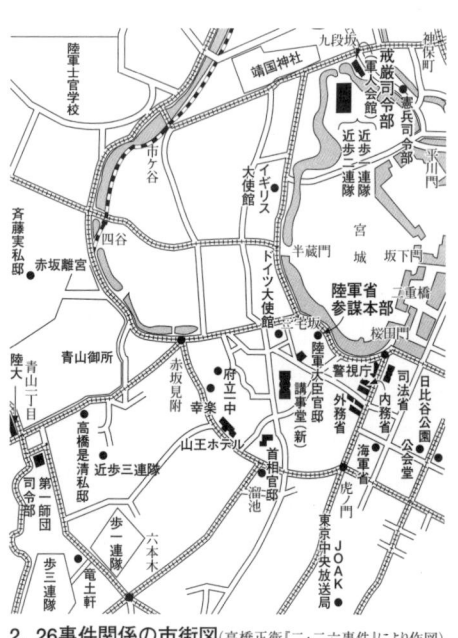

2. 26事件関係の市街図（高橋正衛『二・二六事件』により作図）

当たった。放送局も無線放送自動車や屋外中継設備を使って、最悪の場合でも放送が中断しないよう準備した。

襲撃部隊は決戦を覚悟して兵を展開、包囲する戒厳司令官指揮下の部隊と一触即発の状況になっていた。二十八日午後十一時、戒厳司令官名で討伐命令が出される。襲撃部隊は反乱軍となった。

二十九日のラジオは午前六時半にまず、武力をもって強行解決を図るという戒厳司令部の発表を伝えた。続いて一般市民向けの細かな注意事項が放送された。「外出を見合わせ火災予防に注意せよ」「正確な状況や指示をラジオその他で伝達するから流言飛語に惑わされないよう」「万一流れ弾があるかも知れないので、戦闘区域付近の市民は掩護物を利用して難を避け、屋内では銃声のする反対側にいること」など。危険区域の住民は続々と退避を始めた。

包囲軍は、戦車を先頭に包囲網を狭めていった。飛行機が旋回して「下士官兵ニ告グ」のビラを撒いた。午前八時四十八分、戒厳司令部の放送室から中村茂アナウンサーが読み上げる『兵に告ぐ』

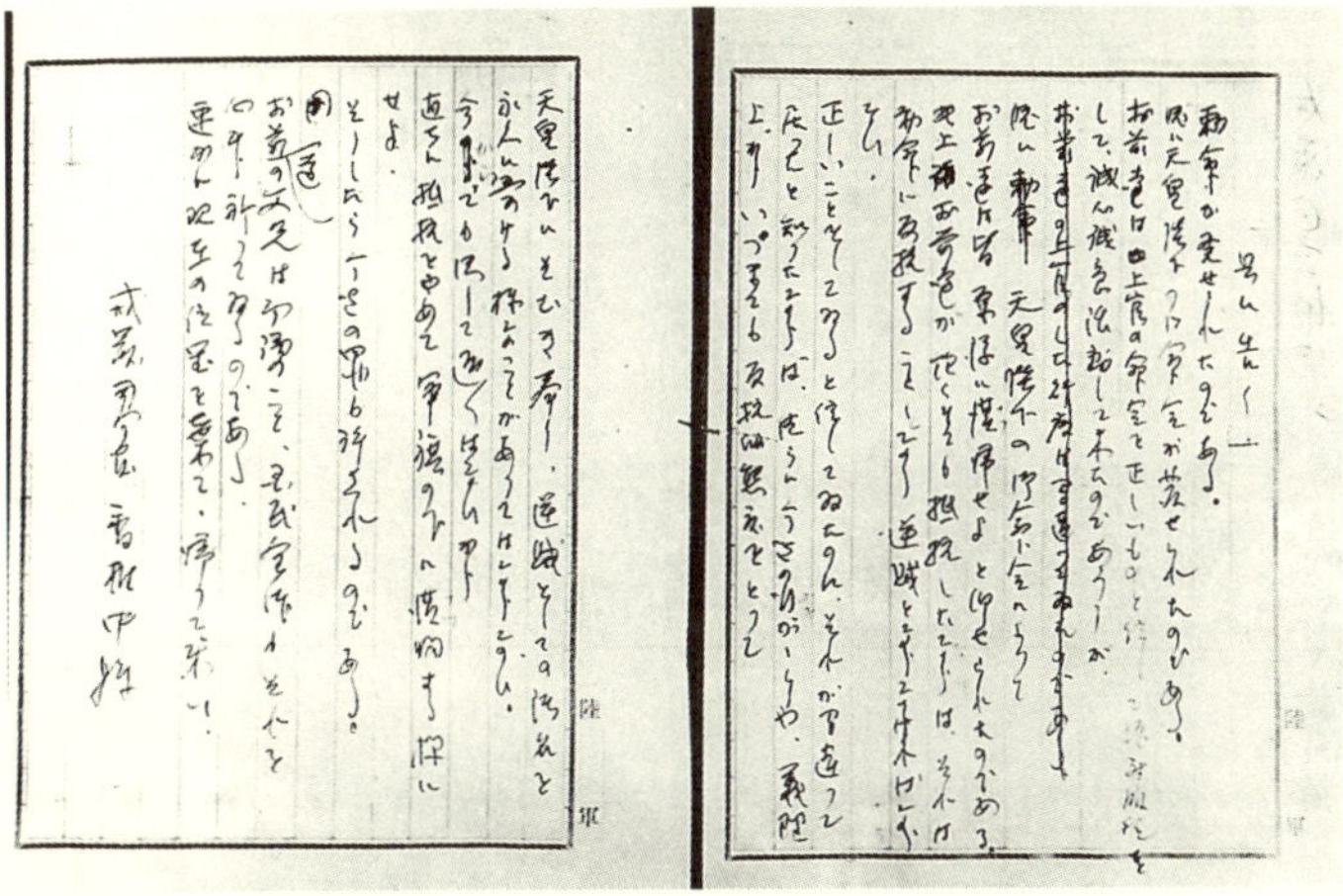

「兵に告ぐ」の放送原稿　（写真提供：NHK）

戒厳司令部にいた元陸軍省新聞班員大久保弘一少佐が陸軍省の便箋２枚に細かいペン字で書き飛ばした。原稿を読んだ中村茂アナウンサーは「条理、恩愛兼ね備わった名文というには余りに強く鋭く胸を打つ一世の大文章だった。…高鳴る胸を抑えてマイクロフォンに向かった」と述懐した。

の放送が電波に乗った。

「兵に告ぐ

勅命が発せられたのである。既に天皇陛下の御命令が発せられたのである。お前たちは上官の命令を正しいものと信じて、絶対服従をして誠心誠意活動してきたのであろうが、既に天皇陛下の御命令によってお前たちは皆原隊に復帰せよと仰せられたのである。此上お前たちが飽くまでも抵抗したならば、それは勅命に反抗することになり逆賊とならなければならない。

（略）

今からでも決して遅くはないから、直ちに抵抗をやめて軍旗の下に復帰するようにせよ。そうしたら今迄の罪も許されるのである。お前たちの父兄は勿論のこと、国民全体もそれを心から祈っているのである。
速やかに現在の位置を棄てて帰ってこい。

戒厳司令官　香椎中将」

反乱軍の全面的な帰順が始まった。午後三時の臨時ニュースは、「反乱部隊は午後二時頃をもってその全部の帰順を終わり、ここに全く鎮定を見るに至れり」と伝えた。この日の放送は、すべての番組を休止して終日ニュースを伝え、定時ニュース四回のほか臨時ニュースは二十三回に及んだ。日本を震撼させた四日間は終わった。

反乱軍の原隊復帰に最も効果があったのは、『兵に告ぐ』の放送と、戒厳司令部の命令で放送協会が装甲車などに大拡声器を積み、危険を冒して直接兵士に帰順を呼びかけるアナウンスをしたことだといわれている。

二・二六事件は、非常事態における放送の機能を、聴取者にも、政府にも、軍部にもはっきりと認識させたのであった。

第2章

戦時下の放送

「挙って国防　揃ってラヂオ」――日中戦争の勃発

一九三七年（昭和十二年）七月八日、午後〇時四十分からの定時ニュースはこう伝えた。

「北京郊外盧溝橋で七日夜半、演習中の日本軍駐屯部隊が中国軍から不法射撃を受けて交戦、これを撃退した」

日中両軍の衝突を伝える同盟通信社の第一報は、八日朝には放送協会報道部に入っていた。当然臨時ニュースを出そうとしたが逓信局の差し止めを受け、午後の定時ニュースの時間まで待つことになった。日中戦争に発展していく重大事件を、当局はなぜ差し止めたのか。

臨時ニュースで報道すると、新聞記事よりも刺激的で影響が大きい。このため放送に対する検閲は過剰なまでに慎重だった。逓信省の慎重な姿勢が臨時ニュース差し止めの措置になった。

盧溝橋事件を機会に、内務省警保局や陸・海軍、外務省は徹底した報道管制に乗り出した。部隊の行動その他軍機軍略に関する事項や国交に影響を及ぼすおそれのある事項の報道を禁止した。人々がいちばん関心を示したのは、戦況と並んで戦死者や負傷者の名前である。戦線が拡大するにつれて戦死傷者は増えていった。戦死傷者の名前を新聞紙上に多数羅列することが禁止された。国民の士気が失われることを恐れたからである。

軍機保護法改正（三七年八月）、軍用資源秘密保護法公布（三九年三月）などで、軍に関する情報はほぼ一切が秘密扱いとなる。戦死傷者の数、在郷軍人の数などそれまで周知の事実だった数字が一切、報道できなくなった。

近衛文麿内閣は「国民精神総動員実施要綱」を決める。戦争遂行のための一大国民運動で、〝堅忍持久〟〝挙国一致〟などの精神主義と貯蓄奨励、消費抑制を呼びかけたものだ。十月には「国民精神総動員強調週間」が実施され、ラジオは特別編成を行った。『国民朝礼の時間』では、君が代の演奏、宮城遥拝の呼びかけ、時局講演、ラジオ体操、唱歌「海ゆかば」を放送した。十二月二十六日には、内閣情報部が懸賞募集した「愛国行進曲」の発表会が日比谷公会堂で開かれ、全国に中継放送した。

スポーツ放送も、国民精神総動員の趣旨に沿って編成された。ただし相撲は、場所ごとに毎日放送された。相撲放送は人々の数少ない楽しみの一つだったからだ。

三九年一月十五日の春場所四日目。三六年春場所以来、前人未到の六十九連勝を続けてきた横綱双葉山に土がついた。相手は前頭三枚目の安芸ノ海。両国国技館は座布団が舞い、喚声が渦巻いた。中継担当の和田信賢アナウンサーは、土俵上の思いもかけぬ展開に絶句した。新聞は号外を発行した。不安で暗い時代に、無敵の横綱は庶民のヒーローであった。双葉山がどこまで連勝記録を伸ばすか。人々の最大といってもいいほどの関心事であった。

ラジオの加入者は、盧溝橋事件の二か月前の三七年五月には三百万に達していた。事件の発生で加入申し込みはさらに増加した。〝一戸一受信機〟をスローガンに、放送協会は全国的なラジオ普及運動を展開した。「挙《こぞ》って国防 揃ってラヂオ」の標語の入ったポスターが、全国の町村役場や公共施設に張り出された。

ラジオ聴取者の増加でとくに目立ったのは、農村部である。日中戦争では、農山漁村から最も多くの兵士が召集されて戦地に向かった。不況に苦しんでいた農家も、三六年頃からコメや繭の価格が上昇して経済的に立ち直りラジオを購入する余裕が出てきた。加入者数は三八年に四百万、四〇年には五百万を突破し、世帯当たりの普及率は四〇%に近づいた。

三九年五月に、東京市麹町区内幸町に新しい「放送会館」が完成し、本放送開始から十四年間続いた〝愛宕山時代〟が終わった。新放送会館の三階から五階まで吹き抜けの第一スタジオは床面積が百十坪もあり、五月二十日には、ローゼンシュトック指揮、日本放送交響楽団の演奏でベートーベンの「交響曲第九番・合唱付き」をこのスタジオから放送した。

五月十三日の放送会館落成式の当日、テレビジョンの実験放送が公開された。砧の技術研究所の鉄塔から、日本最初のテレビ電波が発射され、十三キロメートル離れた放送会館で受信。四台の受像機にテストパターンや実験画像を映し出してみせた。

テレビの研究開発は、ラジオにほぼ半世紀遅れて始まった。ドイツのニプコーが、小さな穴の開いた二つの円盤を回転させて映像を再現することを考案したのが一八八四年。イギリスのベアードは、機械式テレビの原型を作り上げ、一九二六年には走査線三〇本、毎秒五枚の画像による世界最初のテレビの公開実験を行っている。

同じ年、日本でもテレビが誕生の声を挙げた。二六年十二月二十五日、浜松高等工業学校の助教授高柳健次郎は、受像装置に片仮名の「イ」の字を映すことに成功する。NHK浜松支局の敷地内には、「イ」の字を刻んだテレビ発祥の記念碑がある。

三〇年六月、日本放送協会は技術研究所を開設した。研究テーマにはテレビジョンも含まれていた。三六年七月にベルリンで次回四〇年の第十二回オリンピック大会の東京開催が決まる。放送協会は、東京大会のテレビ中継を計画し、研究開発の態勢を強化した。技術研究所は、浜松高等工業から高柳ら十数人の研究者を迎え入れ、約三百万円の研究費を投じた。研究は着々と進んだ。

しかし、日中戦争の拡大で、東京オリンピックの開催そのものが怪しくなっていく。三八年六月には、物資総動員計画が発表され鉄鋼が配給制になった。東京・駒沢に計画したオリンピック・スタジアムの工費八百万円で駆逐艦一隻を建造できた。七月十五日、ついに政府は東京オリンピックの中止・返上を決めた。オリンピックもテレビ放送も、幻と消えた。

実用化を目前にしていた放送協会のテレビ研究は、当面の目標を失った。しかし、将来のテレビ放送の実現に備えて研究は続けられた。その成果が、三九年五月の放送会館落成の日の実験放送に現れた。愛宕山の局舎は常設のテレビ受信所として一般に公開された。

四〇年四月十三日には、日本最初のテレビドラマが放送会館と愛宕山で放送された。伊馬鵜平（後に伊馬春部）作の『夕餉前』である。嫁入り前の妹（関志保子）と兄（野々村潔）、それに母（原泉子）の一家三人の夕食前のひとときを描いたホームドラマで、技術研究所のスタジオには茶だんす、長火鉢、壁の額などの簡単なセットが組まれ、豆腐屋のラッパや花瓶の割れる音などを効果音として使った。放送時間は約十二分。カメラ二台のほか三キロワット四台と五キロワット二台のライトを使った。カメラの感度が低いため、強力な照明が必要だった。

テレビの研究開発は、その後着実に進んだ。しかし、太平洋戦争の開始でテレビの研究は中止となる。技術研究所は戦時電波研究所に衣替えして電波兵器の研究などに当たった。

「臨時ニュースを申し上げます」――開戦の日の朝

一九四一年(昭和十六年)十二月八日、東京は冷え込みの厳しい朝を迎えた。放送協会報道部では、田中順之助と永井順一郎の二人が宿直していた。午前四時過ぎ、気象台との直通電話のベルが鳴った。「気象管制となりましたので、きょうから天気予報は送りません」。続いて陸軍省から「六時に発表があるから人を寄越すように」と電話が入る。早速永井が陸軍省に出向いた。

この日も、午前六時のラジオ体操から放送が始まった。六時半からの天気予報の代わりにレコード音楽が流されたことを別にすれば、いつもと変わらない朝の放送であった。

七時に五分くらい前であった。指揮室の当番をしていた和田信賢アナウンサーからの電話が鳴る。「大変だ、大変だ。すぐ原稿を取ってくれ」。永井の原稿が間違って指揮室に送られたのだった。田中が書き取ったのは、太平洋戦争開戦の発表だった。

「大本営陸海軍部発表、十二月八日午前六時。帝国陸海軍は本八日未明、西太平洋においてアメリカ、イギリス両軍と戦闘状態に入れり」

田中は、逓信局との直通電話で原稿を読み上げ、臨時ニュースの許可を求めた。だが、「待て」という。横山重遠報道部長に連絡するとともに「まだか」と催促するが、相変わらず「待て」。やっと「放送OK」が来た。田中が原稿をつかんでスタジオに飛び込んだときには、時報の音が鳴りだしていた。館野守男アナウンサーの前に原稿を置いたとたん、ポーンと七時を知らせる音がした。間髪を入れずに、館野は臨時ニュースのチャイムを鳴らす。「臨時ニュースを申し上げます、臨時ニュースを申し上げます。大本営陸海軍部発表…」。館野は、このニュースを二度繰り返して読み、「きょうは重大ニュースがあるかもしれませんから、ラジオのスイッチは切らないでください」と呼びかけた。

臨時ニュースで国民が開戦を知ったとき、すでに戦争は始まっていた。連合艦隊機動部隊の六隻の航空母艦から発進した攻撃機と爆撃機は、日本時間で八日午前三時過ぎ、ハワイの真珠湾に停泊中の米太平洋艦隊の戦艦群を襲った。これより一時間前、陸軍は英領マレー半島コタバルに敵前上陸、シンガポール攻略作戦を発動した。航空部隊はフィリピン・ルソン島の米軍基地を急襲した。日本軍の奇襲攻撃は、一方的な勝利に終わった。

大本営は次々と戦果を発表、ラジオはその都度臨時ニュースのチャイムを鳴らした。この日のニュース時間は、定時ニュースに十一回の臨時ニュースを加えて延べ四時間四十分に及んだ。人々はラジオの前に集まり、ラジオ商の店頭や公園のラジオ塔には黒山の人だかりが出来た。国民は、ラジオが伝える緒戦の戦果に沸いた。

日本は、泥沼化した日中戦争の打開策を探る中で南方への進出を目論んだ。大東亜共栄圏の建設である。四一年七月二日、天皇出席の下に重臣・大臣が重大な案件を審議する御前会議が開かれる。

そこで「情勢の推移に伴う帝国国策要綱」が決定する。南方進出のためアメリカ・イギリスとの戦争も辞さず、他方対ソ戦を準備するというものだ。しかし、政府の発表は「本日御前会議において現下の情勢に対処すべき重要国策の決定を見たり」の一行だけ。国民の知らないところで、国の運命を左右する戦争への道が決まっていった。

十一月二日には、真珠湾空襲、マレー半島上陸、フィリピンへの航空撃滅戦を奇襲攻撃で展開し、対アメリカ・イギリス・オランダ作戦を開始するという計画が決定、天皇に上奏された。

日本国内では、国家総動員法に基づく経済統制が強化された。六大都市では、コメが大人一人一日二合三勺(三百三十グラム)の配給制になった。街には防空ずきんやもんぺ、ゲートル姿が目立つようになる。人々は、戦争の暗雲が近づいていることを、うすうす感じていた。

十二月五日、情報局第二部第三課長の宮本吉夫が放送協会を訪れ、「近いうちに大変な事が起こる」という言い方で、幹部職員と打ち合わせをした。七日朝には「あすの朝、非常に大事な放送があるから優秀なアナウンサーを寄越すように」と電話をかけてきて、二・二六事件で「兵に告ぐ」を放送した中村茂告知課長を指名した。宮本は、八日の開戦をこのとき初めて知ったという。中村は八日正午のニュースで開戦の詔書を奉読する大役を果たした。

国民は、政府の情報統制と検閲で、日米交渉の決裂や開戦を決めた御前会議、対米・英・蘭作戦の展開などを知らされないまま、十二月八日の朝を迎えたのであった。

この日の朝、放送協会会長の小森七郎は五千九百人の全職員にこう訓示した。

「諸君は今日よりいよいよ滅私奉公の大精神に徹して、相共に渾然一体となり放送報国の大使命に

戦果を伝える放送に聴き入る市民 （写真提供：NHK）

太平洋戦争の開戦4日目12月11日の放送会館前。開戦と同時にニュースの回数・時間は大幅に増え、勝利を伝えるニュースには勇壮な行進曲が流された。1941年当時のラジオ受信契約数は662万余、普及率46％。外出中の人々は街頭に据え付けられたラジオから流れる戦況のニュースに耳を傾けた。

全力を挙げて邁進して戴きたいのであります」

開戦と同時に、番組の企画・制作・編成の進め方が一変した。情報局・逓信省・放送協会の三者が協議して、放送に関するすべてのことを決めることになる。三者協議といっても会議の主導権は情報局が握っていた。情報局の主要ポストには現役軍人が就いていた。当局の意向とは、すなわち軍の意向である。編成や個々の番組は、一層戦時色を強めていった。

放送開始は午前六時、終了は午後十時を十一時三十分くらいまで繰り下げ、聴取者には一日中ラジオのスイッチを切らないように呼びかけた。一日六回だった定時ニュースは十一回に増え、毎正時にニュースが放送された。戦果を知らせるニュースは、冒頭に「分列行進曲」（陸軍）や「軍艦行進曲」（海軍）を流した。

政府や軍の告知放送が増強された。音楽・演芸番組も、国民の士気を高めるのに役立つものが放送された。新番組の一つ『ニュース歌謡』は、その日の戦果に題材を取った歌謡曲を短時間で作詞・作曲し、人気歌手に唱わせるものだ。

一方、敵国である米英の作曲家の作品は音楽番組から姿を消した。軍の外国語追放の方針に沿って、語学講座は中止された。外国語追放はどんどんエスカレートし、野球の「アウト」は「引け」、「セーフ」は「よし」に、ラグビーは「闘球」、ゴルフは「打球」と言い換えさせられた。放送協会も四二年から「アナウンサー」を「放送員」と呼ぶように改めていたが、四三年からは『ニュース』を『報道』と改称した。

日中戦争以降、言論や報道に対する統制はどんどん強化されていたが、太平洋戦争の開戦とともに情報局は新聞、通信社にこう通達した。「戦況並びに推移に関しては、彼我の状況を含み、大本営の許可したるもの以外は一切報道禁止」。同盟通信社の配信記事をリライトしていた放送協会のニュースや番組は、逓信局の検閲強化も重なって、一段と〝放送報国〟の色合いを濃くしていく。

検閲が厳しくなると、自己規制で検閲を免れようとした。放送協会の報道部ニュースデスクと逓信局検閲室との間には直通電話があって、「ＯＫ」とか、「この原稿のこの部分を削れ」などと言ってくる。毎日、毎時間のことだから、検閲に引っ掛からない工夫をする。削られそうな部分を先回りして削っておくから、大抵のニュースはＯＫが出た。

「征く。東京帝国大学以下七十七校」——戦局の暗転

ラジオは開戦以来連日、「軍艦行進曲」や「分列行進曲」とともに華々しい戦果を伝えた。一九四二年（昭和十七年）三月六日午後五時のニュースは、初めてしめやかな「海ゆかば」の曲を流し、開戦の日に特殊潜航艇で真珠湾に突入し戦死した九人を二階級特進させたという大本営発表を報じた。三七年十一月に設置された大本営には陸軍と海軍の報道部があり、戦況その他、作戦行動に関する発表を行った。開戦から終戦までの四十五か月間に八百四十六回の発表があった。放送協会は、一刻を争って放送すべき重要発表と位置づけ、米英をアメリカ・イギリスと言い換える程度のことはあったが、一字一句ゆるがせにせず忠実に報道した。

戦時にあっては、機密の保持や作戦上の必要、国民の士気に与える影響などから、発表を取りやめたり延期したりするのは珍しいことではない。日本に限ったことではなく、アメリカも太平洋戦争初期の段階では、架空の戦果を発表したこともあったし、真珠湾での損害が正式に発表されたのは一年後のことであった。しかし、戦局が有利に展開し始めるとアメリカ側の発表は、極めて正確なものになっていく。

日本の大本営発表は、対照的にしだいに実態とかけ離れたものになっていった。その典型が、ミッドウェー海戦であった。

四二年六月、連合艦隊は太平洋上のアメリカの戦略拠点ミッドウェーを攻撃したが、航空母艦四隻と重巡洋艦一隻が沈没、航空機三百二十機を失う惨敗を喫した。米機動部隊は空母と駆逐艦各一

隻が沈没、航空機百五十機を失った。ミッドウェーの敗北で、日本は太平洋の制空権を奪われ、戦局は逆転した。

海軍は、この海戦をどう発表するかの検討で三日三晩明け暮れた。大本営発表は、「米空母二隻を撃沈、飛行機百二十機を撃墜」であり、味方の損害は「空母一隻喪失、同一隻大破、巡洋艦一隻大破、未帰還飛行機三十五機」と発表された。空母四隻喪失の事実は、隠蔽された。

ラジオの臨時ニュースは、「軍艦行進曲」に続いて虚偽の大本営発表を大きく伝えた。

四三年二月、ニューギニア島ブナとソロモン群島ガダルカナルでの戦闘で日本軍は戦死・餓死者二万五千人を出し、多数の艦艇や航空機を失った。大本営発表は、部隊の撤退を〝転進〟と表現して敗北を取り繕った。五月三十日午後七時のニュースは、アッツ島守備隊の全滅を伝えた。大本営は全滅を〝玉砕〟と発表した。以後、玉砕の発表が続いた。

日本の敗色は、日に日に濃くなっていった。兵員の不足が深刻となる。全国の大学・高等学校・専門学校の文科系学生・生徒の徴兵猶予が取り消され、戦地に送られることになった。学徒出陣である。四三年十二月の第一陣入隊を控え、東京など七都市と満州で文部省主催の壮行会が開かれた。東京の出陣学徒壮行会は十月二十一日、明治神宮外苑競技場（後の国立競技場）で行われた。首都圏七十七校の学生・生徒が冷たい秋雨が降りしきる中、校旗を押し立て、三八式歩兵銃を肩に水しぶきをあげて行進した。徴兵適齢期前の後輩学生や女学生、学徒の父母がスタンドを埋めた。

ラジオは、このもようを二時間余りにわたって実況中継した。

「征く。東京帝国大学以下七十七校〇〇名、これを送る学徒九十六校、実に五万名、今、大東亜決

神宮外苑競技場での出陣学徒壮行会 （写真提供：朝日新聞社）

この日の放送は和田信賢アナウンサーが担当する予定だったが、当日朝になって体調を崩したため急きょ志村正順アナウンサーが代役を務めた。志村は式次第を書いた紙1枚を手に2時間余りの中継を続けた。放送は原稿の事前検閲を受けなければならなかったが、靖国神社の招魂式などを除けば実況中継には検閲がなく、放送員の急な交替も可能だった。

戦に当たり、深く入隊すべき学徒の尽忠の至誠を傾け、その決意を高揚するとともに…」

放送員志村正順の実況中継は悲壮感に満ち、聴取者の胸に迫った。戦争中に最も印象に残った放送の一つとされている。

四四年に入ると、戦局はさらに悪化した。レイテ沖海戦（十月）では空母四隻、戦艦三隻ほか航空機二百十五機を失って、連合艦隊は事実上壊滅した。このとき、「神風特別攻撃隊」が初めて出撃した。爆弾を積んだ飛行機が敵艦に体当たり攻撃を行う、搭乗員の死を前提とした作戦である。神風特攻隊出撃を報じたラジオは、十月二十九日夜、

「軍国歌謡・噫神風特別攻撃隊」を放送した。この歌はその後、連日のようにラジオから流された。

内地の特攻隊基地は、鹿児島県の知覧（陸軍）、鹿屋（海軍）など十数か所を数えた。放送協会はこれらの基地に前線録音隊を派遣した。放送員や報道部員は、兵舎で特攻隊員と起居を共にしながら、出撃を控えた隊員の声や出撃のもようを録音盤に収めた。

陸海軍の特攻隊出撃は、終戦までに三百回を数え、二千五百人の若い命が散った。

七月には、サイパン島の日本軍守備隊が全滅した。婦人や子どもが〝バンザイ〟を叫びつつ崖から海に身を投じ、非戦闘員の死者は一万人を数えた。日本軍は、太平洋における制海権と制空権を完全に失った。

国民の生活はますます窮迫していった。新聞は夕刊がなくなり、朝刊も二ページに縮小された。歌舞伎座や京都南座など大劇場は閉鎖された。大相撲の実況中継はすでに四二年一月の春場所から、初日と八日目の千秋楽だけの放送となり、他の日は夕方十五分間、録音を再生して勝負を伝えていた。

街には「雑炊食堂」や「国民酒場」が登場して、長い行列が出来た。近郊の農村に出かけて食料を求める「買い出し」が広がる。四四年七月、東条英機内閣が総辞職し代わって登場した小磯国昭内閣は、「鬼畜米英」と戦意をあおり、「一億国民総武装」を打ち出すが、国民の耐乏生活は深刻さを増す一方で、その日その日を送るのに精一杯であった。

サイパンの基地を発進したＢ29が東京に初めて飛来したのは、四四年十一月一日である。関東地区に初めて防空情報が放送された。二十四日には七十機のＢ29が来襲、東京・三鷹の中島飛行機の工場を爆撃した。これ以後、米軍機による本土各都市への空襲が本格化していく。

空襲があると、陸軍の各軍管区司令部、海軍の各鎮守府・警備府が警戒警報や空襲警報を発令する。軍管区司令部には放送室があり、放送協会から放送員が派遣されていた。

東京の場合、警報が出されると放送の送出は放送会館から竹橋にある東部軍管区司令部に切り替わる。司令部地下の作戦室には日本全図の大型パネルがあり、各地の監視所から入る敵機発見の情報で赤ランプが点灯、侵入経路を表示した。ランプが次々とつくと、作戦室の将校が警報の案文をまとめ、伝令が放送室に届ける。待機していた放送員は直ちにブザーを押して「警戒警報」「空襲警報」の発令を告げ、続いて敵機の数や動向などの防空情報を伝えた。ラジオのブザーのほか、地域ではサイレンを鳴らして警報発令を知らせた。

四五年三月十日の午前〇時十五分、今福祝放送員の緊張した声がラジオから流れた。「関東地区、関東地区、空襲警報発令。東部軍司令部より関東地区に空襲警報が発令されました」

二千メートルの低空を侵入してきたＢ29が深川区に焼夷弾を投下、後続機が焼夷弾の雨を降らせた。東京大空襲である。ラジオが空襲警報発令を伝え、サイレンが鳴り響いたとき、すでに東京の下町は火の海と化していた。「目下京浜地区に侵入せる敵は三機にして房総方面に新たなる敵北進中なり」「敵はいずれも高度低くなお後続敵機ありて連続侵入を企図しあり、官民共同の防空体制の強化を望む」。東部軍司令部内の放送室から、今福は情報を伝え続けた。

それまで軍事施設や軍需工場を目標に、高高度から高性能爆弾を投下していた米軍の攻撃方法が、この夜から変わった。低空で侵入し、都市の工場地帯や住宅密集地に焼夷弾を投下する。大規模な無差別爆撃である。この夜、来襲したＢ29は二百九十八機。二時間半の爆撃で十万人が死亡、十一万人が傷つき、百万人以上が家を失った。

四五年三月二十三日、米軍艦載機が沖縄本島を襲った。沖縄放送局は、ロケット弾の直撃を受けて放送不能に陥った。四一年十二月に開設された沖縄局は、放送協会が戦前に建設した最後の放送局であった。

やがて沖縄の海は、米軍の艦船約千五百隻で埋め尽くされた。五十四万八千人の兵員を擁しての上陸作戦が始まった。海と空からの猛烈な爆撃の後、米軍は沖縄本島嘉手納海岸に上陸した。陸・海軍は〝全機特攻化〟を決め、米軍艦艇に特攻攻撃をかけた。戦艦大和と駆逐艦などによる水上特攻も実施した。しかし、一機の護衛戦闘機も伴わない大和は、米艦載機の波状攻撃を受けて四月七日、屋久島西方の海中に沈み、日本海軍は完全に戦闘能力を失った。

この間ラジオは、『戦ふ沖縄島に送る』（四月十日）、『決戦場沖縄を思ふ』（同二十三日）、『戦ふ南西諸島に送る』（同二十六日）を放送した。二十六日の放送では、鈴木貫太郎首相のあいさつや海軍軍楽隊の演奏する行進曲が流された。鹿児島放送局から海上六百キロを中波で中継されたこの放送は、砲爆撃にさらされていた一般県民はほとんど聞くことはできなかったが、首里の第三十二軍司令部はこの放送を聞き、首相の言葉を永別のあいさつと受け取った。

六月二十三日、牛島満司令官、長勇参謀長が自決、第三十二軍の組織的戦闘は終わった。沖縄戦での死者は、日本軍の軍人軍属九万四千百三十六人、一般県民九万四千人、米軍人一万二千五百二十人を数えた。

「世界の大勢と帝国の現状とに鑑み」——一九四五年八月十五日

一九四五年（昭和二十年）八月六日の朝、広島の空は快晴。気温はぐんぐん上昇していた。広島市上流川町にあった広島中央放送局では、夜勤明けの職員がはんごうで朝食の準備にかかり、休憩室でひと息入れるものもいた。放送局の前には、故障したラジオを抱えた市民が十数人、列を作って修理が始まるのを待っていた。

この日未明にマリアナ諸島テニアンの基地を飛び立ったB29「エノラ・ゲイ」はその頃、二千七百四十キロ、六時間半の飛行を経て、目的地広島上空に接近していた。

放送局二階の連絡室にある中国軍管区司令部との直通電話が鳴った。「八時十三分、中国軍管区情報、敵大型機三機、西条上空を西進しつつあり、厳重な警戒を要す」の警報文を持った古田正信放送員が、第二スタジオに駆け込んだ。警報ブザーを押した瞬間、B29の爆音が高まり、鋭い閃光が青空を引き裂いた。人類史上初の原子爆弾が投下された。激しい衝撃に続いて熱風が襲ってきた。爆発と同時に発生した煙は、みるみるうちに巨大なきのこ雲となって一万数千メートルの高さに達した。四十万都市広島は、一瞬のうちに壊滅した。

広島放送局は爆心地から一・三キロの至近距離にあった。猛烈な爆風で、スタジオの厚い鉄筋の壁は崩れ落ち、重い扉が吹き飛んだ。

放送部副部長の間嶋輝夫は、吹き抜けた爆風になぎ倒され胸と背中に重傷を負った。意識が薄れていく中で間嶋は叫び続けた。「電波は出ているか、電波を出せ。放送を続けよ」。避難する途中、間嶋は絶命した。広島放送局の在籍職員の一五％に当たる三十八人が原爆の犠牲になった。広島市の原爆犠牲者は四五年末までで、約十五万九千人を数えた。

広島放送局では、流川の局舎が空襲を受けたときには、北に五キロほど離れた安佐郡祇園町の原放送所に職員が集合、放送を続けることに決めてあった。この日のうちに二十人の職員が、原放送所にたどり着いた。電波を出す機能は無事だった。大阪や岡山局と連絡を取って広島の状況を伝えた。原放送所では翌七日から、広さ十三平方メートルの予備スタジオを使って広島県向けのローカル放送を始めた。

広島被爆は、六日午後九時のニュースで初めて報じられた。「けさ七時五十分頃、Ｂ29二機が広島市に侵入、焼夷弾と爆弾を投下した後退去。同市付近に若干の損害を被ったもよう」の大本営発表をそのままラジオは流した。翌七日の大本営発表には、「新型爆弾」の表現が登場する。広島と長崎に投下された爆弾を、政府が「原子爆弾」と認めるのは終戦後のことである。

三日後の八月九日には、長崎に原爆が投下された。死者七万三千八百八十四人、重軽傷者七万四千九百九人。長崎市の人口の七割が被災した。被爆直後、九州各地の放送局からは「長崎に新型爆弾が投下されたもようです。長崎市民は退避してください」という放送が流れた。やがて「市内に火災が発生したので、長崎市民は消火に当たってください」の呼びかけに変わった。

被爆と同時に、長崎放送局は放送不能になっていた。この放送は、西部軍管区司令部が福岡放送局を通して放送させたものであった。

ヨーロッパでは、四五年五月七日、ドイツの無条件降伏で五年八か月に及んだ戦争は終わった。翌八日、米大統領トルーマンは日本に対して無条件降伏を勧告した。

トルーマン、チャーチル（途中からアトリー）、スターリンの米英ソ三首脳がベルリン郊外のポツダムに集まり、降伏したドイツの処遇と日本に対する方針を協議した。七月二十六日には、日本に無条件降伏を呼びかけるポツダム宣言が発表される。戦争の終結条件と戦後処理を定めたもので、日本の軍国主義の駆逐、連合国による日本占領、日本の主権の本州・北海道・九州・四国への制限、戦争犯罪人の処罰と言論・宗教・思想の自由および基本的人権の尊重などが盛り込まれていた。

日本政府部内では、ポツダム宣言を巡って和平派と抗戦派とが激しく対立した。陸軍の抗戦派に押された鈴木貫太郎首相は、ポツダム宣言を〝黙殺〟する首相談話を発表する。政府の〝黙殺〟は、戦局の悪化を加速させた。広島、長崎への原爆投下とソ連の参戦である。

八月九日の深夜、最高戦争指導会議が宮中防空壕の一室で開かれた。ポツダム宣言が触れていない国体（天皇制）が降伏後も維持されるのかどうかが、議論の最大の焦点であった。天皇の前で閣僚が意見を述べ、最後に天皇が断を下した。十日午前二時二十分、ポツダム宣言の受諾が決まった。

ポツダム宣言の受諾と戦争終了を、どう国民に知らせるか。曲折を経た後、天皇が自らマイクの前に立って国民に知らせることが決まった。〝玉音放送〟である。詔勅ができ御名御璽（天皇の署名と証印）を得て公布の手続きを終えたのは、十四日午後十一時であった。

放送協会会長の大橋八郎は十四日午後、情報局からの依頼で国内局長、技術局長と五人の録音班を伴って宮中に向かった。〝玉音放送〟を収録するためである。収録には宮内省内廷庁舎二階の御政務室（表御座所）が当てられた。午後三時半までにはすべての準備を終えた。だが、詔書の原案の字句を巡って閣議が紛糾したりして、午後六時録音・七時放送の予定は深夜にもつれ込んだ。放送は十五日正午と決まり、午後九時のニュースは、内容を明かさないまま「あす十五日正午から重大放送が行われる」と予告した。

午後十一時二十五分、陸軍大元帥の軍装の天皇が御政務室に入った。下村海南情報局総裁の合図で録音が始まった。天皇は、マイクの前の見台に置いた詔書を読み始めた。天皇自らの希望で録音は二回行われた。

正副二組の録音盤が出来た。フィルム缶に入れ布袋にしまった録音盤は、一晩宮内省に保管してもらうことになった。侍従の徳川義寛はそれを宿直室の一番奥の軽金庫に収め、金庫を書類で覆った。

陸軍の一部将校たちは、天皇の〝聖断〟の後も無条件降伏に反対し徹底抗戦を叫んでいた。陸軍少佐畑中健二ら三人は、近衛師団司令部に森赳師団長を訪ね決起を要請する。拒む森を拳銃で射殺、偽の師団長命令を発して部隊を出動させた。命令書には、宮城を守るとともに放送局を占拠して天皇の放送を阻止せよ、と書いてあった。

宮城に出動した部隊は、すべての門を閉じ外部との通信線を切断した。収録を終え坂下門から退出しようとしていた放送協会の一行は監禁された。畑中らは、だれに録音盤を渡したかと詰問し、着剣した近衛兵が内廷庁舎に入って録音盤を探し始めた。廊下でつかまった徳川は、兵隊と押し問答をしているうちに殴られて眼鏡が飛んだ。だが、録音盤は無事だった。

宮城内で録音盤捜しが行われていた十五日午前三時前、放送会館は着剣した六十人ほどの近衛兵

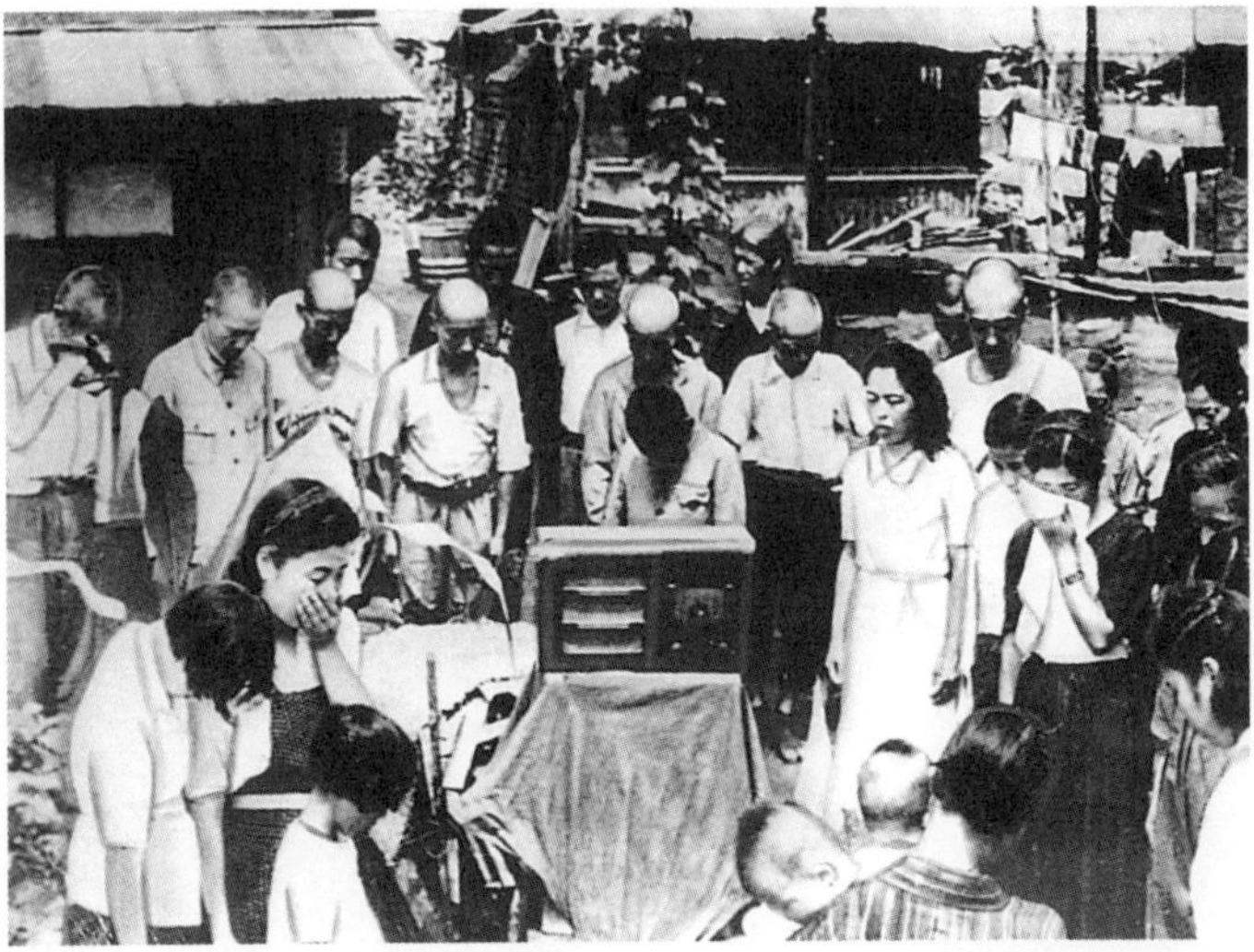

ラジオを持ち出して玉音放送を聞く人々　（写真提供：毎日新聞社）

1945年８月15日正午には、焼け跡の街頭や工場の広場、駅のホームなどにラジオが据えられ、人々は初めて聞く天皇の声に耳を傾けた。玉音放送に続いて和田信賢が改めて詔書を朗読、ポツダム宣言受諾に至った経過を伝える原稿を読んだ。後輩アナウンサーで後に作家となる近藤富枝は「一語一語を、更に確かめ確かめ語る慎重なアナウンスであった」と書いている。

によって占拠された。やがて畑中が二階の報道部の部屋に現れた。応対に当たった副部長柳沢恭雄に拳銃を突きつけ「決起の趣旨を放送させよ。させなければ撃つ」と迫った。報道部隣の第十二スタジオで押し問答が続いた。たまたま空襲警報が発令中だった。東部軍の許可がなければ放送は出せない。畑中は電話で東部軍参謀に、決起の放送をさせるよう繰り返し迫ったが、最後に電話に出た参謀長に説得されて断念した。放送会館を出た畑中は、宮城前の松林で自決する。

通常より二時間二十一分遅れて午前七時二十一分、この日の放送は始まり、まず正午からの玉音放送を予告した。

宮内省が預かった録音盤は、無事放送会館に届けられた。紫の袱紗をかけ桐の箱に収められた録音盤は第八スタジオに運ばれ、再生の準備が整った。正午の時報に続いて和田信賢放送員がマイクに向かう。「ただいまより重大なる放送があります。全国聴取者の皆様ご起立を願います。重大発表であります」。君が代吹奏の後、下村情報局総裁が続ける。「天皇陛下におかせられましては、全国民に対し、かしこくもおん自ら大詔を宣らせたもうことになりました。これより謹みて玉音をお送り申します」。録音盤に針が下ろされた。

「朕深く世界の大勢と帝国の現状とに鑑み、非常の措置を以て時局を収拾せむと欲し、茲に忠良なる爾臣民に告く。朕は帝国政府をして米英支蘇四国に対し、其の共同宣言を受諾する旨通告せしめたり…」

四分三十秒間の玉音放送は終わった。その後、和田が改めて詔書を朗読した。さらに内閣の国民に対する告諭、終戦を決めた御前会議のもよう、ポツダム宣言受諾に関する日本政府から連合国への通告文と連合国から日本政府への通告文、ポツダム宣言の要旨、最高戦争指導会議など八月九日から十四日までの重要会議の開催経過などが放送された。全部で三十七分半の放送であった。

この日の正午、会社や工場では全員が食堂や広場のラジオの前に集合した。ラジオのある家には近所の人が集まった。駅では列車から乗客を降ろし、スピーカーで放送を聞かせた。受信機もスピーカーも老朽化していて、雑音が混じり音量も小さかった。〝玉音〟は聞き取りづらく、漢語混じりの詔書は難解で、人々は「降伏」なのか「抗戦」なのかすぐには理解できなかった。玉音に続く和田放送員の放送で、ようやく理解できた人が多かった。新聞は、放送終了後の午後一時頃に配達された。

長かった戦争は終わった。

第3章

ラジオの全盛期へ

「赤いリンゴにくちびるよせて」——放送の戦後復興

太平洋戦争が終わった。一九四五年（昭和二十年）八月三十日、連合国最高司令官ダグラス・マッカーサーが厚木基地に降り立ち、九月二日には、東京湾の戦艦ミズーリ号上で降伏文書の調印式が行われる。以後、六年八か月にわたって日本は連合国の占領管理下に置かれた。アメリカ陸軍を主体とするGHQ（連合国最高司令官総司令部）が、日本の「軍国主義の排除」と「民主主義の育成」を二大目標に掲げて、占領政策を推進した。

GHQは、占領目的達成のためにマスメディア、とりわけ大衆に大きな影響力を持つ放送の活用を図った。日本進駐から間もない九月十日、GHQは、「言論および新聞の自由に関する覚書」を公表する。「平和国家として再出発しようとする日本の将来に関する建設的な論議を助長」「真実に合わず公共の安寧を乱す番組の放送を禁止」「当分の間、ラジオ番組はニュース、娯楽、音楽番組を主体とし、ニュース、解説、情報番組の送出は東京放送局に限定」が、その要旨であった。

続いて十九日に「日本ニ与フル新聞準則」（プレスコード）、二十二日には「日本ニ与フル放送準則」(ラジオコード)を指令する。ラジオコードには、報道放送(ニュース)、慰安番組、情報および教養番組、広告アナウンスに関する禁止事項が細かく列挙された。例えば「ニュースは厳重に真実に即したものでなければならない」「公共の安寧を乱すような事項を放送してはいけない」「連合国に対する虚偽や破壊的な批判をしてはいけない」「ニュースは事実に即し、編集上の意見を交えてはならない」「どんなニュースも事実や細部を省略して歪曲してはならない」といった具合である。

放送に対してGHQは、一方で番組内容の検閲による規制、他方で番組の企画・制作・放送のすべてにわたる指導で臨んだ。〝ムチ〟と〝アメ〟との使い分けである。

前者を引き受けたのがCCD(民間検閲支隊)。後者の、放送を通じて日本人を再教育する役割を担ったのがCIE(民間情報教育局)である。CCDとCIEは、内幸町の放送会館の一部を接収してオフィスを構えた。放送会館には、占領軍放送であるAFRSの本部も置かれ、正面玄関には「WVTR」のコールサインが「放送会館」の文字を見下ろすように掲げられた。

CCDは、映像・出版・放送はもとより電話・電報・郵便の検閲まで行い、最盛期の四八年には、五千六百余人の日本人を含めて検閲担当官は六千百六十人にも上った。放送検閲は東京の本部のほか大阪、福岡に支部を、主要都市に支所を設けて、要員は八百人を超えた。

放送原稿は英訳文を添えてCCDに提出、「パス」「一部削除」「全文禁止」「保留」のいずれかの措置が取られた。GHQ批判、戦犯、アメリカ、憲法へのGHQの関与、天皇の神格性、食糧危機など三十項目について、放送検閲基準が定められていた。

「マッカーサー元帥は、日本政府の組閣には干渉しない」は検閲をパス、「組閣には米政府および極東委員会の承認が必要」は占領軍の関与を示しているとして放送禁止となった。終戦直後の食糧難を補うために焼け跡のあちこちに家庭菜園が出現した。これを「焼野が原の緑」と詠んだ俳句は、米軍の爆撃を想起させるという理由で放送禁止となった。

CCDは、落語・講談・浪曲などの娯楽番組についてもストーリーの細部にまで目を光らせた。復讐や仇討ちは、好戦的で軍国主義復活につながるとして削除や放送禁止となった。

放送の事前検閲は四七年八月一日まで続き、以後は事後検閲となる。米政府の対日占領政策が〝非軍事化・民主化〟から〝反共・日本経済再建〟へと転換する時期でもあった。四九年十月には検閲そのものが廃止された。だが、五〇年六月の朝鮮戦争の勃発でGHQは検閲を再開する。

CIEでは、ラジオ課が放送への指導に当たった。担当官たちは「指導はあくまでも助言であり、命令や指示ではない」と力説したが、実際には助言や示唆に基づいて強要をされるケースが少なくなかった。しかし、CIEの示唆・指導は日本の放送を大きく改革し、後にNHKや民放の放送活動の基礎として役立つことになる。

聴取者がスイッチを入れれば朝から晩まで必ず放送が聞ける「全日放送」の実施は、CIEの指導によるものであった。その頃は、午前中や夕方に二十分から二時間程度の休止時間があった。十五分、三十分、一時間といったように、十五分単位で番組を編成する「クォーターシステム」も導入された。それまでは、落語は二十分、浪曲は四十分というように一応の枠を決めてはいたが、放送時間は厳密でなかった。「時報まで三分お待ちください」と言ったまま沈黙したり、「ただいまの時報は九時六分でした」とアナウンスしたりすることは当たり前であった。

アメリカ方式の導入で番組編成は大きく変わった。一週間単位の放送時刻表が作られ、決まった日の決まった時間に、決まった番組が放送される定曜定時制が実現した。人々の間に聴取習慣というものが生まれてくる。

四六年三月からは、番組の区切りに「N、H、K、日本放送協会の番組であります」のアナウンスが入るようになった。これもCIEの示唆によるものだった。

戦争が終わり、国民生活も変わっていく。放送も変わっていった。八月二十二日には、開戦以来中止されていた天気予報の放送が復活する。八月十五日からしばらくの間、ラジオは『報道（ニュース）』『官公署の時間』『少国民のシンブン』だけを放送した。しかし、米軍の進駐が近づくと、さまざまなデマやうわさが流れ、略奪や暴行を心配する声が広がった。情報局総裁や陸軍大臣がラジオを通じて呼びかけ、一般国民や軍人・軍属の不安の解消に努めた。

九月に入ると、慰安番組も再開された。

「赤いリンゴに　くちびるよせて　だまってみている　青い空
リンゴはなんにも　いわないけれど　リンゴの気持は　よくわかる
リンゴ可愛いや　可愛いやリンゴ」

「リンゴの歌」（サトウ・ハチロー作詞、万城目正作曲）は、戦後間もなく封切られた松竹映画「そよ風」の主題歌。十二月十日、芝田村町の飛行館での公開番組『希望音楽会』に並木路子が出演して歌った。戦争中、軍国歌謡や行進曲ばかり聞かされていた耳に、「リンゴの歌」は、明るく新鮮に聞こえた。ラジオから繰り返し流され、レコードも発売されて大ヒットする。

戦争中の電波管制が解除され、各放送局は独自の周波数を割り当てられた。第1放送はほぼ戦前の状態に戻り、東京・大阪・名古屋の第2放送も再開。広島・熊本・仙台・札幌の各局も新たに第2放送を開始した。

だが、その放送がよく聞こえなかった。放送施設を占領軍向けのAFRS放送用に接収され、予備の施設を使わざるをえなかったためである。電力会社が変圧器の故障を防ぐため、夕方になると電圧を下げて送電したことも影響した。神奈川県の湘南地方では、第2放送は全く聞こえず、第1放送も蚊の鳴くような声、AFRS放送だけがよく聞こえた。

ラジオ受信機と部品の増産も緊急の課題であった。放送協会の加入者は四四年度末に七百四十七万に達して戦前の最高を記録したが、空襲で受信機が焼失するなどしてラジオの世帯普及率は四〇%を切っていた。占領行政を進める上でラジオの活用を企図したGHQは、日本政府に覚書を発して受信機や真空管の増産を促した。だが、戦災を受けた工場の復旧は遅れ、資材も不足していた。生産はとうてい目標に届かなかった。

激しいインフレが、受信機の入手難に拍車をかけた。逓信・商工両省と放送協会、メーカーが協議し、標準となる「国民型受信機」を制定する。国民型一号受信機は公定価格で四百七十七円だったが、ヤミ値は八百円。激しいインフレで、四八年には国民型のヤミ値は四千円、五球スーパーだと七千五百円に跳ね上がり、公務員の初任給の三倍以上もした。

正規ルートでの受信機の供給不足を補ったのが、アマチュアの手作りラジオであった。ラジオの組み立てや修理の心得があるアマチュアが、ヤミ市で旧日本軍の放出物資や米軍やメーカーから横流しされた部品を買い求め、受信機を組み立てヤミのルートで販売した。物品税を逃れた分だけ受信機の価格は安く、飛ぶように売れた。東京の神田駅近くの須田町・小川町・神保町の一帯や大阪・日本橋かいわいには、ラジオの部品や真空管を商う露店が並び、それを目当てにラジオ商やアマチュアたちが集まってきてにぎわった。

放送協会の内部では、戦時体制を担った幹部の責任を追及する従業員の動きが高まっていた。部課長たちは十月十六日、「逓信系天下り理事の総退陣」「官庁との絶縁」「協会の機構・経営を民衆の中に根を張ったものにする」の三か条の改革案を決議、大橋会長に提出した。

四六年一月に発足した放送委員会の推薦に基づいて、大原社会問題研究所長・高野岩三郎がNHK会長に就任した。新しい経営陣を迎えたNHKは六月、大規模な機構改革と人事異動を行った。しかし、NHKのスタートは、苦難の連続であった。まず放送ストライキと十八日間に及ぶ放送の国家管理という日本放送史に残る特異な事態に直面する。

日本新聞通信放送労働組合（新聞単一）は四六年九月、団体協約の締結、賃金引き上げ、読売新聞と北海道新聞の争議支援を掲げてゼネストを指令した。NHKの従業員組合である新聞単一放送支部と理事者側との交渉は決裂、十月五日、ストライキに入り第1・第2放送とも沈黙した。

放送ストライキに、政府は態度を硬化させた。「議会開会中で政治・経済の動きを国民に報道しなければならないのに、NHKのストが続く場合、放送の国家管理など公安上必要な措置を取る」と内閣書記官長が談話を発表する。政府が直接管理して放送を出す——放送の国家管理は戦争中でさえなかった異常事態である。争議の政治性を重視したGHQも、国家管理放送を認めた。

十月八日、「国家管理放送」が始まった。放送会館の内外には警察官が配置され、逓信省電波局長や電務局長らがニュースの編集に当たった。川口放送所にマイクを置き、逓信省の職員がニュースや気象情報を読んだ。放送はニュース、気象情報、天気予報などに限られ一日六回、東京だけの放送で、全国中継はできなかった。

逓信省職員による放送の国家管理という異常事態を招いた放送ストは、十月二十五日決着した。放送が完全に正常な姿に戻ったのは二十八日であった。

「貴方はどうして食べていますか」――開放されたマイク

放送開始から終戦までの二十年間、放送は国家意思を国民に浸透させ、それに沿った世論の形成に大きな役割を果たした。〝上意下達〟の効率的なシステムであった。戦後の放送は、その反省に立って再出発した。それを端的に示す言葉が〝マイクの開放〟である。放送に国民の声を乗せよう、番組に民衆の意見を反映させよう、ということである。

一九四五年(昭和二十年)九月十九日から、夜七時のニュースに続いて新番組『建設の声』が始まった。聴取者からの投書をそのまま放送する〝ラジオ投書欄〟である。反響は大きく、一日に三百通もの投書が寄せられた。食糧問題を論じたものが圧倒的に多く、戦争の反省やインフレ対策、戦災復興なども頻繁に登場したテーマであった。役所もこの番組に注目し、責任者が回答を寄せることもあった。公募によって『私達の言葉』と改題したこの番組は、九二年四月まで半世紀近くも続いた長寿番組であった。

銀座・資生堂前での『街頭録音』の収録　（写真提供：NHK）

『街頭録音』は“マイクの開放”を象徴する番組であった。「戦災孤児の救護」「男性（女性）から女性（男性）に望む」「越冬対策について」「年の暮れをどうすごすか」など人々の生活に身近で切実なテーマが取り上げられた。「新憲法について」は、東京のほか全国の中央放送局所在地を巡回収録して放送した。

後に『街頭録音』と名を変える『街頭にて』（四五年九月二十九日初放送）は、マイクの開放・放送の民主化を象徴する番組であった。新番組のほとんどがＣＩＥラジオ課の指導や示唆で生まれたのに対し、『街頭にて』は放送協会実況課の職員の提案によるものだった。都内の盛り場で発言してくれそうな通行人を物色、これはという人を見つけたら録音自動車に連れてきて、アナウンサーの質問に答えてもらう趣向である。銀座でデパートの女性店員に「あなたは今度の戦争をどう思いますか」と尋ねたところ、「主任さんに聞いてからご返事します」と逃げられたという話もある。

やがて番組は手直しをされ、タイトルも『街頭録音』に変わった。第一回の放送は、四六年六月三日。テーマは「貴方はどうして食べていますか」。深刻な食糧難で、一日二合三勺だったコメの配給は四五年夏には二合一勺に減らされ、その上遅配・欠配は日常化していた。

だが、第一回の収録は散々だった。銀座・資生堂前の歩道に台を置き、藤倉修一アナウンサーが懸命に呼びかけるのだが、通行人は横目に見て通り過ぎるだけ。コードを引きずりながら、これはと見込んだ相手を新橋駅近くまで追いかけたりした。人前で自分の意見を述べることに、人々はまだ慣れていなかった。それでも回を重ねるにつれて、毎週金曜日の収録には大勢の人が集まるようになっていった。

圧巻は、四七年六月二十四日の「経済緊急対策について」であった。片山哲首相が出演し、四千人の聴衆が銀座通りを埋めた。都電や都バスが一時間半も止まる騒ぎとなる。一人の男が二個のジャガイモをかざして叫んだ。「総理、これで十日分の野菜の配給です。よく見てほしい」

四七年四月二十二日に放送された「青少年の不良化をどうして防ぐか・ガード下の娘たち」は、売春をする若い女性たちの生の声を聞かせて反響を呼んだ。東京・有楽町の省線電車のガード下には、売春で生活を支えなければならなくなった女性たちが集まっていた。レインコートの袖に小型マイクを忍ばせた藤倉は、通行人を装って彼女たちの話を聞いた。〝ラク町のお時〟の異名を持つリーダー格の女性は、「私たちが悪いんじゃない。世間が冷たいからだ」と言い放った。ラジオ・ドキュメンタリー『社会探訪』の先駆けとなる企画であった。

毎回テーマを決めて有識者が討論し、聴衆との間で質疑応答する『放送討論会』も、国民にマイクを開放する試みであった。四五年十一月二十一日に、第一回の『討論会・天皇制について』が放送された。評論家室伏高信が司会、衆議院議員清瀬一郎と牧野良三、前月に釈放されたばかりの共産党の徳田球一が出演した。タブーとされてきた天皇制の是非を取り上げたこの放送は、大きな波紋を投じた。

四六年四月には『放送討論会』と改題、政治・経済・社会・文化の多様なテーマを取り上げ、七三年まで十七年も続いた硬派の人気番組であった。

四五年十二月に始まった『真相はかうだ』は、戦前・戦時中の政治体制や日本軍の行為を弾劾し責任を追及するキャンペーン番組だ。純然たるNHKの番組に見せかけたものの、企画・脚本・演出のすべてはCIEラジオ課の手になり、「南京大虐殺」や「バターン半島死の行進」など秘密のベールに包まれていた日本軍の残虐行為を暴き出し、再現して聞かせた。反響は大きく、たくさんの投書が寄せられた。だが、大半は番組を非難攻撃するものだった。番組の内容に誇張や事実を歪曲した部分が少なくなかったため、聴取者の反感を買って四六年二月には『真相箱』と改題した。

GHQは、日本民主化のための具体的施策として四五年十月、日本政府に対し「参政権の付与による女性解放」「労働組合の組織奨励」「教育制度の民主化」「秘密審問組織の廃止」「経済制度の民主化」の五大改革を指示した。改革の意義を国民に周知徹底させるため、たくさんの番組が制作された。

CIEはまた、学校放送をいち早く再開して電波による教育再建を示唆した。CIEと文部省青少年教育課、NHKの担当部局が協議して学校放送を実施した。番組の内容や台本はいちいち英訳してＣＩＥの了承を取り付けなければならなかった。「男のくせに泣くな」のセリフは男女同権でないと叱られ、「子どもは風の子」は科学性を欠いた不行き届きな言い方として退けられた。

四七年四月、教育基本法と学校教育法が施行される。六・三・三・四制と男女共学が実施され、国定教科書に代わって教科書は検定制となる。学校放送は、教材として認知された。ＣＩＥの助言で、一方的に話をするストレート・トーク形式の演出は避け、話し合いやドラマ、クイズ、現場からの中継といった多様な形式の番組が増えた。

戦後の荒廃と混乱の中で、ラジオは数少ない娯楽の中心となった。四六年春のＮＨＫの調査によれば、全国の家庭でラジオを聞いている時間は一日に四時間五十九分に上った。

四六年一月、『のど自慢素人音楽会』が始まった。番組を提案したＮＨＫ音楽部の三枝健剛は、「ズブの素人でも、下手は下手なりに面白いのではないか」と考えた。素人の音程の外れた歌を聞かせるなどとはとんでもない、と最初の提案は却下された。あきらめきれない三枝は、テストに合格した人だけを出演させることに書き替えて再提案、やっと採用になった。

テーマ音楽（天地真佐雄作曲）や鐘を鳴らす演出も取り入れた。初期の『のど自慢』で歌われたのは、「リンゴの歌」「旅の夜風」「誰か故郷を想はざる」などだった。四七年には、「異国の丘」が登場する。

「今日も暮れゆく　異国の丘に　友よつらかろ　せつなかろ
我慢だ待ってろ　嵐が過ぎりゃ　帰る日もくる　春が来る」

シベリア抑留中の吉田正が作曲した望郷の思いを切々と歌ったこの歌は、引き揚げ軍人らによっ

のど自慢全国コンクール優勝大会　（写真提供：NHK）

1946年1月に始まった『のど自慢素人音楽会』はたちまち人気番組になり、48年3月には東京神田共立講堂で各地での入賞者代表を集めた第1回全国コンクール優勝大会が開かれた。各地のお祭りや行事では、放送にならったのど自慢大会が盛んに行われた。

て『のど自慢』で披露され、たちまちのうちに全国で歌われるようになる。

四五年の大晦日には、後の『紅白歌合戦』の原型『紅白音楽試合』が放送された。戦いを連想させる〝合戦〟は占領下では禁句、そこで〝試合〟とした。司会は水の江滝子と古川緑波で、小夜福子、葦原邦子、高峰秀子、藤原義江、霧島昇、ディック・ミネら二十数人が出演した。放送は夜十時二十分から除夜の鐘まで続き、半数以上の出演者は一番電車を待って放送会館の部屋で夜を明かした。

四六年末から四七年にかけて、クイズと連続放送劇という新しい型の番組が、ＣＩＥの指導で制作され夜の時間帯に登場する。

『話の泉』（四六年十二月～六四年三月）、『二十の扉』（四七年十一月～六〇年四月）はいずれもアメリカの人気番組を翻案したものだった。四九年に第二世代のクイズ番組として『私は誰でしょう』と『とんち教室』（いずれも四九年一月～六八年三月）が始まる。前者は、アメリカのショー番組に工夫を加えた聴取者参加番組。後者は初めての国産クイズ番組で、「尻とり川柳」「やりくり都々逸」「お好み電話問答」など日本的な言葉遊びで構成した。

長期間の連続放送劇も、戦後初めて登場した番組である。アメリカで人気があった石鹸会社提供の〝ソープオペラ〟を手本に始まったのが、『向う三軒両隣』である。市井の庶民の暮らしを舞台に隣近所で起きる日常的な出来事を明るく描いたホームドラマで、週一回三十分の放送がやがて月～金の夕方十五分の放送に拡大、五年九か月、千三百七十七回も続く番組となった。

「緑の丘の赤い屋根　とんがり帽子の時計台　鐘が鳴ります　キンコンカン…」の主題歌で始まる連続放送劇『鐘の鳴る丘』は、不良化防止のためのキャンペーンドラマであった。菊田一夫の脚本、古関裕而の音楽で信州の高原にできた浮浪児収容施設を舞台に、社会の荒波にもまれて生きる少年たちを描いた。番組が始まった四七年当時、戦災で焼け出され肉親を失った子どもたちが、盛り場をうろつき物乞いや靴磨きなどをして生きていた。浮浪児の数は全国で三万五千人と推定され、その救済が社会問題となっていた。

この時期を象徴する番組の一つに、『英語会話』がある。占領軍の進駐で、にわかに英会話熱が高まった。四五年九月に発行された『日米会話手帳』は三百六十万部を売り上げる超ベストセラーとなった。ラジオも『実用英語会話』『基礎英語講座』を開設したが、四六年二月に始まった『英語会話』は大きな反響を呼んだ。毎日午後六時半、「証城寺の狸囃子」のメロディーに「カム・カム・エブリボディ　ハウ・ドゥー・ユー・ドゥー　アンド・ハウ・アー・ユー…」の歌詞をつけたテーマソングで番組は始まる。講師は、NHKの海外放送の英語アナウンサー平川唯一で、平川の巧みな話術とユーモアのある題材とでたちまち評判となる。テキストの発行部数は月二十万〜三十万部に達し、ファンが自主的に作った「カムカムクラブ」は、全国で千を数えた。

「犯罪の陰に国会議員あり」——戦後世相を映した番組

戦後生まれた番組の中で、聴取者の人気を博しながら消えていった異色の番組の一つに『日曜娯楽版』がある。前身は四六年一月二十九日から始まった『歌の新聞』。NHK音楽部副部長の丸山鉄雄が「戦後の混乱した世相を、庶民の感情に立ち歌とコントで風刺する番組を」という企図で、三木鶏郎のグループを起用してスタートした。世相を鋭く風刺したコントが評判になる。

A「標語を書くのに紙がないんでね、古いポスターの裏を使ったのは分かるがね、ちょっと驚いたよ」

B「ホホウ」

A「民主主義って書いてあるウラにだね」

B「何て書いてあった?」

A「八紘一宇って書いてあったよ」

ＣＩＥが放送中止を命じたコントである。八紘一宇とは、世界を一つの家のようにするという意味で、大東亜共栄圏建設の理念を示し日本の対外侵略を正当化する標語だった。コントは、戦争中に「八紘一宇」とか「大政翼賛」を唱えていた指導者が、戦後てのひらを返したように民主主義者ぶっている風潮を皮肉ったものだ。だが、ＣＩＥは戦争中に喧伝された旧思想の復活を意図したものと逆に受け取った。ＣＩＥ担当官の台本の〝誤読〟で、『歌の新聞』はわずか半年余りで姿を消す。だが、丸山らの熱意で翌四七年十月、『日曜娯楽版』として再スタートする。ＣＩＥの指導と検閲は、日本語に明るく機微に通じた日系のフランク馬場に替わる。三木鶏郎とそのグループによる「冗談音楽」が番組の中心になり、風刺を利かせたコントは民衆の不満やうっぷんのはけぐちとして共感を得、人気が高まっていく。

フランク馬場は、番組の内容に対して柔軟で寛容だった。政治家や役所に対する皮肉や風刺も、それが聞くに耐えないような個人攻撃にならない限り、大いに取り上げるべきだという立場だった。『日曜娯楽版』に対する聴取者の反響は、賛否こもごもであった。この番組によってＮＨＫはわずかにジャーナリズム本来の批判性をとどめているという評価があった反面、何でも彼でも政府をからかい嘲笑すれば気が利いた政治批判になっていると考え違いをしている、という批判もあった。

五二年四月に講和条約が発効して日本は独立を回復、ＧＨＱも廃止される。公職追放解除で鳩山一郎、岸信介らが政界に復帰し、「反共」「再軍備路線」が政治抗争の火種となった。世相は復古的な色彩を帯び、新聞は〝逆コース〟と批判した。

独立に合わせてＮＨＫも、ＣＩＥ指導下に出来た番組を再検討、自主編成することになった。この方針に沿って『日曜娯楽版』は六月八日で終了、翌週から『ユーモア劇場』と改題する。しかし、その『ユーモア劇場』も、わずか二年で姿を消す運命だった。

五四年に発覚した造船疑獄は、造船業界が与党の自由党に多額の賄賂を贈ったとされる事件だ。東京地検特捜部は佐藤栄作幹事長の逮捕を目指したが、吉田茂首相の意を受けた犬養健法相が指揮権を発動して逮捕を許諾せず、捜査は打ち切られた。

二月七日の『ユーモア劇場』が放送したコント、「犯罪の陰に国会議員あり」は、造船疑獄を皮肉ったものだ。参院自由党の国会対策委員会は、このコントを問題にして古垣ＮＨＫ会長に抗議した。塚田十一郎郵政相は記者会見で、ＮＨＫの聴取料値上げに絡ませ「最近のＮＨＫの放送は国会と政府をからかっている。いまのような放送では料金は上げられないという意見が閣僚の多数意見だ」と語る。

三月十四日の『ユーモア劇場』は、予定していた台本を取りやめ、歌だけで三十分の番組を埋めた。そんな中で政府筋を刺激したのが、四月二十五日放送のコントであった。犬養の指揮権発動を取り上げ、佐藤幹事長の名前を織り込んでこう皮肉った。

「黒い砂糖にいろいろ加工すれば、白ザトウができる　　自由セイトウ株式会社」

ＮＨＫ内部でも、厳重に編集権を行使して放送するのでなければ、外部からの批判を跳ね返し自主性を守ることができない、という声が高まっていた。政治風刺のコントが影をひそめ、聴取者から不満の投書が増えた。『ユーモア劇場』は、五四年六月十三日の放送を最後に姿を消した。

戦後のラジオが人々を引きつけた理由の一つに、スポーツ中継を大幅に増やしたことがある。なかでも人気を博したのが、プロ野球中継である。四六年に一シーズン制でペナントレースを再開したプロ野球では、セネタース大下弘の青バット、巨人川上哲治の赤バットがファンの人気を二分した。

NHKのプロ野球中継は、月曜から金曜まで毎日放送された。頻繁な野球中継は、CIEが放送の空き時間をなくすようにうるさく言ったこととも関係している。後楽園球場で一日に二試合行われるプロ野球は、格好の穴埋めになった。四九年の年間二百九十六回のスポーツ中継のうち百十三回、五〇年は三百四回のうち百十五回がプロ野球中継だった。五〇年、プロ野球は二リーグに分かれ、この年の七月には後楽園でナイターが始まる。

戦後のスポーツ界で特記されるのは、水泳の古橋広之進の活躍である。主食はすいとんや豆かす、とうもろこしという劣悪な条件にもかかわらず、日大の古橋は出場した競泳大会で立て続けに世界記録を更新していった。

四九年六月、日本は国際水泳連盟に復帰、八月にロサンゼルスで開かれた全米水泳選手権大会で古橋は千五百メートル自由形に、十八分十九秒〇という当時としては驚異的なタイムで世界記録を更新する。地元の新聞は、古橋を〝フジヤマの飛魚〟と称賛した。この大会は、戦後初の海外からの中継として三日間にわたりラジオで放送され、全国民を沸かせた。

放送の最大限の普及——電波三法の制定

新憲法の公布を契機に、GHQは四六年十月、放送法制の見直しを指示した。逓信省は、電波三法――「電波法」「放送法」「電波監理委員会設置法」の三年半にわたる立法作業に着手する。

その際、決定的な方向づけを果たしたのが「ファイスナーメモ」である。CCS(民間通信局)調査課長代理ファイスナーが一九四七年(昭和二十二年)十月十六日に、逓信省とNHKに対し放送法制の根本原則について示唆したものだ。そこには、

○放送の自由・不偏不党・公共サービス・技術基準の順守に立つ基本法をつくる
○放送事業を管理するため行政委員会方式を取り入れた自治機関を設ける
○公共機関と民営の二つの放送方式で自由な競争をさせる

ことなどが盛り込まれていた。後に放送法の骨格となる部分であり、「ファイスナーメモ」が放送史に特記される理由でもある。

放送法案の作成過程では、新設する電波監理委員会の性格が問題になった。日本側は、内閣の権限が及ばない独立した行政委員会方式に批判的であった。GHQは、アメリカのFCC(連邦通信委員会)を引き合いに出して、中立的で超党派的な委員会は独立の機関として十分に機能を発揮している、と譲らない。FCCは、放送を含む通信全般について規則の制定や実施を受け持つ独立行政委員会で、連邦議会に対して直接責任を負う仕組みである。

最後はマッカーサー元帥が吉田首相宛に書簡を出して決着した。放送を含む電波行政を内閣から完全に切り離し、独立した行政委員会が行うというGHQの意向が通り、電波監理委員会設置法案がまとまった。

電波三法は、二か月余の審議を経て成立、五〇年六月一日に施行された。

放送法は、「放送の最大限の普及」「放送による表現の自由の確保」「放送が健全な民主主義の発達に資する」という三大原則を明示した。この原則に沿って、放送を公共の福祉に適合するように規律し、その健全な発達を図るというのが、放送法の目的。放送番組編集の自由も保障された。

NHKの目的・組織・運営についても規定された。NHKは、あまねく日本全国で受信できるように放送を行うことを目的とする特殊法人で、国会の同意を得て首相が任命する八人の委員による経営委員会がNHKの経営方針を決定する。毎年の収支予算・事業計画・資金計画は、電波監理委員会が意見を付した後閣議決定し、国会の承認を受ける。NHKに受信料徴収権を認め、受信料の額は予算を承認することによって決める。NHKの会計は会計検査院が検査する、などである。

「一般放送事業者」の章を設けて、民間放送についても規定した。

放送番組の編集に当たっては、次の四つの準則に拠らなければならないとした。

1 公安を害しないこと
2 政治的に公平であること
3 報道は事実をまげないですること
4 意見が対立している問題については、できるだけ多くの角度から論点を明らかにすること

この放送番組編集準則は、その後、番組を巡るトラブルが起きるたびにクローズアップされる。NHKスペシャル『ムスタン』の〝やらせ〟(一九九三年)、テレビ朝日報道局長発言(同)、『ニュースステーション』の「ダイオキシン汚染報道」(一九九九年)などでは、番組内容が準則に反しているのではないかと問題にされた。

電波三法に基づく新しい電波・放送体制がスタートした。公共放送ＮＨＫと民間放送の併存体制の下、日本放送史は新しいページを繰ることになる。だが、電波三法体制も短命に終わる。日本の独立に伴い五二年七月、政府は電波監理委員会を廃止した。電波・放送行政は郵政大臣の所管するところとなる。

電波三法が施行された一九五〇年六月一日、四半世紀にわたって日本の放送を独占してきた社団法人日本放送協会が消滅、代わって放送法に基づく特殊法人日本放送協会がスタートを切った。

全国八つの地区を代表する八人の経営委員が吉田首相から指名された。委員長には、第一生命保険相互会社社長の矢野一郎が選ばれ、新生ＮＨＫの初代会長に古垣鉄郎を指名した。朝日新聞出身の古垣は、専務理事としてＮＨＫに入り、前年五月から旧ＮＨＫの最後の会長を務めていた。

放送法案の国会審議中に、公聴会が開かれた。民間放送の公述人が、ＮＨＫが受信料を独占することに異議を申し立てた。

社団法人としての旧ＮＨＫは、一般聴取者からの聴取料で事業を運営した。ラジオを聞こうとするものは放送局と聴取契約を結び、その上で国から受信機設置許可を得なければならなかった。聴取契約そのものは私法上の任意契約だが、実際には行政上の裏づけを持つ強制契約であった。

電波三法の時代を迎えて、事情は大きく変わった。国の許可がなくても受信機を設置できることになった。ＮＨＫの「聴取料」は「受信料」と改称されたが、新しい受信料制度は強制力の裏づけを失った。受信料の要らない民間放送が誕生する。放送法は、ＮＨＫが不偏不党の立場を守り、だれからも資本的圧力を被らないよう広告放送や営利行為を禁止した。

かといって国からの交付金や補助金を当てにするのでは、言論機関としての独立性が損なわれる。どのようにして新生NHKの財源を確保するか。電波三法の立案に携わった関係者には、頭の痛い問題であった。

熟慮の末、NHKの放送を受信できるラジオを設置したら、放送を聴く聴かないにかかわらずNHKと受信契約を結ぶことを法に明文化することで、強制契約の実質を確保しようとした。受信契約を結ばない場合でも、罰則はつけないことにした。電気通信省と法制局との相談で、罰則をつけると相当問題になるだろうということで、この規定に落ち着いたものだ。

イギリスやオーストラリア、イタリアでは、受信許可料として郵政省が徴収し放送事業体に交付する。フランスやスイスでは受信税として徴収する。NHKの新しい受信料制度は、各国に類例を見ないものとなった。

新しいNHKがスタートして一か月余りがたった。〝激震〟がNHKを襲った。レッドパージである。五〇年六月、朝鮮戦争が勃発すると、GHQの指示で日本政府や企業は、共産党員またはその同調者と見なされた者を一方的に解雇した。解雇された人数は、官庁で千百七十七人、民間企業で一万千八百九十三人に上った。レッドパージのあらしが、日本中に吹き荒れた。

報道機関のレッドパージはまず、NHKで始まった。七月十五日、大阪中央放送局の職員五人が局舎への立ち入りを禁止された。東京では二十八日、東京AFRS（米軍放送）のターレンス少佐が直接古垣会長に、局舎内への立ち入りを禁止すべき九十九人の名前を通告、NHKは即日、該当する職員を解雇した。その後もパージは続き、NHKは全国で百十九人を解雇した。その大半は、第一組合である放送単一に所属していた。新聞・通信・放送で計七百二人が解雇されたが、NHKが最も多かった。

被解雇者たちは、解雇無効を求めて提訴する一方、言論弾圧反対同盟を結成する。しかし、各地の裁判所は、レッドパージは〝超法規的〟な連合国最高司令官の命令に基づいて実施されたものだとして、訴えを却下した。被解雇者たちはやむなく条件闘争に転じ、NHKとの和解で任意退職の形で決着した。この時期は、民間放送の創設が相次ぎ、放送経験者が求められていたから、退職者の相当数が民放に転じた。しかし、日本新聞学会会長も務めた上智大学教授春原昭彦は「人間を思想によって追放したこのレッドパージが言論人に与えた挫折感は深く、その言論史上に残した〝しみ〟は永久に消え去ることがないであろう」と書いた。

「NHK島へ敵前上陸する！」――民放の誕生

電波三法案作成の動きとともに、民放開設を目指す運動が全国に広がった。各地で開局申請が相次ぎ、一九五〇年（昭和二十五年）九月には七十二社に達した。

民放設立計画には、新聞社と電通が深くかかわっていた。新聞社の中では毎日新聞が積極的に動き、ブロック紙では中部日本新聞がいち早く放送事業に着目して準備を進めたし、北海道新聞、北国新聞、信濃毎日新聞、京都新聞などもそれぞれ自社系の放送会社を設立して免許を申請した。

電通の吉田秀雄社長も、民放設立に精力的に動いた。終戦直後に東京で設立された民衆放送は、吉田が奔走して名称を東京放送に改めて申請を出し直す。さらにラジオ広告研究会をつくってアメリカの商業放送を研究、コマーシャルのテスト盤を試作したりした。また、吉田は全国を行脚して地方紙の社長に民放局の設立を説いて回った。

各地に民放設立の動きが広がる中、五〇年十二月に電波監理委員会は、「東京にはさしあたり二局、他の都市は一局ずつ免許する」という置局方針を発表する。有力な申請が競合した東京と大阪は、申請の一本化を迫られた。

一本化への調整が難航した東京では、吉田らが奔走してやっと毎日、朝日、読売、電通系の四社が対等合併し、ラジオ東京の設立にこぎ着ける。東京の二局目は、電波監理委員全員の投票の結果、四対三の僅差で日本文化放送協会に決まった。

し烈だったのは大阪である。大阪では朝日・毎日両紙の宿命的な対決が続いてきた。それだけに新日本放送（毎日）と朝日放送（朝日）は一本化調整に応じず、電波監理委員会が順位を決めるために大阪で開いた聴聞会は両社の激しい論争の場となった。お手上げの電波監理委員会は大阪地区の周波数事情を再検討、二局可能という結論を出した。

五一年四月二十一日、日本初の民放ラジオ局として十四地区の十六局に予備免許が出された。東京では株式会社で純然たる商業局のラジオ東京と、宗教的色彩の濃い非営利の財団法人日本文化放送協会の二局が選ばれた。大阪では、明らかに政治的判断で二局を認めた。多くの局は新聞社を母体とし、その報道機能や人材が創業期に活用された。

予備免許を受けた十六社は、一斉に具体的な開局準備に入った。資金集めや社屋の建設、社員の採用と研修、番組の企画、広告料金の設定やスポンサーの確保など多くの仕事が殺到した。

朝鮮戦争による〝特需景気〟で日本経済は活気づいたが、他方物価の高騰、資材の入手難という悪条件も生まれていた。五一年半ばから、政府が設備投資抑制策を打ち出したため資金集めは難航した。広告放送に頼る民放の先行きに不安を抱く人々も少なくなかった。

ラジオ東京の設立メンバーの一人で国策パルプ社長水野成夫は、「全く採算は取れないだろうというので寄附のつもりで株を持った」と述懐している。ラジオ東京の株式の払い込み完了は、予定より二週間も遅れた。福岡のラジオ九州は、都銀から「電波は抵当にならない」と融資を断られ、地元の福岡銀行や八幡製鉄などの協力でかろうじて事業の見通しをつけることができた。

新日本放送常務の高橋信三は「ペイする、しないにかかわらず、放送事業は文化事業として必要なのだ。NHKのほかに民間放送も必要なのだ。放送事業の独占は良くないのだ。どうか協力していただきたい——という以外に株式勧誘の理由はなかった」と言っている。

十六社の中でいちばん準備が進んでいたのは、名古屋の中部日本放送（CBC）だった。予備免許前に土地を購入し、独立した社屋を建設した。「免許をもらえなかったらどうするんだ」と不安がる株主を、万一の場合は劇場にするからと言って説き伏せた。

資金、設備と並んで重要なのは〝人〟であった。開局当初の民放には、戦前の満州電電や台湾放送協会の出身者、NHKのアナウンサーや技術者、レッドパージ対象者などの放送経験者もいたが、大半は新聞・演劇・映画の関係者と新規採用の素人社員だった。

CBC常務の小島源作は、開局準備に追われる社員全員をスタジオに集め、「これから我々はNHK島へ敵前上陸をする。NHK二十五年の牙城に迫る民放の第一陣として、諸君はこの決意をもっ

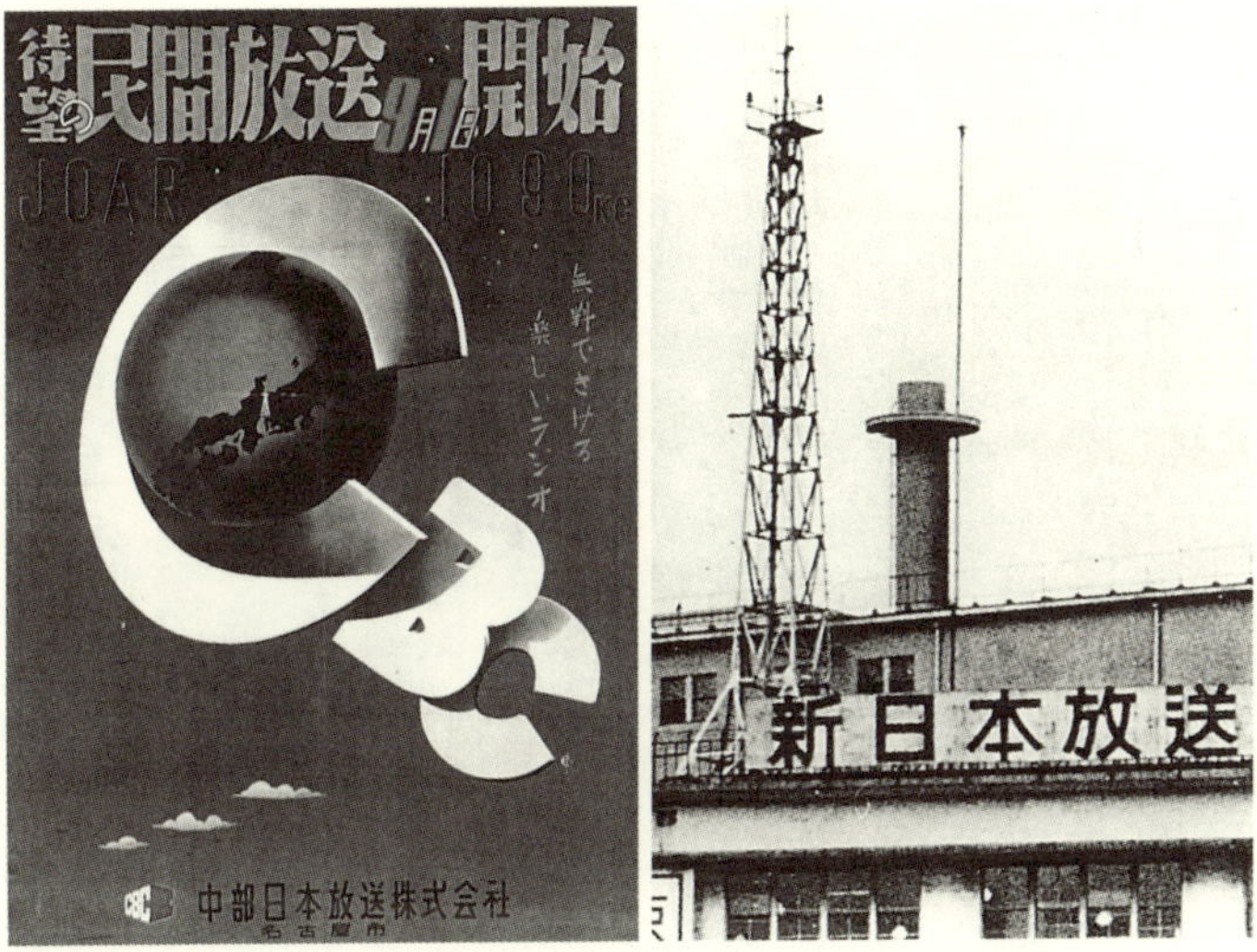

中部日本放送（左）と新日本放送（右）の開局時のポスターと社屋

（写真提供：中部日本放送〔左〕、毎日放送〔右〕）

1951年９月１日の開局に向けて両社は、少ないスタジオを使い回し、番組の録りだめに追われた。社員は数か月間は自宅に帰れず、１週間の徹夜は当たり前のような状況で開局の準備が進められた。大量の番組制作を可能にしたのは、当時アメリカから輸入されたテープ式録音機であった。

て進んでほしい」と檄を飛ばした。

　五一年九月一日の朝、日本の民放第一声が名古屋から発せられた。午前六時半、宇井昇アナウンサーが興奮した声でアナウンスした。「ＪＯＡＲ、中部日本放送、一〇九〇キロサイクルでお送りします。…皆さん、お早うございます。こちらは名古屋の中部日本放送でございます。昭和二十六年九月一日、我が国で初めての民間放送、中部日本放送は今日ただいま放送を開始いたしました」。レコード音楽による『朝の調べ』『服飾講座』と続き、七時からはニュース、八時台にはサンフランシスコから中日新聞特派員の講和会議取材リポートが国際電話で入った。

同じ日の正午、大阪の新日本放送も本放送を始めた。

「開業最初の一週間の放送で、もしも民間放送がなっていないじゃないかという厳しい批判を受けたら、事業として立ち上がる機会をつかむことは不可能になる。とにかく最初の一週間のうちに聴取者の心をキャッチし、ＮＨＫに固定していた受信機のダイヤルを民間放送に切り替えさせなければならない」。新日本放送の高橋の言葉だが、それは民放当事者に共通した思いであった。

各社は「聞かせるラジオから、聞くラジオへ」をスローガンに、親しみやすさと型破りな企画を考えた。新聞社と一体となってニュース報道機能も重視した。報道取材八十年の歴史を持つ新聞社を後ろ盾にして、ＮＨＫに対抗しようとした。

民放草創期の編成は、午前・午後に一定のサスプロ（スポンサーなしの自主番組）枠を設けて、教育・教養番組やニュースを流した。夜の時間帯にはスポンサーをつけて、ドラマ・クイズ・演芸など娯楽番組を集中し、スポーツ中継や劇場中継なども随時行えるようにした。

中部日本放送では、「電話のある家庭をすべてスタジオと思え」との発想から、電話リクエスト番組『ティールーム』が生まれた。『ストップ・ザ・ミュージック』は、レコードを途中でとめたり、逆回転させたりして曲名を当てるクイズだった。

新日本放送は、演奏だけのレコードが発売されているのに目をつけ、『歌のない歌謡曲』を開発する。しだいに全国の民放局に広がり、長寿番組となった。また、ＮＨＫのクイズ番組の放送時間がばらばらなのに対抗して、『うっかりテスト』『バイバイゲーム』など六本のクイズ番組を毎晩八時にベルト編成した。

開局の翌月には、来日中のアメリカのバイオリニスト、イェフディ・メニューヒンの演奏を、東京築地のビクタースタジオから高規格の電話線を使って大阪まで中継して放送、人々をあっと言わせた。とにかく放送を聞いてもらうことだと、新日本放送の社員たちは大阪市内のパチンコ店や散髪屋に、ラジオのダイヤルを自社に回してもらうよう頼んで歩いたという。

五一年も押し詰まった十二月二十五日、ラジオ東京（後の東京放送）が開局した。NHK東京と同じ出力五十キロワットの大電力局である。民放の雄を自負する同社の編成方針は、NHK第1放送と同じ性格を持たせて真正面から対抗、ラジオ東京だけを聞けば満足できるよう多彩な総合編成とする、NHK第1より都会的なものとし、庶民感情に訴えることを重視する、などというものであった。

ニュースの重視は、民放各社に共通した姿勢であった。ラジオ東京は放送開始から終了まで毎正時にニュースを編成した。一日十六回延べ二時間のニュースは、朝日・毎日・読売の三新聞社が日替わりで担当した。突発事件などの際には各社の記者が現場からスタジオに直行して報道と解説に当たった。

「民放にダイヤルを回させる」――民放関係者の目標はある程度達成された。民放発足から半年の五二年三月のNHKの調査だと、「よくダイヤルを回す」と「ときどき回す」ものがそれぞれ三〇%ずつあった。NHKから民放へ、民放からNHKへダイヤルを回す選択聴取の習慣が生まれたことを示すデータである。

長い間CMのないラジオが定着していた日本で、商品や企業の宣伝が聴取者にどう迎えられるか、拒否反応が起きないか、民放や広告関係者の間では不安が少なくなかった。このため、CMの表現や挿入には十分な注意が払われ、番組全体も低俗化しないよう特別の配慮がなされた。

報道を中心にスポンサーをつけないサスプロのゾーンを設けたり、「〇〇社が提供します」の提供クレジットだけで番組内にCMを入れないケースを増やしたりした。

五一年九月一日に開局した中部日本放送の朝六時五十五分からの『服飾講座』が、日本におけるスポンサード・プロ第一号である。名古屋市内の毛織物卸小売業・五金洋品が提供した。CMなし、提供社名を読み上げるだけであった。午前七時、服部時計店が寄贈した精工舎のテープ自動送出時報装置からテーマミュージックに続いて「ピンカラ、ポンカラ、ピィーッ」という時報音が流れた。「精工舎の時計がただいま七時をお知らせしました」というラジオCM第一号が放送された。

九月一日にはまた、コマーシャル・ソング第一号が中部日本放送と新日本放送から流れた。小西六写真工業の「ボクはアマチュア・カメラマン」で、三木鶏郎の作詞・作曲である。

初期のCMソングでは、「ワ・ワ・ワ、ワが三つ」(ミツワ石鹸)、「明るいナショナル」(松下電器)、「ポポンとね」(塩野義製薬)などが親しまれた。「カステラ一番、電話は二番、三時のおやつは文明堂」は語呂合わせのよさで、メロディーつきのキャッチフレーズとして成功した。

ラジオ東京の場合、広告料金は夜七時から十時までのゴールデンタイムのAタイムが一時間十二万円、四十秒のスポット料金は一万二千円であった。

五三年五月に、ラジオ東京・文化放送・電通三社が合同で行った調査によれば、「民放のコマーシャルを聴いてその商品を買いたくなったことがある」が四〇%、「実際に買ったことがある」は二三%であった。心配された広告放送は、おおむね聴取者にも広告主にも受け入れられていった。

ラジオ東京は開業後初の決算期から黒字となり、中部日本放送は第二決算期から、新日本放送も開局二年後の第四決算期からそれぞれ黒字を計上した。

もく星号行方不明——激化する報道競争

NHKのニュースは、戦後も同盟通信社が配信する新聞社向けの原稿を、報道部のニュース係が話し言葉に書き直し、それをアナウンサーが読んでいた。そんな中で、自主取材があってこそ初めて放送ジャーナリズムが成り立つと説いて回った人物がいた。終戦の当日、報道部副部長として反乱軍の畑中少佐に応対した柳沢恭雄である。柳沢は上司に放送記者制度の創設を諮った。異論はなかった。

一九四五年(昭和二十年)の秋、まずニュース原稿の書き直しをしていた報道部員が記者に転向した。同盟が解散し共同、時事の両通信社として発足した際に数人の記者がNHKに移ってきた。四五年十一月の第八十九臨時帝国議会から早速、記者たちによる自主取材が始まった。

四六年四月には、放送記者一期生を公募した。四百人を超す応募者から四人の女性を含めて二十六人が採用された。二か月間の研修を終えた記者たちは現場に出たが、長い歴史と実績を持つ新聞記者に混じっての取材活動は、戸惑うことが多かった。取材の拠点となる記者クラブへの加入を、なかなか認めてもらえなかった。取材費はろくになかったし、取材用の車もなかった。四七年九月に関東地方を襲ったカスリン台風は、利根川の堤防を決壊させ大被害を出した。記者に缶詰などを持たせて取材に出したが、その請求書を経理に回したところ、担当役員から「オレは毎日、汗水たらして銀行回りで資金を集めているのに、こんな勝手なカネを使ってどうするんだ」と叱責された。自主取材のスタートは、このように厳しかった。

四六年三月、戦後第一回の総選挙が公示された。女性に初めて参政権が与えられ、有権者の年齢も二十五歳から二十歳に引き下げられた。

本格的な選挙放送が、このときから始まった。紙不足や劣悪な交通・通信事情で選挙運動は困難が予想されたので、選挙運動に放送を利用することになった。全国放送で政党代表の政見演説を、ローカル放送で候補者の政見と経歴を放送した。候補者の政見放送は、世界でも例のないものであった。

政見放送はすべて生で行われた。候補者の放送原稿はCCDの検閲をパスしなければならない。地方局の職員はリュックに候補者の政見放送原稿を詰め、満員列車に揺られてCCDのある中央放送局を往復した。候補者が放送中に原稿から逸脱しないか監視するのも局員の仕事で、持ち時間を超過したり、原稿にないことを話したりしたら直ちに放送を〝遮断〟することになっていた。

NHKと民放との競争は、とりわけ報道の分野でし烈に展開された。戦後になってやっと自主取材を始めたNHKに対して、八十年の歴史と実績を持つ新聞社をバックにした民放が、聴取率の高いニュースで勝負を仕掛けたからである。

NHKと民放との報道競争の中で、速報性と正確性というラジオ報道の本質を問われたのが「もく星号」事故であった。

五二年四月九日朝、日本航空の大阪経由福岡行のマーチン202型旅客機「もく星号」は、乗客・乗員三十七人を乗せて羽田空港を離陸した。もく星号は間もなく、「館山上空を通過」の連絡を最後に消息を絶った。「もく星号行方不明」の第一報は、ラジオ東京（KR）が午後〇時三十八分に流した朝日新聞提供の臨時ニュースであった。NHKの一報は、KRに十七分遅れた。

前年十月に民間航空は再開されたが、日本航空は米ノースウェスト航空に運航や整備を委託し、航空管制も米軍が行っていた。日航、海上保安庁、米軍による捜索が始まったが情報が錯綜し、混乱した。

KRは午後五時のニュースで、国家警察静岡県本部の発表として「浜名湖沖で米軍が乗客・乗員全員を救助」と放送。午後七時には、救助の知らせを喜ぶ乗客の家族の録音とともに「米軍救助艇はあす横須賀に到着」と報じた。新聞は、朝日と読売が夕刊で「全員救助」、毎日は「不時着、生死不明」であった。乗客の中に、長崎の博覧会に招かれた漫談家の大辻司郎がいた。長崎民友新聞は「漫談の材料が増えたよ」と語る架空の談話を掲載した。

NHKは終始慎重であった。午後七時のニュースも「安否は依然不明」「憂慮の色濃し」の線を堅持した。八時十分、臨時ニュースで「全員絶望」を伝えた。一方KRは、午後九時になって救助説を撤回、「もく星号遭難か」に切り替えた。翌朝、伊豆大島・三原山の山腹に激突しているもく星号が発見された。生存者はいなかった。

寸秒を争う競争の中で、民放や新聞が誤報を犯したのに対して、NHKは正確な報道に徹した。情報源に密着した取材と、確認の取れない情報は放送しないという基本原則を守ったからであった。

名古屋中央放送局報道課のデスク江口博補は、「浜名湖沖で全員救助」の国警情報に疑問を持った。静岡局に当たらせたが、情報の出所があいまいだ。学徒出陣で陸軍の輸送飛行部隊にいたことのある江口には、大型旅客機が荒天の海上に不時着して全員が救助されることは、考えられなかった。そこで英語に堪能な職員を米軍小牧基地に派遣して、直接情報源に当たらせた。小牧基地や関東地区統括のジョンソン基地、空軍司令部に電話を入れるが、全員救助を裏づける情報はどこからも出てこない。江口は全員救助説は誤りだと確信する。名古屋局の「全員救助は未確認」の情報に助けられて、ＮＨＫニュースは誤報を免れた。

ＮＨＫと民放がしのぎを削った報道合戦の一つに、舞鶴での中国帰国船報道がある。戦時中に中国大陸にいた日本人の帰国は四九年以降中断していたが、五三年三月に再開された。再開第一陣として各二千人を乗せた興安丸と高砂丸が入港する舞鶴には、七十数社一千人を超す報道陣が集まった。

放送各社は帰国者の表情や現地での生活、残留者の安否を速報しようと激しい取材を展開した。ＮＨＫは、ウォーキートーキーやラジオマイクを手にした記者が検疫錨地に仮泊した興安丸に乗り移り、岸壁で待ち受ける家族との劇的な対面の声を二元中継で全国に放送した。

民放勢も新日本、朝日、中部日本、ラジオ東京の各社が取材班を送り込み、実況中継した。朝日放送は、借り上げたランチに高いやぐらを組み、そこから六十メートルものコードを伸ばして船内にマイクを入れ、帰国者の声を拾って陸上基地経由で大阪に送って放送する離れ業を演じた。

こうした取材の場で活躍したのが、テープ式録音機である。終戦の日の玉音放送をはじめとして長い間、放送局では円盤式録音機が使われていた。一枚の円盤で可能な録音時間は三分、録音機自体重くて大きいから機動性を求められる屋外でのニュース取材には向かなかった。

戦後、内幸町の放送会館に陣取ったCIEラジオ課では、アメリカ製の家庭用テープ録音機を使っていた。NHKのスタッフがときどき借り出して使ってみると、音質がよく編集が簡単で、操作も容易だ。そこで五〇年には、アメリカのマグネコード社の携帯型テープ録音機を輸入、しだいに円盤式録音機に取って代わるようになる。

スタートしたばかりの民放は、スタッフや機材、スタジオ事情から、生放送だったら一日数時間程度の放送しか出せなかった。毎日十数時間もの放送を出していくためには、番組を録りだめして大量のストックを用意する必要があった。それを可能にしたのが、テープ式録音機である。民放各社は積極的に録音テープを使った。後には民放各局間でテープによる番組交換やテープネットが可能になり、地方民放局の番組編成が容易になった。

その頃、国内でもテープ式録音機の開発が進んでいた。東京通信工業（後のソニー）の井深大や盛田昭夫らが、品川の町工場然とした作業場で国産テープレコーダー第一号を製品化するのは五〇年のことだ。重さ四十五キロ、十六万円もした録音機は、物珍しがられはしたものの一向に売れなかった。

報道取材には、小型で軽く堅牢で安定性の高い録音機が欠かせない。東京通信工業は五二年、携帯型の最初の機種を発売する。手回し蓄音機の原理を応用して、ゼンマイ式のモーターと歯車でテープを駆動した。重さは九キロ、肩に掛けて持ち運ぶことが可能で、歩きながらの収録やインタビュー、リポートもできた。

これ以後、報道取材に録音機の携行は欠かせなくなる。肩に掛けることから「ショルダー」と呼ばれたが、放送業界では〝デンスケ〟の愛称で親しまれた。語源には諸説あるが、毎日新聞の連載漫画・横山隆一作『デンスケ』の主人公が、ショルダーを肩にマイクをつかんで街頭録音に飛び回り、世相を風刺していたことからそう呼ばれるようになったと、ソニーの社史は紹介している。

「女ぶろが空になる」——ラジオ一千万突破

一九五二年(昭和二十七年)、NHKのラジオ受信契約者数が一千万の大台に乗った。二五年の放送開始から、ほぼ四半世紀が経過していた。翌年にはテレビの放送が始まるが、ラジオの受信契約は増え続け、五八年十一月に千四百八十一万件でピークに達する。ラジオは全盛期を迎える。ラジオの急速な普及をもたらした要因は五つある。

①各地で民間放送が開局、多彩な番組でNHKと競い合い、聴取者の興味と関心を呼んだこと
②「五球スーパー」など高性能な受信機の開発と量産化
③高価なラジオを分割支払いで入手できる月賦販売制度の普及
④朝鮮戦争の特需に端を発した景気の高揚、とくに農村経済の好況
⑤中継局の増加や出力増など放送網の整備

五二年のNHK調査によれば、人々がラジオを聞いている時間は、平日で一日平均三時間二十七

分、日曜日になると四時間二十七分であった。ラジオをよく聞く時間には、三つのピークがある。最大のピークはゴールデンアワーで、なかでも夜七時半からの一時間は週平均で聴取率が四〇%を超し、ラジオは家族団らんの主役であった。朝の七時から三十分間は三〇%、正午からの三十分間は二〇%で、グラフを描くと三つの山ができた。

聴取率の高い夜の時間帯に、民放各局は趣向を凝らした娯楽番組を編成した。『話の泉』『二十の扉』『とんち教室』『私は誰でしょう』などのNHKのクイズ番組に対抗して、民放はとくにクイズに力を入れた。週に八本ものクイズ番組を並べた在京局もあった。

NHKのクイズ番組で人気をさらったのは、『三つの歌』（五二年一月～七〇年三月）である。出場者は天池真佐雄のピアノのメロディーを聞きながら歌詞を間違えずに歌う趣向で、クイズのスリルと〝のど自慢〟的興味、出場者の歌をリードする天池の手慣れたピアノ、司会の宮田輝アナウンサーと出場者との間のユーモラスなやり取りで、たちまち人気番組となる。五三年秋のNHKの調査だと、『三つの歌』の聴取率は六三%でトップ、出場申し込みのはがきが毎週一万通以上も寄せられた。

同じように全国的に人気を博した番組に、コメディー『アチャコ青春手帳』（五二年一月～五四年四月）、『お父さんはお人好し』（五四年十二月～六五年三月）がある。作は長沖一、花菱アチャコと浪花千栄子のコンビによるユーモアとペーソスあふれる演技が全国にファンを広げた。その後の上方喜劇ブームの先駆けとなる番組であった。

大阪の新日本放送と朝日放送は開局以来、それぞれ漫才師を専属に抱えて演芸番組を放送した。なかでも『蝶々・雄二の夫婦善哉』（五五年開始・朝日放送）は、ミヤコ蝶々・南都雄二のコンビが、出場する夫婦から巧みに内輪話を聞き出して人気を呼んだ。その後テレビでも盛んになる関西発視聴者参加トーク番組の、いわば元祖に当たる。六三年からはテレビでも放送されて高い視聴率を上げた。

民放の初期の演芸番組では、浪曲ものが圧倒的に聞かれた。ラジオ東京は五一年の開局時から広沢虎造の『清水次郎長外伝・石松代参』を放送、浪曲ファンの人気を博した。ＮＨＫ『君の名は』の向こうを張って、「男ぶろを空にした」と言われたりした。

放送時間の木曜夜八時半には「銭湯の女ぶろが空になる」という伝説を作ったのが、五二年四月から二年間、ＮＨＫで放送された連続放送劇『君の名は』である。

大空襲下の東京・数寄屋橋で、降り注ぐ焼夷弾に追われた氏家真知子は見知らぬ青年後宮春樹に救われて恋に落ちる。互いに名前を明かさぬまま半年後にこの橋での再会を約して別れた二人は、運命のいたずらにほんろうされてすれ違いを繰り返す。脚本菊田一夫、音楽古関裕而の息の合ったコンビが、『鐘の鳴る丘』『さくらんぼ大将』に続いて手掛けた大人のドラマである。

戦火に引き裂かれた二人の運命に、とりわけ女性の聴取者が過ぎ去った日々を重ね合わせて、我がことのように一喜一憂した。投書が殺到して一年間だった放送予定は二年に延び、舞台も九州から佐渡、志摩、北海道へと広がる。

劇中の語り——「忘却とは忘れ去ることなり、忘れ得ずして忘却を誓う心の悲しさよ」は流行語となる。小説化された物語はベストセラーになり、主題歌のレコードが売れた。岸恵子と佐田啓二

『君の名は』の作者菊田一夫を囲んでの本読み　（写真提供：NHK）

が主演した映画「君の名は」は、五三年九月に封切られて大ヒットした。三部作の興業収入は九億六千万円に上り、岸恵子が頭にまいたストールは〝真知子巻き〟と呼ばれて爆発的に流行した。

民放には、ＮＨＫにはない新しい企画が登場して人気を集めた。ラジオ東京が制作したコメディー『チャッカリ夫人とウッカリ夫人』は、その代表格である。「ドラマは夜」の常識を破って午前九時台に放送、家庭の婦人にアピールした。常に三〇～四〇％の高聴取率を上げて、最盛期には三十三の地方局にネットされた。ラジオ東京開局の五一年十二月二十五日に始まり六四年十月まで十三年間、三千九百九十三回に及んだ長寿番組であった。

この時期はまた、子ども向け連続放送劇の全盛期でもあった。ＮＨＫの『子供の時間』で五〇年四月に始まった三十分ドラマ「三太物語」は、子どもはもちろん大人の間にも反響を呼んだ。山間の村で暮らす少年三太を中心に、友達や東京からきた美人の花荻先生、

松竹映画「君の名は」・数寄屋橋上での春樹（佐田啓二）と真知子（岸恵子）
（大庭秀雄監督　1953年〔昭和28年〕製作：松竹）
作者の菊田は「私が書きたかったのは戦後の７年間を生き抜いてきた庶民の群像だった」と言い、主な登場人物に戦災孤児、戦争未亡人、混血児の母、失業した職業軍人らを配して、戦後の社会が生んださまざまな問題を描こうとした。

村長ら村の人たちとの心温まる交流を描いた。「おらあ、三太だ！」の元気な呼び声が子どもたちを捕らえた。この頃、女子学生の間で教員志望者が急増した。花荻先生に強くあこがれたからだという。

『やん坊にん坊とん坊』（五四年四月～五七年三月）は、三匹の小猿の兄弟がインドにいる両親を訪ねて冒険の旅をする物語だ。子ども役に大人の俳優を起用して、その意外性が成功した。東京放送劇団最若手の五期生、黒柳徹子、里見京子、横山道代が男の子らしい高い声を工夫して子役を演じ、やがて〝NHK三人娘〟として評判になる。

民放でも、子ども向けの放送劇が数多く放送された。『少年探偵団』

（ニッポン放送・五六年四月～五七年十二月）は、戦前から戦後にかけて大ベストセラーとなった江戸川乱歩の原作をドラマ化し、「ぼ、ぼ、ぼくらは少年探偵団……」の主題歌が子どもたちに愛唱された。

ラジオ東京の『赤胴鈴之助』は、『少年画報』に連載中の漫画（作・武内つなよし）をドラマ化したものだ。少年剣士・赤胴鈴之助が北辰一刀流の奥義を究めるまでの人生修行の物語で、子役はその頃では珍しい一般公募で決めた。八百人の応募者から後にスターとなる吉永小百合、藤田弓子らが選ばれた。

福井地震、伊勢湾台風…——災害を伝えたラジオ

太平洋戦中から戦後にかけて、日本列島は毎年のように大災害に見舞われた。鳥取地震（一九四三年・死者千八十三人）、東南海地震（四四年・同千二百二十三人）、三河地震（四五年・同二千三百六人）と三つの大地震が続いた。しかし、これらの災害に対し新聞や放送は、被害はごく軽かったとする当局の発表通りの報道をするしかなかった。災害の惨状を知らせて国民の戦意が失われることを、政府は恐れたからである。

戦争は終わったが気象観測体制の復興は遅れ、情報伝達システムの不備が災害の被害を大きくした。

室戸台風（一九三四年）、伊勢湾台風（一九五九年）と並んで〝昭和の三大台風〟と呼ばれる枕崎台風は、一九四五年（昭和二十年）九月十七日、鹿児島県枕崎付近に上陸した。九州を縦断、広島市の

西を通って日本海に抜けたが、各地で洪水や山崩れ・崖崩れを起こして死者・行方不明者は三千七百五十六人に上った。とくに広島県の被害がひどく、犠牲者は二千十二人を数えた。

広島放送局は、気象台からの連絡を受けて十七日午後八時頃「風が強くなり警戒を要す」の警報を放送した。原爆被爆から一か月ちょっと、気象レーダーはなく観測体制も不十分で、台風情報の精度は低かった。その上、台風の進路に当たる地方が次々に停電、ラジオを聞くことができなくなっていた。〝情報空白地帯〟となった広島県を、大型台風が直撃したのである。

この後も、毎年のように大型台風が襲来、戦争で荒廃した国土に爪痕を残した。

四六年十二月二十一日には、南海地震が発生した。紀伊半島南方から四国沖にかけて起こったマグニチュード8・0の巨大地震である。三重・和歌山・徳島・高知各県の沿岸を四～六メートルの津波が襲った。死者千三百三十人、七万戸以上の家屋が全半壊、浸水、流失などの被害を受けた。この地震でも、放送は防災の機能を果たすことができなかった。住民を避難させる津波警報を出す体制そのものが出来ていなかった。

一九三三年（昭和八年）の昭和三陸大津波がきっかけになり、四一年には津波警報組織が発足、警報が出されたら放送で速報することが決まった。だが、これは三陸沿岸に限ってのことで、全国的な津波警報組織が出来るのは南海地震後の四九年十二月になってである。

四八年六月二十八日の福井地震は、震源がごく浅い直下型地震で、福井市とその周辺に被害が集中した。死者三千七百六十九人、家屋の倒壊や焼失四万六千棟余り。全壊率一〇〇％という町村もあって、この地震の後新たに震度7（激震）が追加された。

NHK福井放送局の電波は止まった。かろうじて生きていた連絡電話を使って一報が隣の金沢局に入り、午後六時二十五分、金沢と名古屋のローカルニュースが「福井市内の建物は全部倒壊。県庁と電話局と放送局だけが残った。市内数か所より火災が発生」と速報、七時のニュースで全国に福井地震を伝えた。

市内には「福井がこんなにやられたのだから、東京や大阪、名古屋はもっとひどいことになっているのでは」との流言が広がった。福井放送局はNHK大阪や名古屋の放送を傍受して、被害は福井県北部に限られていることを知る。このことをビラに書いて駅や県庁に張り出した。借り上げたトラックにスピーカーを取り付け、アナウンサーが乗り込んで県や市からのお知らせ、救援の動きなどを伝えて回った。電波は止まっても何とか情報を伝えようという放送人の使命感によるものであった。

やがて福井市南郊の電話中継所から名古屋と通話できることが分かる。早速中継所に臨時スタジオをつくり、地震から二十八時間後、電話線を使い名古屋経由で福井発の放送が再開された。知事と市長がマイクに向かい、被災地の惨状を伝え一刻も早い救援を求めた。

五三年六月には、西日本一帯を梅雨前線による豪雨が襲った。北九州を中心に死者・行方不明千十三人、流失家屋一万戸の被害を出した。ラジオ九州(後のRKB毎日放送)は、福岡県の災害対策本部に「いつでも電波を提供する」と申し入れ、終夜放送で雨量や筑後川の水位、被害状況を伝え、堤防決壊や物資の買いだめといったデマを打ち消す情報を流し続けた。

その翌年五四年の台風十五号では、国鉄の青函連絡船洞爺丸などが函館港外で沈没、船客・船員千四百三十人が死亡する日本海難史上最悪の事故となった。

九月二十六日、九州から日本海に抜けた台風は、勢力を盛り返し速度を上げて津軽海峡に向かっていた。台風接近で出港を見合わせていた洞爺丸は、いったん風が収まった午後六時三十九分、函館桟橋を離れた。その直後に天候が急変した。五十メートルを超す暴風に押し流された洞爺丸は函館港外の七飯浜で座礁、横転沈没した。

ＮＨＫは北海道向けに、終夜放送で台風と海難のニュースを伝え、朝は特別番組を編成して遭難のもようや船客名簿を伝えた。北海道放送やラジオ青森（後の青森放送）も、協力関係にあった地元紙から情報を得て終夜放送を行った。

洞爺丸事故では、台風情報が適切だったか、的確に伝えられたかが問題になった。これより二年前に気象業務法が制定され、気象庁は災害に関する予報や警報を出したときには、放送や報道機関を通して一般に知らさなければならず、ＮＨＫは警報の通知を受けたら直ちに放送しなければならない、と決められていた。

洞爺丸海難審判では、ＮＨＫの台風情報の放送記録が証拠として提出され、証人も出廷した。海難審判は、船長の過失や船体構造、運航管理の不適切が原因と裁決、台風情報の発表や伝達に過失はないという結論を出した。

洞爺丸の悲劇の翌年五五年九月三十日、九州をかすめて日本海に出た台風二十二号は、前年の十五号と同じコースを取って北上した。ラジオ新潟（後の新潟放送）は、放送時間を延長して台風情報を伝えていた。一日午前三時前、新潟市学校町の県教育庁庁舎から出火、三十メートルを超す南南西の烈風にあおられたちまち燃え広がった。

ラジオ新潟は早速、大火の速報に切り替えた。中心部の大和百貨店七階にある本社スタジオからは、市街地をなめて広がる猛火を一望に収めることができる。屋上からの実況放送が始まり、真っ赤に焼けたトタン板や木片が飛んで来る中、丹羽国夫アナウンサーは吹き飛ばされないようコードで鉄柵にからだを縛りつけ、付き添った報道部長仙波哲がメモ書きする情報を基に実況中継を続けた。

そうするうちにも火勢は強まり、向かい側の小林百貨店に火が入った。熱気と煙で丹羽の声がかすれる。「小林デパートからも火が出ました。もう、これ以上は危険ですから放送を続けることはできません。ではこれで実況を打ち切ります」のアナウンスを最後に、大火の実況中継は終わった。一分後に放送は再開する。アナウンサーを派遣しておいた郊外の送信所に切り替えて、大火のもようや市民への避難指示などを放送し続けた。本社スタジオは全員が退避した直後、炎上した。

一九五九年（昭和三十四年）九月二十六日の夕刻、後に「伊勢湾台風」と命名される台風十五号は、紀伊半島潮岬付近に上陸した。北上した台風は、名古屋市の西を通って中部山岳地帯から日本海に抜けた。東海地方は三十メートルを超す強風が吹き荒れ、伊勢湾では高潮が発生した。防潮堤を破壊した濁流はゼロ・メートル地帯に流れ込み、七百三十四平方キロ、名古屋市域の三倍に当たる地域が水没した。死者・行方不明者五千九十八人、負傷者三万八千九百二十一人、損壊・流失家屋八十三万棟、浸水三十六万棟。犠牲者の七〇％は高潮によるものであった。観測史上最悪の台風災害である。

伊勢湾台風被災地での中部日本放送のテレビ取材　（写真提供：中部日本放送）
空前の被害を出した伊勢湾台風では、長期間水が引かず大勢の被災者が水中に孤立して救援を待った。ＮＨＫ・民放ともに被災者向けにきめ細かな生活情報を放送、ＮＨＫラジオは後年の災害放送の重要な柱になる安否情報放送も行っている。

この台風の進路予想と危険予測は、極めて的確だった。気象庁は、本土に接近する前から「第一級の大型台風」「厳重な警戒を」と呼びかけた。放送も特別の態勢を取った。ＮＨＫは初めて気象庁にテレビカメラを持ち込み台風の勢力や予想進路を伝えた。名古屋では、ＮＨＫと中部日本放送（ＣＢＣ）が気象台にマイクを置き毎時間、台風情報や防災の注意を放送した。

それまでの台風報道は、どちらかといえば被害が判明してから被災地に取材班を送り現地の様子を伝える〝被害報道〟に重点が置かれていた。伊勢湾台風でそれが大きく変わった。被害を出さないよう、台風への備えを呼びかける〝防災報道〟に力を入れたのである。

ＮＨＫ、ＣＢＣともに二十六日午後から、停電に備えてロウソクや懐中電灯の用意、食料や医薬品の準備、水の汲みおき、老人や子どもの避難場所の確認などを繰り返し放送した。ＣＢＣは夕方には「台風が近づいています。外出中やお勤めの方は一刻も早くお帰りください」と強く呼びかけた。

ＮＨＫ、ＣＢＣともにラジオは終夜放送で台風の動きと被害を伝えた。だが、被害の情報は断片的で全容はなかなかつかめない。夜が明け、被災地の上空を飛んだヘリからの取材で被害は広い範囲に及んでいることが判明する。貯木場から流れ出したラワン材が家屋を押しつぶし、千四百人を超す人が亡くなった名古屋市南区の被害が分かるのは、さらにその翌日である。

伊勢湾台風では、タイムリーで的確な台風情報の発表や防災の呼びかけが行われたのに、空前の被害が出た。停電で肝心のときに情報が住民に伝わらなかったこと、危険な海抜ゼロ・メートル地帯に住む人たちに台風や高潮への危機感が乏しかったこと、ごく一部の自治体を別にして行政の対応が鈍く災害対策が後手に回ったことが、その理由である。

伊勢湾台風は、災害時の情報伝達や放送の役割について多くの教訓と課題を残した。その教訓を生かす機会が二年後に訪れる。六一年九月十六日、超大型台風が阪神地方を襲った。進路や勢力が三四年の室戸台風に酷似していたので「第二室戸台風」と名づけられた。

大阪湾では、台風の低気圧に吸い上げられた海水が強風にあおられ四メートルを超す高潮となり、大阪市南部の低地帯から中心部にまで濁流が流れ込んだ。台風の被害は全国に及び、死者・行方不明二百二人、家屋の被害九十八万棟に上った。しかし、伊勢湾台風に比べると犠牲者の数ははるかに少なく、とくに大阪では高潮による死者は皆無であった。

台風の襲来が昼間だったこと、適切な情報の伝達と早めの避難が行われたこと、放送が十分に機能したことが、被害を最小限度にとどめるのに役立った。

大阪のＮＨＫと民放各局は、前日から防災放送の態勢に入った。「この台風は昭和九年の室戸台風と似たコースを取り、近畿地方では高潮などの災害が予想される」と繰り返し伝えた。大阪湾沿いの町村には早めに避難命令が出た。左藤義詮大阪府知事は、ＮＨＫと民放のテレビ・ラジオを通して、台風への備えと早急の避難を呼びかけた。ＮＨＫ大阪放送局は、東京からの全国向け番組を中断して近畿地方向けに台風情報を伝えた。

六〇年五月二十三日、南米チリ沖の太平洋を震源とするマグニチュード８・５の巨大地震が起きた。二十二時間後の二十四日午前二時を過ぎた頃から、日本の太平洋岸に津波が到達し始める。

ＮＨＫ宮古放送局長の大井喜蔵はこの日の早朝、趣味の海釣りに出かけようと海岸に出て、異様な光景を目にする。異常な早さで海水が沖に引いていくのだ。地元の出身で三三年の昭和三陸大津波を経験している大井は、とっさに津波と判断した。

局に取って返した大井は、盛岡放送局に連絡し放送機の電源を入れた。もう一人の技術職員佐野全も駆けつけてきた。佐野がマイクに向かい、市消防本部が発表した〝津波警報〟と避難の呼びかけを放送した。「ただいま津波が来ています。至急避難してください」。午前四時十六分であった。盛岡放送局も、午前五時の放送開始前に二度、津波襲来を放送した。その直後の五時過ぎ、三陸沿岸は五～六メートルの最大波を観測する。

仙台管区気象台が、東北地方の太平洋岸に津波警報を出したのは四時五十八分。遠くチリ沖で起きた地震が一万七千キロも離れた日本に津波をもたらすとは想像もしていなかった。気象台の津波警報が出る前に、ＮＨＫの放送は津波来襲を知らせ避難を呼びかけた。この津波をきっかけに、遠地地震津波対策が進んだ。

それまでの災害では、政府の応急対策は遅れがち、防災行政もバラバラで一貫性と計画性を欠いていた。伊勢湾台風が契機になって、総合的かつ計画的な防災行政を推進しようという機運が高まり、チリ地震津波と翌六一年の梅雨前線豪雨が立法化を促進した。六一年十月に「災害対策基本法」が出来た。この法律で、ＮＨＫは電電公社や国鉄、日本赤十字社などと並んで指定公共機関となり、防災放送を行うために計画策定や準備を義務づけられた。民放も指定地方公共機関となった。

第2部
テレビの時代

1953年にテレビの放送が始まった。受像機は高額で、人々は街頭テレビでプロレスや野球中継を楽しんだ。高度成長は人々の暮らしを豊かにし、家庭電化の進展でテレビは一家団らんの中心となっていく。ＮＨＫの総合・教育局の全国展開と民放テレビ局の大量免許は、テレビの普及に拍車をかけた。

60年代には報道、教育・教養、娯楽の各分野で多彩な番組が登場、カラーテレビの放送も始まって、名実共に“テレビ時代”に入る。東京オリンピックやベトナム戦争、アポロ宇宙船の月着陸、深刻化する公害、石油ショックなど歴史の節目で、テレビは速報性や広範性、訴求性、臨場性などの特性を発揮して基幹メディアへと発展していく。

多局化に伴って視聴率競争が激化した。大型企画やスペシャル番組の力作・秀作が人々に感銘を与えた反面、跡を絶たない低俗番組への批判も強まった。テレビがジャーナリズム機能を発揮するようになると、公権力による介入・規制や放送事業者の過度の自主規制などの動きも現れる。

放送技術の進歩は目覚ましく、衛星中継の日常化は地球の裏側で起きていることをリアルタイムで人々に知らせた。テレビは成熟期に入り、人々のテレビの見方も変わっていく。

テレビ時代にあってもラジオは、編成や番組内容の工夫で根強い聴取者を確保し、とくに災害時には威力を発揮した。

第1章 テレビの登場

街頭テレビに黒山の人――開局へ先陣争い

戦争中に中止させられたテレビの研究は、一九四六年（昭和二十一年）七月に解禁された。NHK技術研究所は五〇年三月、無線によるテレビの公開実験放送を行った。世田谷の技術研究所と放送会館から電波を発射し、日本橋三越で開催中の「ラジオ展覧会」の会場で受像機に映して見せた。翌年六月には、後楽園球場のプロ野球試合をマイクロ波で三越の「伸び行く電波と電気通信展」の会場に送った。

このように国内での研究開発が進んでいるさなか、アメリカをバックにした〝正力テレビ〟の構想が突然浮上してきた。三極真空管やトーキーの発明で知られるアメリカのド・フォレストが、日本でテレビを事業化したいという書翰を寄越し、それが読売新聞元社長正力松太郎のところに持ち込まれたのだ。四八年暮れのことである。A級戦犯の容疑をかけられたり、公職追放にあったりして失意の中にあった正力だが、即座にこの話に乗った。

五一年元日の読売新聞は、「テレヴィ実験放送開始」「都内に常設受像機、地方も巡回」と大書した社告で読者を驚かせた。アメリカでは一九四一年に、NBCとCBSがテレビ放送を開始し、〝テレビ時代〟が始まっていた。日本でもテレビへの関心が高まりつつあった。そんなタイミングを見計らっての社告であった。

五一年に追放を解除された正力は、テレビ放送の実現に向けて精力的に動き始めた。まず朝日、毎日、読売の全国紙三社に話を持ち込んで出資の承諾を取り付けた。鉄鋼、製紙、銀行などの企業も正力の説得に応じ、短期間に合計八億円の資金を確保した。

新会社の社名は日本テレビ放送網と決まり、電波監理委員会にテレビ局開局の免許を申請した。追いかけるようにNHKも、東京、大阪、名古屋と七つのテレビ中継局の開局について免許を申請する。

日本テレビとNHKとの間で、激しい先陣争いが展開された。まず、周波数帯域幅を巡って六メガを主張する日本テレビと七メガの利点を説くNHKやメーカーがぶつかった。電波監理委員会は日本テレビの主張する六メガ、画像数毎秒三〇枚、走査線数五二五本に決めた。

五二年七月三十一日で電波監理委員会は消滅することになっていた。電波監理委員会はGHQから押しつけられたものだとして、日本政府は講和発効・独立達成とともに、廃止を決めていた。この日開かれた委員会の最後の仕事は、テレビの免許申請の処理であった。緊迫した審議の末同日夜の十一時四十分、委員会消滅の二十分前に採決を行い日本テレビだけに予備免許を与えることを決めた。同時に、テレビ放送局はさしあたり東京に二ないし三局、その他の都市には一ないし二局を適当と認め、NHKと民放との併存を原則とする、というテレビ免許の方針を発表した。

予備免許の交付で先を越されたＮＨＫは、本放送では何としても先陣を切ろうと準備を急ぎ、五三年二月一日、東京テレビジョン局が開局した。午後二時から放送会館第一スタジオでの開局式に続いて、尾上松緑らによる舞台劇『道行初音旅』が放送された。夜は七時半から日比谷公会堂での公開番組『今週の明星』を、ラジオと同時に放送した。まだ中継車がなかったので、祝賀番組が終わると、カメラなど放送設備を全部ばらしてトラックで運び、公会堂一階の廊下にセッティングして番組を中継した。

二月一日時点での受信契約数は八百六十六、受信料は月額二百円である。契約外の街頭テレビなどを含めても、東京都内のテレビの数は千二百から千五百程度であった。五四年三月には、ＮＨＫ大阪と名古屋でもテレビ本放送が始まった。しかし、この時点でも、テレビ受信契約はまだ一万七千足らずにとどまっていた。

普及が進まないのは、テレビ受像機の値段が極めて高かったためだ。電気店で売られていた受像機の大半はアメリカ製で、一七インチが二十五万円前後、二一インチだと三十五万円もした。国産の一四インチ受像機でも十七万五千円から十八万円、平均的サラリーマンの月収が手取りで一万五千円〜六千円、東京―大阪間の国鉄運賃が三等で六百八十円の時代、テレビは高値の花であった。

五五年六月に、ＮＨＫが六万八千の受信契約者の職業を調べた。喫茶店・食堂・美容院など商業が四五％で最も多く、会社経営・役員・芸術家などが三五％、農業は一％に満たなかった。半数近くは客寄せのため営業用に買ったもので、喫茶店や食堂の入り口には「テレビ受像中」の張り紙が見られた。

ＮＨＫに先んじて免許を得た日本テレビは、最初五三年一月の放送開始を目指したが、アメリカの技術に頼った計画が裏目に出た。ＲＣＡ社の機器類の製造が遅れて開局日はどんどん先に延び、開局は八月二十八日になった。

開局の日の番組にはすべてスポンサーがついた。日本のテレビスポンサー第一号は、祝賀番組『寿式三番叟』を提供した東芝で、十分間の放送料金は制作費込みで十八万七千五百円であった。コマーシャルフィルム第一号は、精工舎の『正午の時報』であった。時報を告げると時計の内部の装置を見せ、「腕時計は一秒間に五回、一昼夜に四十三万二千回も回転しております。一年に一回は必ず分解掃除をいたしましょう」のアナウンスが入る、長さ二十二秒のＣＭである。しかし、この日の正午にブラウン管に映し出されたのは、中央の光の線が明滅する意味不明の映像だった。緊張と不慣れからフィルムをかけ間違えたのである。

ＶＴＲが登場するのは五年も先で、当時の番組は映画を除けばすべて生放送であった。いきおい中継番組が多くなる。後楽園スタヂアムとの独占契約に基づいて、開局二日目にはプロ野球巨人―阪神戦を中継、やがて巨人戦中継は日本テレビのドル箱になっていく。

スポンサーの広告費に頼る民放テレビの経営は、一定数の受像機があって初めて成立する。テレビ先進国のアメリカでさえ、一九四一年に放送を始めたＮＢＣが黒字経営に転じるまでに四年を要した。その間親会社のＲＣＡがテレビ受像機を売って得た利益を注ぎ込んでＮＢＣを支えた。

五三年八月の時点での受像機の数は二千六百台と推定された。これではとても商売にならない。そこで日本テレビが考えたのが、街頭テレビであった。人の集まる所に受像機を置きテレビ放送を公

街頭テレビの前を埋めた群集（国電新橋駅前）　（写真提供：NHK）

NHK調査（1955年11月）によれば、自宅にテレビのない人で、この1か月間に街頭テレビや飲食店などのテレビをわざわざ見にいった人は30%、男性に限ると45%に上った。見た番組ではプロレス（80%）が群を抜き、以下野球（36%）、相撲（35%）、劇映画、舞台中継（各12%）の順であった。

開すること自体は、目新しいことではない。だが、盛り場や駅頭に恒常的に大型テレビを置いて人を集め、テレビの広告価値を認識させようとしたのは、日本テレビ独自のアイデアであった。アイデアの発案者については諸説ある。だが、正力が強力な推進役を果たしたことに違いはない。

開局日、日本テレビが設置した街頭テレビは、新橋駅西口広場や浅草観音境内など五十三か所に上った。テレビが物珍しかった頃である。街頭テレビは大勢の観客を集めた。

その人気を決定的にしたのがプロレス中継であった。五四年二月十九日から三夜続けて蔵前国技館で行われた力道山・木村政彦対シャープ兄弟のタッグマッチ国際試合は、NHKと日本テレビが同時中継した。大相撲の関脇からプロレスラーに転身した力道山が、空手チョップを浴びせて白人の大男を倒す。観客は占領下に味わった屈辱を晴らす思いで熱狂した。

新橋駅西口広場は、街頭テレビでこの試合を見ようと集まった二万人の群衆で埋まった。付近一帯の交通はストップ、整理の警察官も手がつけられない。日本テレビは黒山の人だかりを写真に撮って持ち帰り中継途中に挿入した。「街頭の皆さん、押し合わないように願います。危ないところに上がらないでください」とアナウンスを繰り返し、それがまた話題になった。

「テレビの広告効果は受像機の数ではなく、それを見ている人の数である」というのが、正力の持論であった。街頭テレビはその後も増設された。新潟県柏崎や福島県会津若松のような遠隔地にも及んで、最終的には二百七十八か所を数えた。やがてテレビは家庭に普及していき、日本テレビ社内の街頭テレビ・プロジェクトは四年後、その使命を終えて解散した。

『私は貝になりたい』――ブラウン管を飾った番組

テレビの放送は始まったものの、スタジオ設備や予算、要員不足で、NHKでは当初、ラジオの人気番組をそのままテレビで中継することが多かった。やがてテレビ独自の番組の研究や開発が進み、一九五七年（昭和三十二年）以後、ラジオ・テレビ共通の番組は急減した。

見て楽しむ、というテレビ独特の娯楽番組として最初に人気を博したのは、NHKの『家庭ゲーム・ゼスチャアー』である。五三年二月二十日から放送が始まった。紅白両チームに分かれてそれぞれのチームのキャプテンが、その場で出された「大魚を釣り損なった漁師さん」などの問題を、身振り手振りで四分以内に自分のチームのメンバーに答えさせるというものだ。両チームのキャプテンは柳家金語楼と水の江滝子のペアが長く続き、六八年三月まで十五年間も放送は続いた。

続いて登場したのが『私の秘密』（五五年四月〜六七年三月）である。「事実は小説より奇なりと申しまして…」という高橋圭三アナウンサーの軽妙な語りで始まる公開クイズ番組で、当時アメリカで人気を集めていた『MY SECRET』にアイデアを得た。

渡辺紳一郎（元新聞記者・『話の泉』の解答者）、藤浦洸（詩人・『二十の扉』の解答者）、藤原あき（資生堂美容部長）の三人のレギュラーに毎週変わるゲストの四人が、珍しい秘密を持って登場する人に質問し、四分以内に秘密を当てるという趣向で、視聴者やスタジオの観客には事前に秘密を知らせた。市電の車掌の名前が「入口」、運転手が「出口」のコンビが登場したり、川中島合戦の日には武田信玄と上杉謙信の子孫がそろって出演したりした。

〃一ダースなら安くなる〃のコマーシャルがはやっていた頃である。子どもを十二人つくった中年夫婦が登場した。藤原あきが「あなた方お二人だけでお作りになった秘密ですか」と聞く。ワーッと会場は沸いた。司会の高橋圭三は絶句した。上を向いて思案する顔をカメラがアップでとらえた。そのときのことを高橋は、「しゃべらない方がいい。ラジオと違うところだ。表情がものを言う」と回想している。

娯楽だけではなく、生活に役立つ実用番組も開発されていった。代表的なものがＮＨＫの『きょうの料理』である。テレビ放送開始とともにスタートし、現在も続く長寿番組だ。初めの頃は、当

『私の秘密』(NHK)　(写真提供:NHK)

番組のカギは変わった秘密の持ち主を探し出すことにあった。視聴者からの投書のほか、NHKの受信料を集金して回る人たちがかなり協力した。ゲスト解答者と思い出の人を対面させる"ご対面"コーナーもつくられ、戦争を経ての劇的な再会など視聴者の共感を誘うものが少なくなかった。

時の生活事情を背景に食生活の改善や手軽な調理法に重点を置いた。総理府統計局の資料を基に一人前三十円、高くても五十円、平均的な世帯構成に沿って材料の量は五人分で表示した。スタジオに冷蔵庫がなく、魚や肉は氷枕で冷やし、ハエが画面に映らないよう追い払うのもスタッフの仕事だった。

五八年にはテキストの発行も始まり、〝見る番組〟から〝作れる番組〟へと変わった。新聞のテレビ欄には当日放送の献立メモが載り、食料品店では放送で取り上げた魚や野菜がよく売れた。商品名の「味の素」を「化学調味料」と言い換えたのはNHKの料理番組である。

料理番組は主婦をターゲットにしたから食品会社などのスポンサーがつきやすく、民放でも続々と料理番組が登場した。日本テレビの『キユーピー3分クッキング』は、手軽にできる毎日のおかずを紹介したが、食材の種類もまだ少ない頃で、マッシュルームや生シイタケの代わりにより値段の安かったマツタケを使ったりした。それでも一人分の材料費は五十円だった。

各局で始まった料理番組は、後の〝グルメ番組〟とは違ってあくまでも実用本位、とくに栄養のバランスを欠きがちだった農漁村の食生活の改善に寄与した。

初期のテレビを彩ったのは、アメリカから輸入されたテレビ映画であった。

五六年十月、東宝・松竹・大映・東映・新東宝の邦画五社は、劇場用映画をテレビで放送させない、専属俳優も会社の許可なしにテレビに出演させないことを決める。「五社協定」である。後に日活も協定に加わったから、大手六社の作品はテレビから姿を消してしまった。テレビの普及に映画界が危機感を抱いたことが、協定の背景にあった。映画は〝娯楽の王様〟として最盛期を迎えていた。観客数は年々増えて、五八年には十一億二千七百万人、一人が年に十回は映画館に足を運んだ勘定で、映画館の数も六〇年には七千四百五十七を数える。しかし、六〇年代に入って日本映画の凋落は早かった。観客数は六三年には最盛期の半分の五億人に減り、その後も減少に歯止めはかからなかった。

五社協定によって、テレビ界には二つの顕著な変化が現れた。一つは、協定に縛られない大部屋俳優のほか、新劇や歌舞伎役者らに出番が回ってきて人気スターが生まれていったこと、もう一つは、アメリカのテレビ映画がどっと入り込んだことである。

アメリカの主要映画会社は五三〜五四年頃、テレビにフィルムを売らない方針を取っていた。そこでテレビ局は独自のプロダクションを設立、テレビ用映画の制作に乗り出した。ハリウッドでは経営難に陥る映画会社が続出する。不売方針は崩れ去った。その結果、劇場用だけでなくテレビ向けの映画制作に力を入れるところが増え、五五年頃からはテレビ映画花盛りの時代を迎えていた。ハリウッド製テレビ映画は、放送権料が割安だった。〝神武景気〟で日本の外貨事情が好転したことも幸いし、続々と輸入された。

『ハイウェイ・パトロール』(NHK・五六年十月〜六〇年七月)、『スーパーマン』(KRT・五六年十一月〜五九年四月)、『名犬リンチンチン』(日本テレビ・五六年十一月〜六〇年十二月)と『名犬ラッシー』(KRT・五七年十一月〜六四年三月)、『ヒッチコック劇場』(日本テレビ・五七年六月〜六二年十二月)、『ペリー・メイスン』(フジテレビ・五九年三月〜六八年三月)、『ローハイド』(日本教育テレビ・五九年十一月〜六五年三月)など多彩なアメリカ製テレビ映画がブラウン管を飾った。

放送開始から数年もたつと、番組制作の力量は格段に向上し、ドラマなどで秀作・力作が次々に登場した。『私は貝になりたい』(演出・岡本愛彦)は、その代表作の一つである。五八年十月三十一日の午後十時から一時間四十分、コマーシャルの中断なしで放送された。放送終了と同時にラジオ東京テレビ(KRT)には、感動を伝える視聴者からの電話が殺到した。毎日新聞は「日本のテレビ放送開始以来最も大きな出来事」と書いた。『私は貝になりたい』はこの年の芸術祭テレビ部門大賞を受賞した。

終戦後、日本の戦争責任を追及する戦犯裁判が連合国の手で行われた。A級戦犯(戦争指導者)を裁く極東国際軍事裁判では、東条英機元首相ら七人が絞首刑の判決を受け、四八年十二月二十三日、刑が執行された。Ｂ級戦犯（捕虜や住民への残虐行為の命令者）、Ｃ級戦犯（その実行者）に対する裁判は国内外で開かれ、五千人以上が有罪判決を受けた。

ドラマは、撃墜されたＢ29爆撃機のパイロットを殺害したとして、フランキー堺扮する元二等兵清水豊松がＣ級戦犯として法廷に立たされる。上官の命令にはただ従うしかなかった軍隊の不条理とそれにほんろうされる個人の運命を描いたものだ。捕虜虐待の罪で絞首刑を言い渡された豊松は叫ぶ。

「せめて生まれかわることができるなら、いや、生まれかわっても、もう人間なんかにはなりたくありません。人間なんてイヤだ。いっそ、ダ、誰も知らない深い海の底の貝、そうだ貝がいい」

五六年の経済白書は「もはや戦後ではない」と書いた。〝神武景気〟に沸いた日本経済は、五八年〝なべ底不況〟に陥る。Ａ級戦犯だった岸信介が首相の座に着くのは五七年。六〇年の日米安全保障条約の改定を控えていた。演出の岡本は言う。「天皇の統帥権、軍中枢部の戦争責任をドラマ化した。すでに脚本段階での局内チェックが厳しくなっていたが、当時はスポンサー側に文化的な仕事をサポートしているという意識が強く、立派なスポンサーが多かった」

『私は貝になりたい』の脚本にも事前にクレームがついたが、スポンサーの三洋電機の責任者は「何も問題はありません。のびのびやってください」と支援した。コマーシャルは冒頭と最後の部分に入れ、一時間四十分の放送中、「提供　三洋電機」のスーパーを六回挿入しただけであった。

この番組は、ＶＴＲを初めて使用したドラマでもあった。ＶＴＲは五八年の四月、大阪テレビ（後の朝日放送）が米アンペックス社製を輸入したのが最初、ＫＲＴには放送の一か月前にやっと一台入ったばかりでまだ編集はできなかった。そこで『私は貝になりたい』では、冒頭からの三十分をＶＴＲに撮り、後半の生の部分につないだ。

『東芝日曜劇場』は、後発局のＫＲＴが日本テレビのプロレス中継などに対抗して五六年十二月にスタートさせた。一時間という当時としては長時間のドラマ枠で、著名な文芸作品をスタジオドラマ化した。いまも続いている長寿番組で、数々の話題作を放送してきた。なかでも六四年に前・後編で放送した『愛と死を見つめて』は、出版やレコードと連動して大ヒットした。反響が大きく、放送後一年間に四回も再放送された。

毎日決まった時間に放送される番組を帯番組という。帯ドラマの第一号は五五年八月に日本テレビで始まった『轟先生』だ。日曜を除く毎日夜九時台の五分間のミニドラマである。ＮＨＫの『バス通り裏』（五八年四月〜）は、月〜金の毎日午後七時のニュースに続く十五分間の放送で、当初一年間の予定だったものが人気が沸騰して二年、三年と延長、結局五年間千三百九十五回も続いた。この番組の成功が、後の朝の連続テレビ小説の誕生につながっていく。

テレビ急増の引き金――皇太子の結婚

一九五九年（昭和三十四年）四月十日、皇太子明仁殿下（現天皇）と正田美智子さん（現皇后）が結婚した。テレビが始まって以来最大規模の中継が行われ、千五百万人がテレビで結婚のパレードを見たことと、テレビの急速な普及の引き金になったことで、放送史に一ページを画すビッグイベントであった。

初めての民間出身の皇太子妃であることに加えて、二人がテニスで結ばれたことなどが大きく報道され、〝ミッチーブーム〟が広がった。

テレビは開局ラッシュが続いていた。五九年三月までにNHKは二十八局、民放は二十三社がそれぞれ開局、さらに四月一日には民放八社が一斉に放送を始めていた。

皇太子結婚当日の報道は、皇居賢所での婚儀と馬車でのパレードが中心で、NHKは全国各局に応援を求めて中継態勢を組んだ。民放は、日本テレビが三月に開局したばかりのフジテレビなど十三社、ラジオ東京テレビ（KRT）は二月開局の日本教育テレビなど十七社と組んで、それぞれ中継に必要な機材と要員を確保した。NHKが中継車十一両、カメラ三十台、日本テレビ系は中継車九両にカメラ三十六台、KRT系は十一両、三十四台に上った。三系列合わせてテレビカメラ百台、放送要員は千人を超えた。

中継の見せ場はパレードである。いち早く動いたのは日本テレビであった。総合プロデューサーを務めた牛山純一は、沿道の空き地やビルの屋上など十三か所をカメラ位置として押さえた。ヘリコプターによる中継も考えたが放送数日前に、ふと気がつく。「人々はテレビで何が見たいのだろう。花嫁さんの顔じゃないのか」。徹底して皇太子妃のクローズアップをねらうため、前日になって屋上のカメラを地上に下ろし、ヘリ中継も取りやめた。KRTは十一か所にカメラを据えたが、中継が途切れる空白の場所が三か所十三分も生じることが分かり、それまでに撮影した関連フィルムで埋めることを決める。NHKの中継地点は十か所であった。

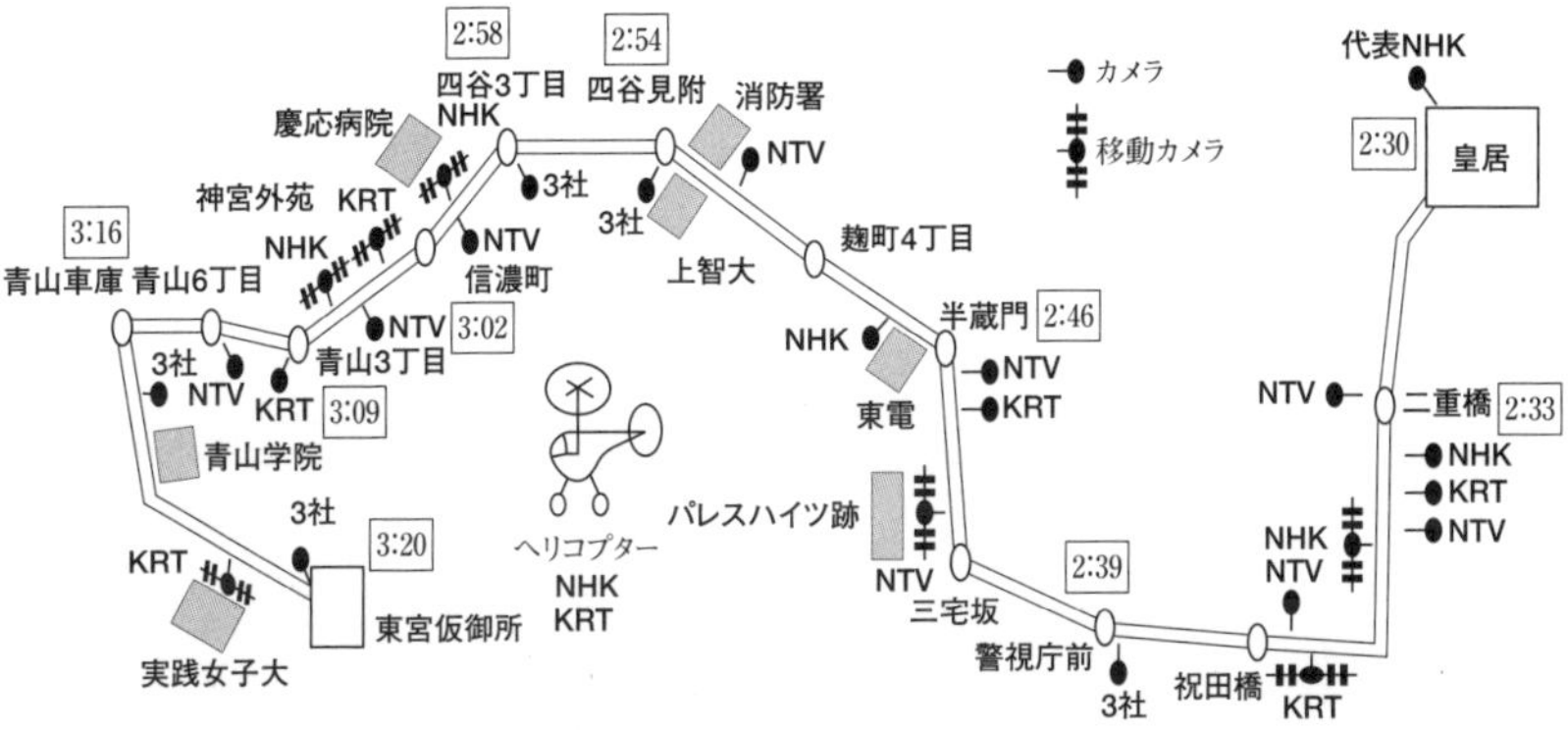

皇太子の結婚・パレード中継のカメラ配置図

午後2時30分に皇居を出発した儀装馬車は東宮仮御所まで50分かけてパレードした。NHKと民放2系列（日本テレビ・KRT）がそれぞれ独自に沿道8.9キロメートルを切れ目なく中継した。二重橋、三宅坂、神宮外苑などにはレールを敷き、カメラを積んだトロッコが移動しながら馬車を追った。（図は『放送文化』59年6月号より）

四月十日は国民の休日となった。前日からの雨は早朝にやみ、気温は二十五度六分まで上がって、東京は初夏の陽気となった。各局は終日、特別編成で臨んだ。ＫＲＴ系は松下電器が十二時間、日本テレビ系は森永製菓が八時間、それぞれ長時間単独のスポンサーとなって結婚祝賀番組を放送した。

「賢所の儀」では、初めてテレビカメラが皇居の奥深くに入った。賢所の建物を囲む八十メートル四方の庭には、ＮＨＫの二台のテレビカメラとモーニング姿の二人のカメラマンだけが立ち入りを許された。

午後二時半、馬車による祝賀パレードが始まった。六頭立てのオープン儀装馬車の右側にエンビ服の皇太子、左側に白のローブデコルテの美智子妃が着席した。パレードのコースは、宮内庁正面玄関→二重橋→三宅坂→半蔵門→四谷見附→神宮外苑→渋谷常盤松・東宮仮御所の八・

九キロメートル。馬車列は時速十二キロで進んだ。皇居前広場に差しかかったとき、少年がお二人の馬車に投石し飛び乗ろうとした。中継のカメラはその瞬間をとらえた。行列のスピードが上がったが間もなく落ち着いてパレードは続けられた。

馬車のお二人をどれだけ大写しして伝えられるか。各局がさまざま工夫をこらした中に、馬車の動きに合わせてカメラを載せたトロッコを移動させる試みがあった。二重橋、祝田橋、三宅坂、神宮外苑などに足場を組んでレールを敷き、二〜三人がトロッコを押して馬車を追いかけた。NHKが神宮外苑の歩道に組んだ足場は、高さが二・五メートル、レールの長さは三百メートルもあった。神宮外苑では、馬車を正面から撮影できる場所を取り合った末、KRT系が確保した。望遠レンズでねらったところ馬車はなかなか近づかず、足踏みしているようにしか見えない。接近すると馬の顔ばかりがアップになって、期待した映像は得られなかった。日本テレビ系は牛山のねらい通り、クローズアップの映像をいちばん多く流すことができた。

東京大学新聞研究所の調査だと、テレビ所有世帯のこの日の平均視聴時間は、十時間三十五分に上った。パレード沿道の住民でも、見物に行くより、「テレビでは全部を見ることができる」と家でテレビを視聴していた人の方が多かった。パレードをテレビで見た人は全国で千五百万人（電通推定）に上った。

皇太子の結婚を八日後に控えた五九年四月二日の朝日新聞は、「テレビ・セットにも結婚ブーム。『どうせ買うなら、四月十日に間に合わせよう』と、テレビ・セットは羽の生えたような売れ行き」と報じた。

ＮＨＫのテレビ受信契約は五八年五月、百万件に達した。放送開始から五年三か月がかかっていた。それが、結婚一週間前の四月三日には二百万件に増え、五百万件に達する（六〇年八月）までに二年三か月、五百万件から一千万件に達する（六二年三月）のに一年七か月と、普及に加速度がついていった。とくに六〇年から六二年にかけての伸びは爆発的で、三～四か月で百万ずつ増える勢いであった。

テレビの急激な普及の背景には、三つの要因があった。

最大の要因は、高度経済成長である。五五年に始まった「神武景気」は、技術革新を伴う設備投資がブームを呼び、個人消費を押し上げた。五七年には、「三種の神器」が流行語になる。人々が渇望した白黒テレビ・電気洗濯機・電気冷蔵庫の家庭電化三品種を象徴した言葉である。

放送が始まった五三年にわずか一万四千台だった国内のテレビ生産台数は、六二年には四百八十六万台に激増した。量産効果で価格も低下し、五三年に十七万五千円～十八万円した十四インチ白黒テレビは、六二年には四万五千円～六万円と三分の一に下がった。この間、国民一人当たりの所得は三倍に増えた。月賦制度が整備されたことも、テレビを買いやすくした。ミシンや洋服の月賦販売は戦前からあったが、五一年に松下電器が月賦販売会社をつくり、三洋電機やシャープが追随し、家電製品普及の追い風となった。

見栄を張り、その上テレビが好きな日本人の国民性も、普及に拍車をかけた。第二の要因だ。

テレビの保有率は所得に比例して高くなる。六一年の統計で、日本は国民所得は四百ドルでさほど高くないのに人口千人当たりのテレビ保有数は百台で、ほかの国に比べて異常に高い。『経済白書』（六三年版）はその理由を、隣が買うから自分も買うという〝デモンストレーション効果〟に求めた。

テレビ視聴の国際比較を行った六五年のNHK調査によれば、日本は三時間で一位、次いでアメリカ（都市部）の二時間六分、ベルギー一時間三十六分、フランス一時間三十分の順で、日本は群を抜いて長い。九〇年の調査でも、多くの国で視聴時間が二〜三時間なのに日本は三時間三十分前後で、各国に比べて長い。日本人はテレビが好きなのだ。

第三の要因として、放送局数の増加と放送時間の延長、放送内容の充実という放送サービスの充実を挙げることができる。

民放テレビは六四年までに四十八社が開局。NHKも総合テレビが四十二局、教育テレビ四十一局が開局して、VHF（超短波）十一チャンネル制の下での全国置局が完了した。これ以上にカバレージを広げるには、UHF（極超短波）を使って周波数帯を増やさなければならない。郵政省は六一年四月、第二次チャンネルプランを策定する。テレビ受信が困難な地域に中継局用の周波数を割り当てたもので、テレビ用に初めてUHFの電波が登場した。

UHFはVHFに比べると電波の直進性が強くサービスエリアはVHFより狭くなるが、受信アンテナが小型で済むことや雑音が少なく良好な画質が得られる利点がある。チャンネル数をたくさん取ることもできる。UHFはまず中継局に使われ、次いで基幹局にもUHFの周波数が割り当てられた。六八年二月のNHK徳島教育テレビ局を第一号に、NHK佐賀と高松の総合、民放の岐阜放送、テレビ静岡、北海道テレビ、新潟総合テレビのUHF局が相次いで開局した。

朝の放送開始から夜の終了まで、切れ目なく続く全日放送は六〇年に日本テレビとＫＲＴがまず日曜日に実施、翌六一年には、フジテレビと東海テレビが平日の全日放送に踏み切る。ＮＨＫも六二年に全日放送に移行、一日の放送時間は十七時間を超えた。

午前〇時以降の深夜放送に先鞭をつけたのはＴＢＳ（六〇年十一月にＫＲＴから改称）で、六一年三月から土曜の深夜に『週末名画劇場』を編成した。放送時間が延びるにつれて、多様な分野に新しい番組が続々と登場した。

ラジオと違ってテレビは、ローカル局の場合、番組制作やニュースの取材を自前でやるのは容易なことではない。東京のキー局や大阪の準キー局から番組やニュースの提供を受けないと、放送に穴があく。スポンサーになる大手企業にとっても、多数の局に効率的に番組を提供し、販路を全国に広げるのは願ってもないことだ。民放テレビの置局が進むにつれて、在京キー局を中心に地方局を系列に置くネットワーク（放送網）が出来ていく。

皇太子結婚を機に、ＫＲＴをキー局に十六社が加盟するＪＮＮ（ジャパン・ニュース・ネットワーク）が出来る。日本テレビも、後楽園球場の巨人戦中継を売り物にネットワークを確立した。ニュースの供給と取材協定を軸にして拘束力を持つニュースネットワークは、先発のＪＮＮを追いかけて、日本テレビ系のＮＮＮ（ニッポン・ニュース・ネットワーク、六六年四月）、フジテレビ系のＦＮＮ（フジ・ニュース・ネットワーク、六六年十月）、日本教育テレビ系のＡＮＮ（オールニッポン・ニュース・ネットワーク、七〇年一月）が出そろう。

『山の分校の記録』——教育テレビの誕生

ＮＨＫはテレビの本放送を始めたときから、教育放送の充実強化を編成の基本方針に掲げていた。だが、一チャンネルだけでは教育放送に割ける時間に限度がある。とくに学校放送のような番組は、毎日一定の時間に放送し、連続して利用して初めて効果が期待できる。もう一つテレビのチャンネルが必要であった。

一九五七年（昭和三十二年）六月、郵政省は第一次チャンネルプランを決定し、教育専門テレビ局の開設を認めた。日本教育テレビ（七月）に続いて、十月にはＮＨＫ東京教育テレビに予備免許が交付された。ＮＨＫの教育テレビは五九年一月にまず東京で、四月には大阪で放送を開始した。教育テレビの番組は、築地川のほとりに立つビルの貸しスタジオで作られた。少ない要員と設備をやりくりしながら、「組織的かつ体系的な番組でテレビ独自の教育的効果を上げる」ことを目標に、番組制作が進められた。

教育テレビの開始から三か月後、栃木県塩谷郡栗山村の土呂部分校にＮＨＫの巡回テレビが設置された。土呂部はわずか二十七戸が暮らす標高千メートルの山村だ。数年前夫婦で赴任してきた清島誠・幸先生が、分校の子どもたちを町の学校に連れて行きテレビの学校放送を利用した授業を見学させた。村に戻った子どもたちから「テレビが欲しい」の声が上がり、ＮＨＫの巡回テレビが一年間貸与されることになった。一年間、子どもたちはテレビの学校放送を利用して勉強した。効果は大きかった。学習意欲が高まり、考え方や表現力が豊かになった。生活態度も積極的になったことが、東京学芸大学の二度の調査で明らかにされた。

『山の分校の記録』は、土呂部の子どもたちの変化を一年間にわたって克明に追ったドキュメンタリーで、六〇年のイタリア賞コンクールで二位に入賞した。この入賞で、各国の教育関係者は、日本の教育テレビと学校放送に注目するようになる。

ＮＨＫ教育テレビは各地で開局が進み、六二年度にはカバレージは七七％になった。開局当初一日四時間ちょっとだった放送時間も、六八年度には一日十八時間になった。

五九年二月、日本教育テレビ（ＮＥＴ）が開局した。世界でも例を見ない商業放送形態による教育専門テレビ局の誕生である。読売テレビと毎日放送、札幌テレビの三局も、教育・教養番組の編成比率を一般総合局より高く定めた準教育専門局として開局した。

しかし、教育五三％・教養三〇％以上の番組の放送を義務づけられたＮＥＴの経営は厳しかった。日本教育テレビという局名そのものがスポンサーに敬遠され、売り上げ不振の原因になった。文部省の指導は学校放送番組のＣＭにまで及び、ＣＭを入れる場所や回数、秒数などにさまざまの制約を課した。六〇年度の学校放送番組の総制作費は三億百万円、それに対し営業収入は九千三百万円しかなく、差し引き二億八百万円もの赤字となった。

ＮＥＴは、一般向け番組の強化を図って『ローハイド』や『ララミー牧場』などアメリカのテレビ映画をゴールデンアワーに編成、視聴率も上がっていった。しかし、民放テレビが増えて競争が激しくなると、視聴率を取れない学校放送は敬遠され、ＮＥＴの学校放送を受ける地方局は六二年の二十五局をピークに年々減少、学校放送番組の赤字は年間億単位で累積していった。

ＮＥＴの開局から五年後の六四年四月、民放二番目の教育専門局として東京12チャンネルが開局した。科学技術の普及と中堅技術者の養成を目的に日本科学技術振興財団が開設したものだ。経営の基盤は財界からの協力金と広告収入で、他の民放とは違う特異な存在であった。しかし、折からの不況で資金の調達がはかどらず、開局一年で十三億九千万円の赤字を出し、三年目の累積赤字は三十二億円に上った。

視聴率がいのちの民放が、教育・教養番組の高い比率を維持していくことは容易なことではなかった。六七年十一月の一斉再免許でまず準教育専門局が廃止され、読売テレビ、毎日放送、札幌テレビの三局は一般総合局に移行した。七三年十一月の再免許では、東京12チャンネルが株式会社となって一般総合局となった。ＮＥＴも同時に一般総合局となり、七七年には社名を全国朝日放送（テレビ朝日）に改める。

商業放送形態の教育テレビは十四年余で姿を消した。教育専門局はＮＨＫ教育テレビだけとなった。

日本で教育テレビが誕生した頃、世界的に「教育の危機」が深刻なテーマになっていた。欧米のテレビ先進国では、テレビを教育に活用しようとする動きが活発になっていた。六四年四月、世界の五十八か国七十七放送機関の代表が東京に集まって「第二回世界ラジオ・テレビ学校放送会議」を開いた。阿部真之助ＮＨＫ会長は、教育番組の国際コンクール「日本賞」の創設を提唱し満場一致で支持される。

翌年、開催された第一回日本賞コンクールには、世界の七十の放送機関からラジオとテレビで合計百八十五本の番組が集まった。ラジオのグランプリは西部ドイツ放送協会の英語教育番組、テレビは環境問題を取り上げたフィンランド放送協会の『自然のカレンダー』の「むかしむかし」が受賞した。

第2章 主役になったテレビ

政治が茶の間に——安保改定とテレビ報道

一九五五年(昭和三十年)の保守合同による自由民主党の誕生と左右社会党の統一で〝五五年体制〟が確立する。放送で政治を取り上げる機会が増えた。

NHKラジオで四七年九月に始まった『国会討論会』は、五七年からはテレビでも放送されるようになった。この年にはKRTの『時事放談』も始まる。ジャーナリスト出身の評論家小汀利得と細川隆元が時事問題を取り上げて辛口の批評を加え、日曜朝の名物番組となる。

国会中継も盛んになっていった。マイクが国会に入ったのは、戦前四一年十一月十七日の東条英機首相の施政方針演説の中継が最初である。このときは録音で、質疑応答の放送は許されなかった。戦後も、なかなか国会側の同意が得られず、国会中継の実現は難航した。五一年十月、開局直後の中部日本放送と新日本放送が共同で、講和・安保条約批准を巡る国会審議を中継録音で放送した。生中継はラジオが五二年一月に、テレビは実験放送段階の五二年十月にいずれもNHKが行ったのが最初である。

政府与党は五九年、日米安全保障条約を改定することを決める。日米交渉を経て条約の改定が合意され、六〇年一月には、新安保条約の調印式がワシントンで行われた。再開された第三十四通常国会では、激しい論戦が展開された。新条約に自民党は全面的に賛成、社会党は全面反対、前年十月に社会党を離党した西尾末広らが結成したばかりの民主社会党は、段階的解消論を唱えた。予算委員会や安保特別委員会での論戦をテレビとラジオはニュースや番組で詳しく伝えた。

この年は日米修好百年に当たり、アメリカ大統領の初の日本訪問の日程が六月十九日からに決まる。政府・自民党は新安保条約を批准して大統領を迎えたいと考えた。

五月十六日には、岸首相、浅沼社会党委員長、西尾民主社会党委員長の三党首出演の座談会がNHKとフジテレビで放送された。岸首相は最初、NHKの放送を通じて所信を明らかにしたいと、単独の放送を申し入れてきたが、NHKは、自・社・民三党首の座談会にしたいと回答した。安保改定を巡って国論が二分している折に、首相の言い分だけを一方的に放送することは、放送法が定めた不偏不党や政治的公平、多角的論点の解明の趣旨にもとり、受け入れ難いと判断したからである。

五月十九日、この日に新条約が衆議院を通過すれば、アイゼンハワー大統領が来日する一か月後には自然成立する。自民党は警官隊を導入して抵抗する社会党議員らを排除、二十日未明には、討論抜きで新条約を可決した。この日、十万人規模のデモが国会を取り巻き、全学連の学生たちは首相官邸構内に乱入した。各局は深夜から翌朝にかけて、ニュース特報や各党幹部、識者らを集めた座談会などを放送した。多くの新聞は、政府与党の強行採決を非難し、議会制民主主義を危機に陥れた岸内閣の退陣と国会解散を求める社説を掲げた。

安保反対の運動は一段と盛り上がった。デモ隊は連日のように国会と首相官邸を取り巻いた。テレビ各局は議会制民主主義を守ろうというキャンペーンを始め、連日特別番組を放送した。

閣議ではラジオ・テレビの番組が問題になり、NHKが政府に批判的な人物を出演させるのは好ましくないという発言が出る。ラジオ東京は六月一日、三元街頭録音『岸総理と街の意見』を収録した。動員されたと見られる群衆がマイクを取り囲んで発言を封じたため、激高した一部の聴衆はラジオ東京本社に押しかけて放送の中止を要求した。

ある日、十人ばかりの自民党議員がNHKにやって来て野村秀雄会長に面会を求め、「NHKの番組は左偏向している」と糾弾した。黙って聞いていた野村は突如声を大きくして「君らがなってない」と一喝した。「君らは、もっと政治を勉強したまえ。NHKのことはおれに任せたがいい」と言って席をけった。朝日新聞などで政治ジャーナリストとして活躍した野村が、その真骨頂を見せた場面である。

六月十五日、国会の周囲は数万人のデモ隊で埋まった。NHKテレビの『特別国会討論会〜アイク訪日と政治休戦』が放送されていた午後八時過ぎ、「全学連の学生七千人が国会南通用門を破って構内に乱入、警官隊と衝突中」のニュースが飛び込んできた。国会付近の様子を伝えるニュースで、討論会はたびたび中断した。九時過ぎ、東大生樺美智子が死亡、デモ隊と警官隊双方に二百人以上の負傷者が出る。各局は放送時間を延長して「死者を出した国会デモ」を伝えた。

事件の衝撃は大きかった。十六日の臨時閣議は、大統領の訪日延期を要請することを決定した。六月十九日、新安保条約は自然成立し、二十三日には日米間で批准書交換式が行われた。その後、

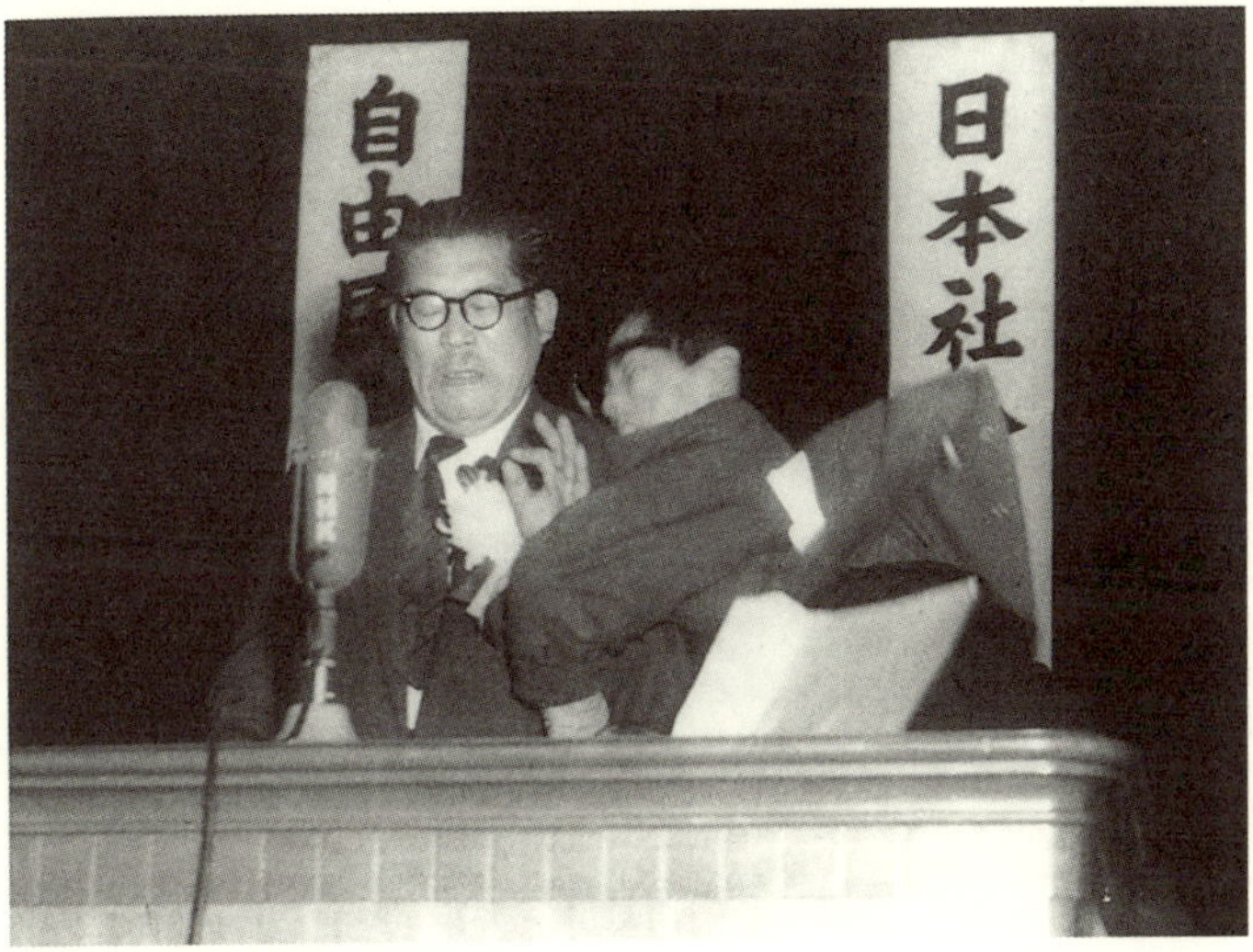

暴漢に襲われた浅沼委員長　（写真提供：共同通信社）

ラジオの中継担当だった大塚利兵衛アナウンサーは2階の放送席にいた。「落ち着け、うろたえるな」自分に言い聞かせた大塚は、マイクを生かすスイッチを上げてこうアナウンスした。「ただいま舞台の上手の方から1人暴漢が出まして、いきなり短刀を抜きまして、浅沼委員長の左の胸と腹の中間ぐらいを刺しました。舞台の上は一瞬大混乱でございます」

岸首相は政局の収拾と人心一新を理由に退陣を表明する。

五月十九日の強行採決から六月二十三日までの間に放送された安保関係の番組は、ＮＨＫがテレビ五十四本、ラジオ百一本。民放はテレビ三十社で五百四十九本、ラジオは三十七社で六百十三本を数えた。

六〇年十月十二日、ＮＨＫテレビは、川崎球場からプロ野球日本シリーズ大洋対大毎の第二戦を中継していた。午後三時十三分、突然画面に「特別ニュース」の字幕が出て野球中継は中断、「浅沼社会党委員長暴漢に刺される」のテロップが流れた。三時二十一分には、ビデオに収録された犯行の瞬間が放送された。三時四十三分、試合終了とともに放送された臨時ニュースが、浅沼の死を伝えた。

この日、東京・日比谷公会堂では「総選挙に臨む我が党の態度」をテーマにした、自民・社会・民社三党の立会演説会が、公明選挙連盟、東京都選管、ＮＨＫの三者共催で行われていた。

会場を埋めた千人余の聴衆の中には右翼団体の関係者が混じっていて、開会冒頭からやじが飛び交い騒然としていた。浅沼稲次郎社会党委員長が登壇すると、やじは一段と激しくなり二階席からビラが撒かれ、聴衆の間で小競り合いが始まったりした。浅沼は、持ち前のガラガラ声を張り上げるが怒号にかき消されて聞き取れない。たまりかねた司会の小林利光アナウンサーが制止した。拍手が起きて会場は静まった。浅沼は演説を再開した。

「選挙の際は国民に評判の悪い政策は全部伏せておいて、選挙が多数を占めると…」。そのとき、演壇に向かって右側から若い男が飛び出し、腰に構えた短刀ごと浅沼に体当たりした。浅沼の眼鏡が飛び、巨体が崩れるように倒れた。

浅沼は救急車で運ばれる途中、息を引き取った。犯人は右翼団体に所属する十七歳の山口二矢であった。「社会党が自衛隊の廃止を主張していることに憎しみを感じた」と動機を語った山口は、拘置所で首をつって自殺した。

ＮＨＫは、この日の夜の番組を全面変更、野村会長の『浅沼委員長の不慮の死に対する哀悼のことば』と特別番組『浅沼委員長の死をいたむ』などを放送した。民放も特別番組を放送した。

アメリカでは、一九六〇年は大統領選挙の年であった。民主党ケネディ、共和党ニクソンの両候補がテレビに出演して討論した点で、画期的な年でもあった。テレビ討論（Great Debates）は計四回、三大ネットワークが持ち回りで制作し放送された。四人の代表記者団の質問に両候補が答える形を取り、両者が激論を交わしたわけではなかったが、視聴好適時間帯に生放送されたため、第一回は視聴率八九％、全米で七千五百万人がテレビ討論を見た。四回の放送の視聴者は延べ二億六千九百万人に上った。

大統領選挙は小差でケネディが当選した。勝因の一つとして、番組が視聴者に与えた影響が挙げられた。第一回放送では、ひざの骨折治療で退院したばかりのニクソンは生気を欠いていた上、テレビ用のメーキャップをしなかったため、アップにするとほおのこけた顔面を汗が滝のように流れた。一方ケネディは、遊説で日焼けし健康そうに見えた。論戦は両者互角で、ラジオの聴取者はむしろニクソンに軍配を上げるほどであった。

ケネディ自身「選挙戦の流れを変えたのは何よりもテレビだった」と述懐した。六〇年大統領選挙のテレビ討論は、テレビが政治に大きな影響を及ぼす〝テレポリティックス〟の始まりであった。

日本では、池田首相が「所得倍増計画」を掲げて十一月二十日投票の総選挙に臨んだ。安保・暴力・経済政策が選挙の争点となった。アメリカにならってテレビ討論会を行ってはどうかと社会党が提案、十一月十二日、第一回の『三党主催テレビ・ラジオ討論会』がＮＨＫのスタジオで開かれた。

浅沼委員長刺殺事件からちょうど一か月、厳重な警戒体制の中での放送であった。池田勇人自民党総裁、江田三郎社会党委員長代行、西尾末広民社党委員長の三人が、外交と経済について基本政策を説明した後、討論した。討論会はＮＨＫと民放のテレビ、ラジオで放送された。反響は大きく、読売新聞は論説委員の座談会記事で、「だれよりも日本の政党人自身が民主政治の在り方を勉強するうえに、きょうのテレビ討論はいい学校になったと思う」と書いた。

四日後には第二回が開かれた。初のテレビ・ラジオ討論会は、全国で二千万人が見たり聞いたりしたと推定された。

一国のリーダーが国民に直接語りかける――。アメリカでは、一九三三年に第三十二代大統領に就任したフランクリン・ルーズベルトが、十二年間の在任中、二十八回もラジオを通して所信を語り政策を説明した。〝炉辺談話〟である。ラジオの特性を十分にわきまえ、親しみある口調で分かりやすく話したので、ルーズベルトは国民から高い人気を得た。

六一年六月の訪米から帰国した池田首相は、NHKの『池田総理に聞く～日米会談を終わって』と『私の帰国報告』に出演した。とくに後者では、聞き手に選ばれた徳川夢声の巧みな話術で、政治や経済の話が分かりやすく伝えられたと評判になった。

阿部真之助NHK会長が「茶の間の国民と総理大臣とを直接結びつける番組を定期的に放送したい」と要請し、池田が快諾したことから、〝炉辺談話日本版〟が実現する。内閣記者会の新聞記者たちが、総理に対する単独取材は行わないという取り決めをたてにクレームをつけたため、時事性のある問題にはできるだけ触れないと妥協する経緯もあった。

第一回の『総理と語る』は十一月十二日に放送された。対談の相手は一橋大教授中山伊知郎で、高度成長政策に伴うひずみの問題や経済見通し、予算編成方針などが語られた。民放でも六一年十二月、東南アジア訪問から帰国した池田を囲む座談会をテレビ・ラジオ合わせて二十九局が特別番組として放送した。

首相出演の番組は、六二年度からNHKと在京民放テレビ局が輪番制で、七〇年度からはNHKと民放が隔月交替でテレビ・ラジオで放送することになる。

『きょうのニュース』と『ニュースコープ』――テレビ報道の拡充

テレビの開局と同時にニュースの放送も始まった。だが、初期のテレビニュースは至って稚拙なものだった。NHKは一日二回、計九分間に過ぎず、ニュースの項目や図表、一枚写真を厚紙に書いたり張り付けたりしてスタジオカメラで写し、ラジオ用の原稿をアナウンサーが読み上げた。日本テレビは毎晩十五分間のフィルムニュースを放送した。朝日・毎日・読売の三新聞社が日替わりで制作したが、現像に時間がかかり機動性、速報性に欠けるものであった。

NHKはしだいにカメラマンを各放送局に配置していくが、地方から東京に映像を送る上りマイクロ回線がなかったから、いちいちフィルムを東京に送って現像、編集、送出をしなければならなかった。取材から放送まで四~五日かかるのは、当たり前であった。

一九五四年（昭和二十九年）の洞爺丸事故では、当日のニュースで放送したフィルムは、現地に向かう家族たちで込み合う上野駅や国鉄本社の様子を撮影したものだけで、遭難現場の映像は通信社や新聞社提供の一枚写真であった。チャーター機で東京から飛んだNHKのカメラマンが上空から撮影したフィルム第一報は、事故から三十七時間もたった九月二十八日正午のニュースでようやく放送された。

五六年八月、日本テレビは開局三周年を機に早朝放送を開始した。アメリカNBCの朝の番組『TODAY』を参考に、午前六時四十五分からの二時間に、『モーニングメロディ』『NTVニュース』『テレビ体操』『ニュース展望』などを並べた。『NTVニュース』は、前夜から当日朝にかけて起きたニュースや外電、その日の予定を取り上げた。アナウンサーが画面に顔を出して視聴者に直接ニュースを伝える形式を取り入れて、テレビニュースの演出面で新機軸を打ち出した。画面の左隅に一分刻みの時刻を表示したのも、斬新なアイデアであった。日本テレビを追いかけてNHKも、翌五七年十月から午前七時にニュースを編成した。

テレビニュースは、初期の〝電気紙芝居〟のようなニュースから、しだいにフィルムを多用する動く映像中心のニュースに変わっていく。そうなると政治や経済など重要ではあっても〝絵〟——映像を伴わないニュースは、テレビでは取り上げにくくなる。

たとえ〝絵〟はなくても重要なニュースは伝えなければならない——。六〇年四月にNHKで始まった『きょうのニュース』は、フィルムだけでなくテロップやパターンなどさまざまな手法を駆使して、その日一日のニュースを伝えるもので、今福祝ら固定したアナウンサーが進行役となり、スタジオにニュースの当事者を呼んで話を聞いたり、記者が解説に当たったりする演出形式を取り入れた。総合編集ニュースの登場である。

民放ラジオがスタートに際して、ニュースに力を入れたのとは対照的に、テレビではニュースは娯楽番組の埋草的な扱いであった。テレビ報道は大勢の人手を要し、機材や設備の費用も多額になる割には、娯楽番組に比べて放送時間が短く、売上額も少ない。「報道はカネ食い虫」などと言われ

『きょうのニュース』(NHK)と今福祝アナウンサー　(写真提供：NHK)
“絵”＝映像がなくても伝えなければならないニュースはきちんと伝える——。ニュースバリューの判断を第一にしたニュースの登場であった。初期は夜10時からの20分間、2年目からは夜9時台の30分に拡大され、その理念やフォーマット、演出や表現方法は、夜の総合ニュースの基本形として定着していく。

た。

　だが、テレビの普及とともに、報道機能への視聴者の期待は高まっていった。ＮＨＫに対抗する必要もあった。民放各社の報道責任者が集まり、五八年九月、民間放送報道協議会を結成する。報道を重視する民放経営者も現れる。

　ラジオ東京から東京放送（ＴＢＳ）と社名を改めたＴＢＳが、六二年十月一日にスタートさせた『ニュースコープ』は、民放では初めてのワイドニュースであった。新聞界出身のジャーナリストをキャスターに起用、投射型テレビのアイドホールを使ってキャスターとニュースの当事者が対談したり、話題の人をスタジオに呼んだりする多彩な演出で、先発のＮＨＫ『きょうのニュース』とは違った親近感を与えることに成功した。

『ニュースコープ』はまた、本格的なキャスターニュースの第一号であった。初代の戸川猪佐武（読売新聞）と田英夫（共同通信）、二代目の古谷綱正（毎日新聞）と入江徳郎（朝日新聞）らのキャスターが、持ち味を生かした語り口でニュースを伝えて好評であった。

六〇年代のテレビ報道は、さまざまな分野で目覚ましい成果を上げた。その一つにポリオ（流行性小児まひ）追放のキャンペーンがある。ポリオは、ウイルスによる急性伝染病で幼児がかかりやすく、症状が重いと神経細胞が侵されて手足がまひ状態になる。六〇年に北海道を中心に流行したポリオでは、全国で五千六百六人の患者が発生、三百十七人が死亡した。

翌六一年、NHK社会部に「ポリオ班」が発足し、テレビとラジオでポリオ根絶のキャンペーンを始めた。ポリオに対する正しい知識の普及、流行状況の正確な速報、予防のための生ワクチンへの不安の解消などに力を注いだ。当時の厚生省は、患者数の集計に一か月もかかった。NHKポリオ班は、全国の放送局に指示して毎日の発生状況を報告させ、これを集計し「ポリオ日報」として翌朝のニュースで放送した。やがて厚生省の係官がNHKを訪れ、「ポリオ日報」を写して帰るのが日課となった。

六月、ポリオの発生は全都道府県に広がり、患者は千人を超えた。厚生省は、日本ではまだ医薬品として認められていなかった生ワクチン千三百万人分を緊急輸入して投与に踏み切った。患者の発生が減り始めた。六一年のポリオ患者は二千四百三十六人、死亡者は百六十九人で、前年の約半分に減った。

六五年二月には、TBSをキー局に全民放テレビ四十六社を結んだ小児まひ患者救済のチャリティーショー番組『いまぼくは空を見ることができる』が放送された。その後、ポリオ患者の発生は減り続け、七六年以降はほとんど発生していない。

事件の捜査に、放送がその特性を生かして協力したのが、吉展ちゃん誘拐事件である。

六三年三月三十一日、東京台東区の村越吉展ちゃん（四歳）は夕方、自宅前の公園に遊びに出たまま帰宅しなかった。警察は誘拐事件として手配、各社も取材と報道を控えたが、その間に事件は進展していた。犯人と思われる男から連日のように、村越家に身代金を要求する脅迫電話がかかる。四月七日、母親が持参した身代金を奪った犯人を、警察はわずかの差で取り逃がした。

犯人からの電話は途絶え、吉展ちゃんも帰らなかった。警視庁は、録音した犯人の電話の声を公開することを決める。協力を求められたNHK技術研究所は、テープの声のレベルを修正し犯人の声が聞き取れるテープを作成した。四月二十五日、テレビとラジオは早朝から〝犯人の声〟を繰り返し放送した。反響はすさまじく、五日間に二千件もの情報が捜査本部に寄せられた。その中には、犯人の元時計商小原保に関するものもあった。

文化放送の伊藤昇記者は独自の取材で小原に直接インタビューして、その声を録音していた。警視庁はそのテープを借りて鑑定したり、別件で服役中の小原を取り調べ、声紋が脅迫電話の声と一致するかどうかの分析をNHK技術研究所に依頼したりした。放送文化研究所はNHK放送用語委員である金田一春彦東京外語大教授の協力を得て言語学の面からテープを分析、二種類のテープの声は同一人物らしいと判断されたが断定まではできなかった。

小原が頑強に申し立てていたアリバイが崩れて、吉展ちゃん誘拐を自供したのは六五年七月四日であった。自供通りに南千住の寺院の墓石の下から吉展ちゃんの遺体が発見された。

借り物のカメラでスタート——ドキュメンタリーの展開

ドキュメンタリーを、広辞苑は「虚構を用いず記録に基づいて作ったもの」と説明している。テレビが始まって四年余りが過ぎた一九五七年（昭和三十二年）十一月、NHKテレビで『日本の素顔』が始まった。テレビ・ドキュメンタリーの草分けとされる番組である。毎週一回三十分の番組を、吉田直哉、白石克己、斉藤栄作の三人で担当した。NHK内部でも、まだテレビよりラジオを志向するものの方が多かった頃である。吉田が映画会社の知人に、三十分の映像ものがどれ程のものかを尋ねたところ、「仕込みから始めて一年半から三年はかかる」と言われて呆然とした。「何とかなるだろう」と準備を始めたものの、番組制作用のカメラはなく、カメラマンやライトマンもいない。専用の編集室もない。仕方がないから、カメラは一日三千円で借り、カメラマンはそのつど雇い上げた。

『日本の素顔』は、毎週日曜日の夜九時半から三十分の定時番組としてスタートした。第一回「新興宗教をみる」、第二回「養護施設の子供たち」、第三回「貸家あります」と順調に進み評判もよかったが、六週目には早くも息切れし、老人施設からの中継でしのいだ。

第八回の「日本人と次郎長」が反響を呼んだ。やくざの実態を描きながら日本の社会に色濃く残る封建時代の因習を取り上げたものだ。集まってもらった二十人ほどのやくざの親分衆が、実際にばくちをするシーンがハイライトだ。警視庁とも打ち合わせ、撮影用にNHK経理局から千円札で四十万円を借り出した。大卒初任給が一万円余りの頃である。一台のカメラで手先のアップ、顔の表情、現金の飛び交う有様をライトを当てながら汗だくになって何度も撮り直した。不機嫌になる親分衆をなだめなだめし、このシーンの撮影だけで八時間もかけた。親分衆にいびられながら撮影を終わり、回収した現金を数えてみたら三千円も多かったという。

「奇病のかげに」（五九年十一月）は、水俣病を初めて取り上げ、工場公害ではないかと迫った番組だった。「釜ヶ崎からの報告」（六二年五月）では、失業者があふれる都会の底辺の実態とさまざまな問題を映像で浮き彫りにした。『日本の素顔』は六四年四月まで続き、放送回数は三百六回を数えた。NHKを代表するテレビドキュメンタリーは、この後『現代の映像』（六四年四月～七一年四月）に受け継がれる。

民放にも本格的なドキュメンタリー番組が登場する。

日本テレビ『ノンフィクション劇場』（六二年一月～六八年三月）の生みの親、牛山純一はまだ三十一歳の気鋭のプロデューサーであった。牛山が構想した番組の基本線は、「現場に徹し、現代の日本社会で、ある目的を貫き通そうとしている個人や人間集団の行動をドキュメントする」というものだった。一人の人間に密着し、作り手の視点を盛り込むことを重視したので、映画界などから若手の意欲的な人材が集まった。

スタートして三か月で、視聴率不振を理由にスポンサーが降板し番組は打ち切りとなる。その一か月後、記録映画のベテラン西尾善介が作った第二回放送の「老人と鷹」が、カンヌ国際映画祭テ

『ノンフィクション劇場』「老人と鷹」(日本テレビ)　(写真提供：日本テレビ)

『ノンフィクション劇場』は制作者の署名性を前面に出そうとし、局外にも広く参加を呼びかけた結果、映画界などから新藤兼人、羽仁進、土本典昭、東陽一ら意欲的な人材が集まった。大島渚監督は7本もの番組を制作した。映画人との交流は、局内の若手ディレクターたちに大きな刺激を与えた。

レビ部門のグランプリを受賞したという朗報が舞い込んだ。日本の番組では初めての快挙であった。山形県真室川町の老鷹匠がどう猛なクマタカを狩りに使えるように慣らしていく様子を描いた作品で、いっきに『ノンフィクション劇場』の声価を高めた。

牛山はパイロット版と企画書を携えて自らスポンサー探しに奔走し、一年後の六三年四月に放送再開にこぎつける。再開第一作には、やはり西尾演出の闘鶏用の鶏を育てる過程を追った「軍鶏師《しゃもし》」を放送。これもベルリン映画祭テレビ部門で最優秀作品賞を受賞した。

六二年三月にTBSで始まった『カメラ・ルポルタージュ』は、社会的な問題を深く掘り下げるフィルム構成番組で、系列局も制作に参加した。

ＲＫＢ毎日放送の『苦海浄土』は、放浪芸人に扮した北林谷栄が水俣病患者の家を訪ねて、その惨状を伝えた異色のドキュメンタリーで、七〇年度の芸術祭大賞を受賞した。『苦海浄土』を作った木村栄文は、民放を代表するドキュメンタリストの一人で、知的障害を持つ少女の成長過程を追った『あいラブ優ちゃん』（七六年）、軍部を批判した反骨のジャーナリスト菊竹六鼓の生涯を描いた『記者ありき〜六鼓・菊竹淳』（七七年）などの秀作を次々と制作した。

しかし、社会問題を真正面から取り上げる硬派のドキュメンタリーは、七〇年前後から退潮期に入る。政治の季節が終わり経済の時代へと移っていく、そんな時代状況と無関係ではなかった。「大量生産・大量消費の時代を迎えて、テレビも娯楽を前面に出したバラエティーが受けるようになる。民放は視聴率という物差しがテレビ局の中で王座を占め、暗く重いテーマを扱うドキュメンタリーは冬の時代を迎える」。『聞こえるよ母さんの声が〜原爆の子・百合子』（七九年）で芸術祭大賞を得た山口放送の磯野恭子の回顧である。

紀行ものや旅番組のジャンルは、古くから視聴者の根強い支持を得てきた。テレビは異郷の地の珍しい文物や人々の暮らしを見せてくれ、代理体験をしてくれるからだ。

テレビの放送開始から六年目の冬、期せずしてＮＨＫと民放で同時に海外取材番組が始まった。ＮＨＫの『アフリカ大陸を行く』（五九年十二月〜六〇年三月）は、一連の海外取材番組のはしりである。一九六〇年はアフリカの年といわれ、この年だけで十七の国が独立、アフリカは世界の注目を集めていた。だが、当時は未開の大陸というイメージが強く、満足な地図さえなかった。取材班は二十二か国を取材したが、出発前にビザがとれた国は半分ちょっと、「行けば何とかなるだろう」の突撃精神だった。ほとんどが行き当たりばったりの取材だったが、各地の生活、文化、風俗や独立を目指す民族運動などを取材、撮影したフィルムは直ちにヨーロッパ経由で東京に送り、十回にわたり放送した。

民放では五九年十二月、KRT系列で『世界飛び歩き』が始まる。翌六〇年に『兼高かおる 世界の旅』と改題したこの番組は、九〇年九月の放送終了まで、実に三十年九か月続いた長寿番組である。

ロサンゼルスの大学を卒業したジャーナリストの兼高かおるは、語学力と行動力を買われて海外取材番組のリポーターになった。KRTの取材チームも、事前の準備などはないも同然、「ともかく行ってみよう。駄目だったらそれまでだ。外国ならどこを撮っても絵になるだろう。何とかしてしまおう」という精神だった。

三十年間に派遣した取材班は百二十九回、兼高はそのすべてに加わり、リポーターやインタビュアーとして毎回ブラウン管に登場した。週一回の放送で千五百八十六回を数えた。たんに各国の風物を紹介するだけでなく、ケネディ大統領ら著名人にインタビューしたり、気球でアルプス越えに挑んだりして根強い人気を集めた。

六三年秋にNHKで始まった『新日本紀行』は、旅番組の原点とされる。日本各地の風土・社会・生活などを現代的視点からとらえるフィルムドキュメンタリーとして企画された。第一回「金沢」は、家並みにも人の心にも加賀百万石の伝統が生きている古都の魅力を紹介した。六九年頃からは、テーマ性を重視して、日本再発見を目指す紀行ドキュメンタリーに発展していく。七〇年には、国鉄の大型キャンペーン〝ディスカバー・ジャパン〟が始まり国内旅行ブームをあおるが、『新日本紀行』は、その推進役の機能も果たした。

NHKの『明るい農村 村の記録』は、変わりゆく農業と農村を見つめ続けた番組である。五八年に『のびゆく農村』の中でフィルム構成として始まり、八五年三月の放送終了までの二十七年間、取材した村は二千か所を超えた。総計千三百七十本の番組のタイトルからは、日本の農業と農村の変貌が鮮やかに浮かび上がってくる。

放送が始まった五八年当時は、食料増産が叫ばれていた。「段々畑に挑む人々」(愛媛)、「パイロットファーム」(青森)、「よみがえる砂丘地」(鳥取)などからは、増産に励む農民の姿が見えてくる。「山村の巡回診療班」(五八年三月)は、長野県佐久で農村医療に取り組む若月俊一医師の活動を紹介した。四キロ四方に医師のいない無医村は、まだ全国で千か所を超えていた。

六〇年代に入って高度経済成長が軌道に乗る。農業基本法ができて農業近代化がスローガンになるが、大型化・近代化は挫折する例が多く、一方で兼業農家や〝三チャン農業〟を現出させる。農村から都市への人口流出が続き、六五年に総人口の三〇%を占めていた農家人口は、七五年には二〇%まで減少する。「動き出す構造改善」「みかん革命」「酪農赤信号」から「全村離村」「たった一軒の開拓地」「過疎打開」へと番組のタイトルは、農村の激動を伝えている。

「出稼ぎ周旋屋」「ねこ車の歌~高層ビル建設現場」は日本経済を支えた農村からの出稼ぎの、厳しい現実とその背景を伝えたものだ。コメの生産過剰が問題となり、七〇年、政府は減反に踏み切る。「減反説得」「青刈りの田」、七八年のシリーズ「減反・むらからの報告」は、生産農家の立場から農政の矛盾をついた番組であった。

『明るい農村』は、六〇年代半ばから都会の消費者と農村の生産者をつないで、相互理解を手助けする新しい役割を担うことになる。食べ物の安全性、食糧自給と農産物の輸入などが折々のテーマとなって、問題を提起していった。

連続テレビ小説と大河ドラマ――ドラマに新風

連続テレビ小説という新しいジャンルの番組が登場するのは一九六一年（昭和三十六年）のことである。

テレビ小説は、小説の文章や雰囲気をできるだけ生かし、「わたしは」という一人称のナレーションを使って心理状態や情景、動作を説明する独特のスタイルのドラマである。六一年の元日から三日間放送したＮＨＫ『伊豆の踊り子』（原作・川端康成）を受けて、四月には連続テレビ小説の第一作『娘と私』（原作・獅子文六）が始まる。月曜から金曜まで一年間続く帯番組で、朝八時四十分から二十分間の放送だった。出演は北沢彪、北林早苗、加藤道子ら。一日二回分を収録したが、準備やリハーサルで休みなしの厳しいスケジュールであった。

二作目は『あしたの風』（原作・壺井栄）、以後『あかつき』（原作・武者小路実篤）、『うず潮』（原作・林芙美子）、『たまゆら』（作・川端康成）と続く。二作目から、月曜から土曜までの週六日、朝八時十五分から十五分間の放送に変わった。この時間帯のテレビ視聴状況をＮＨＫの国民生活時間調査で見ると、三十歳代の家庭婦人では、連続テレビ小説以前の六〇年当時はわずか一・五％の視聴率だったが、六五年には二〇％、七〇年は二六％に伸びている。

忙しい朝の時間帯にドラマが定着したのは、ナレーションを聞いていれば家事をしながらでもドラマの筋が分かるという〝ながら視聴〟を可能にしたことと、「次はどうなるの」と物語の展開に興味がわいて毎朝視聴するようになったことによる。

明治の女性速水はなの一代記、『おはなはん』が登場したのは六六年四月、テレビ小説六作目である。林謙一の随筆『おはなはん一代記』をヒントに、小野田勇が脚本を書いた。演出は松井恒男。劇

『おはなはん』の樫山文枝と高橋幸治
（写真提供：NHK）

樫山は女学生から白髪の老母まで明治・大正・昭和の3代を生き抜いたはなを1人で演じきり、その後もずっとおはなはんのイメージがついて回るほどの当たり役となった。『おはなはん』の成功で、連続テレビ小説は主演女優に新人を起用することが定着していく。

団民芸の新人女優樫山文枝がヒロインに抜擢され、茶目っ気のあるキャラクターと役柄が重なってたちまち人気者になる。夫役の高橋幸治も人気が出て、ドラマ開始から二か月ほどで病死する設定が、視聴者からの〝助命嘆願〟で脚本を変え、死を先に延ばしたほどだった。『おはなはん』はまた、舞台になった地方を活性化させることにも役立った。はなの故郷に設定された愛媛県大洲では、おはなはんまんじゅうを売り出す店が続出、四国から鹿児島、弘前と物語が移るにつれておはなはんの名前をつけた名物や土産物、新しい観光名所が生まれた。

『おはなはん』は年間平均で四五・八％という驚異的な視聴率を記録した。当時テレビの普及率は九〇％を超え、受信契約数は約千八百万件。一％は七十五万人といわれたから、朝の放送と昼の再放送を合わせると全国で延べ三千万人を超える人に見られたことになる。

『おはなはん』の高い視聴率は、七作目の『旅路』に引き継がれる。ヒロインには樫山と同じ劇団民芸の新人日色ともゑが起用され、北海道を舞台に国鉄職員の夫（横内正）とともに物語が展開する。平岩弓枝のオリジナル脚本で、この番組によって女の一代記路線が確立する。

ＴＢＳも六八年から、昼の時間帯に帯番組『テレビ小説』をスタートさせ、八六年まで四十作続いた。その間、宇都宮雅代、丘みつ子、音無美紀子、中田喜子、名取裕子、樋口可南子ら数多くの新人女優が巣立っていった。

日本のテレビドラマに一つの流れを作った大河ドラマは、ＮＨＫ芸能局長長沢泰治の号令から始まった。「映画に負けない日本一のドラマを作って、日曜夜の視聴者をこちらに向けさせよう。いい原作を見つけて、思いっきり派手なものを作れ」。テレビ開始十周年を翌年に控えた一九六二年、長沢はこう部下に発破をかけた。第一作に選ばれたのは、幕末の大老井伊直弼を主人公にした舟橋聖一原作の『花の生涯』である。脚本は北条誠、演出には井上博が起用された。

長沢は出演者として有名スターを列挙するが、邦画各社の「専属俳優はテレビに出演させない」という五社協定のため、出演交渉は難航した。制作担当の合川明が、松竹の二枚目スター佐田啓二の家に通い詰め、ついに本人の承諾を取り付けた。この粘り勝ちを突破口にして、テレビは映画界の厚い壁を突き崩していった。

主人公の井伊直弼に歌舞伎の尾上松緑、その懐刀長野主膳に佐田を配し、淡島千景、香川京子、八千草薫らも出演し、映画・演劇界を代表するキャスティングは世間をあっと言わせた。放送は六三年四月から始まり、ねらい通りの評判を呼んだ。

二作目は、大佛次郎の原作を村上元三が脚色した『赤穂浪士』。六四年一月から十二月まで放送され、歴年で年一作のスタイルが定着する。大映の重役スターだった長谷川一夫を大石内蔵助役に担ぎ出したのをはじめ、歌舞伎界から尾上梅幸、守田勘弥、坂東三津五郎、映画界から山田五十鈴、志村喬、新劇界からは滝沢修、宇野重吉らが顔をそろえ、〃空前絶後の配役〃といわれた。ニヒルな浪人役でスターの仲間入りをする林与一や人気歌手の舟木一夫もいた。

平均視聴率は三一・九％、なかでも吉良邸討入りの回は五三％に跳ね上がり、この記録はずっと破られていない。一月五日付の読売新聞テレビ欄に「大河ドラマ『赤穂浪士』スタート」という紹介記事がある。〃大河ドラマ〃の名称がここで初めて使われ、以後定着していった。

三作目の『太閤記』で、大河ドラマは日曜夜の連続時代劇としての地位を確かなものにする。『太閣記』は、ドキュメンタリー番組『日本の素顔』や『現代の記録』を手掛けてきた吉田直哉が、教育局から芸能局に移って初めて演出したドラマである。吉田は歴史を現代的な視点からとらえリアリズムを重視した。第一回の冒頭のシーンでは、開通して間もない東海道新幹線が疾走し、名古屋駅や豊臣秀吉をまつる豊国神社の実写が続いた。以後、毎回のように秀吉ゆかりの地を紹介し、石垣の積み方や武士の俸禄などの解説を挿入し、その大胆な手法は〝社会科ドラマ〟の異名を取った。

スタッフが新人なのだから役者も新人で、との吉田の発想で、新国劇のホープ緒形拳を秀吉に、文学座研究生の高橋幸治を信長に起用した。石田三成役の石坂浩二は慶応大学に在学中だった。俳優のギャラを安くした分、制作費をロケに回し、ヘリコプターを使って収録した大規模な合戦シーンなども、テレビドラマに新境地を開いた。『太閤記』の平均視聴率は三一・二％に達した。

輸入テレビ映画が幅を利かせていた民放も、五〇年代後半にはドラマで独自性を発揮するようになる。多彩なドラマが登場する中で、目立ったのはホームドラマである。身近な日常生活の、ささいな出来事やエピソードを積み重ねて明るく理想的な家庭像を描いてみせた。

日本テレビの『ママちょっと来て』（五九年七月～六三年四月、演出・間部耕苹）は、二百回続いた三十分ドラマで、民放ホームドラマの先駆けといわれた。同じ五九年八月には、ＴＢＳ『東芝日曜劇場』の枠で「カミさんと私」が始まった。小説家の夫と口うるさい妻の老夫婦がかもしだすユーモアに味があった。演出の石井ふく子は、以後三十四年余りも『日曜劇場』にかかわった。大家族を描いた『七人の孫』『ただいま十一人』（いずれもＴＢＳ）も好視聴率を上げた。

六〇年代民放テレビドラマの、もう一つの特色は社会派ドラマの登場である。その代表格は、六一年十月から始まったTBS『七人の刑事』である。一話完結の一時間番組で、NHKの『事件記者』（五八〜六六年）を参考に制作された。荒唐無稽なアクション中心の〝刑事もの〟とは違って、犯罪が起きる社会的背景や犯人と刑事との人間くさいやり取りを柱にした。売血、孤児、被爆者、差別などのテーマを取り上げ、視聴率も一時は四〇％に達し、七年半、四百八十三回続いた。

法廷を舞台にした社会派ドラマには、『検事』（フジテレビ・六一年）と『判決』（NET・六二〜六六年）があった。『判決』は、佐分利信（後に尾上松緑）を所長とする法律事務所の四人の弁護士の活動を軸にドラマが展開する。学力テスト、越境入学、医療、税金、相続争いなどの深刻なテーマに鋭い問題意識で切り込み、反響があった。後述するように、シリアスな内容が原因で放送中止になる回もあって、二百回、四年足らずで放送は打ち切りとなる。

NHKの朝の連続ドラマとは対照的に、民放は昼の時間帯に主婦向けの連続ドラマを開発した。フジテレビは六〇年夏、『日日の背信』（原作・丹羽文雄、演出・岡田太郎）を放送した。病気の妻をかかえた雑誌社の社長と宝石商の愛人である女性とが、ふとしたことから知り合い愛し合うようになる物語である。アップの映像を多用した濃厚なシーンが話題になり、二二・六％という昼としては異常に高い視聴率を記録した。主演には、新東宝の清純派女優池内淳子が起用されたが、ドラマでの役が当たって〝よろめき女優〟と呼ばれるようになる。

『日日の背信』の成功は、他の局を刺激した。日本テレビは月〜金曜日の帯ドラマ『献身』（六二年五月〜八月）を放送、TBSも同じ時間帯に主婦向けのドラマを編成して視聴率競争が激しくなった。これらのドラマは、昼に放送されるメロドラマという意味で〝昼メロ〟とか、内容から〝よろめきドラマ〟とか呼ばれた。

時代劇にも根強い人気があった。この時期を代表するのがフジテレビの『三匹の侍』（六三年十月～六六年四月、企画・演出　五社英雄）であった。三人の浪人が各地を流れ歩き、用心棒や賞金稼ぎをしながら悪人を斬りまくる時代劇である。当時無名だった丹波哲郎、平幹二朗、長門勇を主役に起用した。四〇％の視聴率を上げるほどの人気を呼び、三人はスターの地位を確かにした。『三匹の侍』の成功は、民放テレビの時代劇の可能性を広げてみせるとともに、テレビが自前でスターを育てられることを示したものでもあった。

視聴率八一・四％――『紅白歌合戦』の軌跡

視聴率調査会社ビデオリサーチ社が調査を始めた一九六二年（昭和三十七年）から二〇〇一年までの四十年間に最高の視聴率を上げた番組は、六三年の『紅白歌合戦』。八一・四％であった。五一年一月三日に正月特集『紅白歌合戦』として第一回を放送した『紅白』は、五三年の第四回から大晦日の放送に変わり、〝国民的行事〟といわれ歳時記にまで登場するようになる。

『紅白』の牙城を突き崩そうと、民放はユニークな裏番組で繰り返し挑戦を試みてきた。早くも五五年の大晦日、この年にテレビの放送を始めたKRTがNHKと同じ時間帯に『一九五五年オールスター歌合戦』をぶつけた。『紅白』と同じように歌手を男女両軍に分けて競わせた。開始時間を『紅白』より二十五分早め、日本劇場を舞台に人気歌手二十八人が出演した。大物歌手と独占契約を結び、美空ひばり、笠置シヅ子、越路吹雪、霧島昇、灰田勝彦らを引き抜いた。NHKはオペラ歌手を動員、特別応援団を組んで対抗した。結果は『紅白』の圧勝であった。KRTは二年後からは放送時間をずらし、歌手のかけもち出演が可能になった。

六〇年代から八〇年代前半までの二十年余り、『紅白』は七〇%台の視聴率を記録し続けた。歌手にとっても出場することが一流の証となった。出場すればギャラが上がり、レコードの売り上げも増えた。レコード会社は所属歌手の出場にしのぎを削り、週刊誌も「当確歌手は?」「今年のトリは?」の予想記事を掲載したりして、『紅白』は主催者の意図を超えて過熱化していく。

六四年の第十五回からはカラー放送になり、会場をNHKホールに移した七三年の第二十四回からは、コンピューターで装置やセットを操作、凝った演出が可能となる。審査員に、その年話題になった人を起用したり、女性歌手がファッションを競うようになったりして、『紅白』は一段と華やかさを増していった。

七三年には、それまで十六回出場し十三回トリを務めた美空ひばりの出演が見送られた。弟が暴力団に関係しているとして逮捕され、ひばりも各地の公共施設での公演を拒まれていたからである。ひばりが『紅白』に復活するのは、七年後の七九年である。

八〇年代になると、『紅白』の人気にかげりが現れる。八二年に七〇%を、八六年には六〇%を切った視聴率は回復の兆しが見えなかった。家庭に複数のテレビ受像機が入り、家族そろっての視聴から個人視聴に変わっていったことや、いろいろな音楽が登場して人々の好みも多様化した結果、『紅白』で歌われる曲は若者にとっては古くて退屈、中高年にとっては新しすぎて戸惑うという状況となったことが、視聴率低落の背景にあり、ヒット曲の不足が拍車をかけた。

八九年からは、二部構成に変え四時間二十五分の長時間番組になった。しかし、視聴率は七時二十分からの第一部は三八・五％、九時からの第二部が四七％と最低を記録、『紅白』中止論も出た。低くなったとはいえ『紅白』は、その年の視聴率一位であることに変わりはなく、その後、演出や内容の工夫と刷新で人気を盛り返していった。

歌と踊りとコントで構成する音楽バラエティーが、五〇年代後半から六〇年代前半のテレビを彩った。日本テレビの『光子の窓』（五八年五月～六〇年十二月）と『シャボン玉ホリデー』（六一年六月～七二年十月）、NHKの『夢であいましょう』（六一年四月～六六年四月）はその代表的なものである。アメリカの人気番組『ペリー・コモ・ショー』や『エド・サリバン・ショー』の影響を受け、日本版音楽バラエティー番組を目指して開発されたものだ。

『光子の窓』は、日曜夕方四十五分の生放送で、松竹歌劇団から東宝の女優になり歌も踊りも演技もこなした草笛光子が司会した。演出を担当したのは井原高忠で、流れるような画面構成、計算された場面の転換、出演者の移動を追うクレーンカメラの使い方に特徴があった。

『光子の窓』の後に登場した『シャボン玉ホリデー』も日曜夕方三十分の番組で、十一年余り、五百二回続いた。渡辺プロダクション所属の双子の姉妹ザ・ピーナッツと、無名に近かったハナ肇とクレージーキャッツが抜擢された。ザ・ピーナッツが歌った「可愛い花」「情熱の花」がヒットし、クレージーキャッツも植木等が歌った「スーダラ節」で人気が出始める。リズムとテンポのある展開、コントとギャグの連発が番組の売り物だった。植木の「お呼びじゃない？　こりゃまた失礼いたしました」、谷啓の「ガチョーン！」、青島幸男の「青島だあ！」などのギャグには型破りの魅力

『光子の窓』(日本テレビ)　(写真提供：日本テレビ)
草笛光子が窓を開ける冒頭のシーン。窓際の彼女にカメラが寄ってアップでとらえる。次の瞬間カメラが引くと草笛がいつの間にか広いホリゾントに立っているのが視聴者には不思議に見えた。アップの間に、スタッフが小道具の窓を取り払っただけのことだが、こうしたテレビならではの技巧が番組の売り物であった。

があった。

土曜の夜十時から三十分間のＮＨＫ『夢であいましょう』は、上品な雰囲気と笑い、音楽が特徴で、とりわけ司会に起用したファッションデザイナー中嶋弘子が「こんばんは」と首を傾けてあいさつするオープニングが話題となった。企画・演出の末盛憲彦は〝目で楽しめる音楽〟を目指した。そのため芸能界の外からも多くの人材を起用した。黒柳徹子の詩の朗読コーナーや渥美清、三木のり平、岡田真澄らが加わったコントとギャグ、今月の歌コーナーなどが番組を華やかなものにした。

とくに今月の歌からは永六輔と中村八大の〝六・八〟コンビを中心に、「上を向いて歩こう」「見上げてごらん夜の星を」(坂本九)、「こんにちは赤ちゃん」（梓みちよ）、「おさななじみ」（デューク・エイセス）、「遠くへ行きたい」（ジェリー藤尾）、「帰ろかな」（北島三郎）など数多くのヒット曲が生まれた。

放送開始以来、洋楽番組が果たしてきた役割は大きい。戦前の放送協会は洋楽の普及に積極的で、さまざまな番組を編成した。戦後四九年九月にラジオ第1放送で始まった日曜朝の『音楽の泉』は、堀内敬三の選曲と解説によるレコード番組であった。堀内の後、解説は村田武雄、皆川達夫にと変わったが、音質のよいメディアが増えたいまも根強い人気があり、『ラジオ体操』に次ぐ長寿番組として健在だ。

ＮＨＫの音楽番組にとって、ＮＨＫ交響楽団は欠かせない存在だ。Ｎ響の前身の新交響楽団は一九二六年（昭和元年）に設立された。四〇年の大晦日に、ラジオは新響の演奏で初めてベートーベンの交響曲第九番を放送した。これが契機になって、第九は年末の演奏会の定番となっていく。新響は戦時中日本交響楽団に、戦後四九年にはＮＨＫ交響楽団と改称した。五一年には専属のオーケストラとなってＮＨＫから全面的な助成を受けるようになる。五四年に初来日したカラヤンはＮ響を指揮した。テレビやＦＭ放送、衛星放送とメディアが増えるにつれてクラシックの番組も『Ｎ響アワー』『芸術劇場』（教育テレビ）、『クラシックアワー』（衛星第2）、『ベストオブクラシック』（ＦＭ）などと多彩な展開をする。

五〇年代、民放でもオーケストラの設立や助成が盛んになり、朝日放送が近衛室内管弦楽団、新日本放送やラジオ東京が東京交響楽団、文化放送は日本フィルハーモニー交響楽団とそれぞれ契約した。しかし、クラシックの演奏会や番組にはスポンサーがつきにくく、民放の洋楽番組は後退を続け二〇〇〇年現在、読売日本交響楽団を助成する日本テレビが週に一回深夜に放送するほか、FM放送を含めても数本しかない状況だ。

公開放送で人気上昇――上方コメディーの全盛

関西では、五六年十二月開局の大阪テレビ（OTV、後の朝日放送）を先頭に、五九年までに読売テレビ、関西テレビ、毎日放送の民放四局が出そろった。ラジオ時代から関西では、お笑い番組が好まれたが、それがテレビでも開花し、なかでも〝上方コメディー〟は全国的な人気を呼ぶことになる。

上方コメディーブームの先駆けは、OTVの『びっくり捕物帳』（五七年四月〜六〇年五月）である。当時人気絶頂の漫才コンビ、中田ダイマル・ラケットと森光子が主役を務めた。この番組で人気が出た森は東京に移り、舞台の「放浪記」や数々のテレビドラマで大女優になっていく。

大阪・梅田の北野劇場は〝西の日劇〟と呼ばれ、映画上映の合間に喜劇やレビューが上演されていた。ここで活躍していた作家の花登筐とコメディアンの大村崑の二人がテレビに登場することによって、上方コメディーは黄金時代を迎える。

五八年四月に始まったOTVの『やりくりアパート』は、花登の脚本で、主演のぐうたら学生に大村と佐々十郎が起用された。最高視聴率が五〇・六％（関西地区）を記録したこの番組の成功は、花登の脚本の意外性、笑いのスマートさ、それに番組冒頭のCM――大村と佐々の掛け合いで軽三輪自動車を紹介する――の効果によるものとされた。

毎日放送『番頭はんと丁稚《でっち》どん』(五九年三月~六一年十二月)は、大村、茶川、芦屋雁之助らの出演で、大阪の薬問屋を舞台に丁稚たちの泣き笑いをドタバタで描いた人情喜劇。大阪・難波の南街シネマで、映画上映の合間を利用しての公開生放送であった。それまでの狭いスタジオと違い、舞台では役者がカメラを意識しないで演技でき、観客を楽しませることができた。これ以後の、上方コメディー番組は、録画を含めてすべて劇場やホールでの公開放送となった。

売れっ子の大村は六〇年当時、レギュラー番組が週に九本に達し、本読みやリハーサルの間に寝るぐらいしか時間がなく、テレビ局を間違えて飛び込むこともあったという。台本を書いた花登もすさまじい。大阪・豊中の自宅には、長いテーブルの上にNHKと民放各局の名札があってその前に原稿が置いてある。花登はいすを移動させながら、一つ一つ台本を書き上げていったという。花登が三十年間に書き上げた脚本や小説は約六千本。「頭で書くんじゃない、指が書くんだ」の名せりふを残した。

隆盛を極めたコメディー番組だが、六一年を境に新しい勢力が台頭する。放送作家香川登志緒と朝日放送ディレクター澤田隆治のコンビである。『スチャラカ社員』(六一年四月~六七年四月)は、中田ダイマル・ラケット、藤田まことらによるサラリーマン・コメディー。山岡荘八『徳川家康』がベストセラーになり、企業の管理体制が厳しくなっていく時代風潮をからかってサラリーマンに溜飲を下げてもらおう、というのが澤田の企図であった。

香川・澤田のコンビは、藤田と、ませた子役を演じて人気上昇中だった吉本興業の白木みのるを組み合わせた股旅物のコメディーを考える。六二年五月から始まる『てなもんや三度笠』である。藤

『てなもんや三度笠』(朝日放送)　(写真提供：朝日放送)

日本各地の街道の宿場を訪ねて事件に巻き込まれるあんかけの時次郎(藤田まこと)と小坊主の珍念（白木みのる）の珍道中。60年代の上方コメディーの代表作であり、大物俳優や歌手など多彩なゲストを出演させて東西のタレント交流の橋渡しの役割を果たした番組でもあった。

田と白木のコンビに大物俳優や歌手らのゲストがからんで、軽妙なやり取りとギャグの連発で会場を沸かせた。関西での最高視聴率が六四・八%、関東でも四二・九%を記録する怪物番組に成長していった。後に演技派俳優となる藤田は「あの頃はテレビ界全体に活気があった。その空気を吸いながら、どんな役も徹底的にやることを覚えた。それが私の芸の肥やしになった」と述懐している。

子ども向けのテレビ映画やアニメーション、人形劇などのジャンルでも、この時期は話題となる番組が次々に登場した。

ＫＲＴで五八年二月に放送が始まった『月光仮面』は、国産初のテレビ映画である。日本の映画会社はテレビを敵視していたので、広告代理店の宣弘社が制作した。大瀬康一が扮した白いターバンに白いマント、白いオートバイにまたがった月光仮面は、たちまち子どもたちの人気者になる。

六三年の元日から四年間、フジテレビで放送された『鉄腕アトム』は、虫プロダクションが作った日本で最初の、三十分番組の本格的テレビアニメシリーズである。七つの超能力を持つロボット少年アトムが、地球上の市民と平和を守るために悪者たちと戦うSF物語で、雑誌『少年』連載の手塚治虫の漫画をテレビ用に動画化したものだ。

当時、三十分のアニメ番組を毎週放送することは、制作経費と時間、要員などの点で不可能と見られていた。三十五歳だった手塚は「制作費の不足分は私の原稿料で補充する」と言うほどに、アニメの制作に入れ込んだ。制作費を安くするために、さまざまな工夫がされた。画面の動きを少なくして動画の枚数を減らす。複雑な動作は避ける。アトムが空を飛んだり歩いたりする場面や背景画は何度も再利用する。こうした技法は、その後の国産テレビアニメに継承されていく。

最高視聴率四〇・三％、平均で二五％を記録した『鉄腕アトム』は、アメリカで『アストロボーイ』のタイトルで人気を博したのをはじめ四十か国余に輸出され、日本製アニメの海外進出の先駆けとなった。

『鉄腕アトム』の成功は、アニメブームをもたらした。漫画雑誌が売れ始め、人気作品がアニメ化される。民放テレビ局の午後六時から七時台にかけて、アニメ番組がずらりと並んだ。『鉄人28号』（フジテレビ・六三年）、『エイトマン』（TBS・六三年）の〝SFもの〟に始まり、『オバケのQ太郎』（TBS・六五年）、『ゲゲゲの鬼太郎』（フジテレビ・六八年）などの〝妖怪もの〟、『巨人の星』（日本テレビ・六八年)、『アタックNO1』(フジテレビ・六九年)の〝スポーツ根性もの〟、『おそ松くん』(NET・六八年)の〝ギャグもの〟などアニメ番組全盛期を迎える。

アニメと並んで子どもたちの人気を集めたのが、円谷プロダクション制作の本格的な空想特撮ドラマ『ウルトラQ』である。六六年一月にTBSで放送が始まった。二作目はカラーで同年七月から始まった『ウルトラマン』。地球制覇を狙う宇宙人や怪獣らを相手にウルトラマンが格闘を演じる。精巧に造られたミニチュアセットと想像上の世界を映像化した特殊撮影が、人気を呼んだ。八〇年までに九シリーズが放送され、九六年からは特撮とコンピュータグラフィックスを交えた三シリーズが登場し息の長い人気を見せつけた。

NHKは、子ども向けのテレビ人形劇という新分野を開拓した。五六年四月に始まった『チロリン村とクルミの木』は、野菜や果物を擬人化した人形と黒柳徹子ら声の吹き替えが面白く、週一回三十分が六二年には月曜から金曜までの夕方十五分の帯番組となり、六四年まで八百十二回放送された。

二~三歳の幼児と母親向けの番組『おかあさんといっしょ』の月曜と火曜に、六〇年九月から新企画の人形劇「ブーフーウー」が登場した。劇作家飯沢匡がイギリスの童話「三匹のこぶた」のその後の物語として創作した。司会のおねえさんがカバンから三匹のこぶたのおもちゃを取り出し、ネジを巻いた途端、人が中に入った大きな縫いぐるみに変わって動きだす。その仕掛けが子どもたちを驚かせ、夢中にさせた。

六四年四月からの連続人形劇『ひょっこりひょうたん島』(作・井上ひさし、山元護久 人形・劇団ひとみ座）は、テレビ人形劇では初めて棒使いの人形を採用、飛び跳ねるようなオーバーな表現を可能にした。子どもの視点から社会や権威を風刺するせりふの面白さが、大人にまでファン層を広げた。月曜から金曜まで夕方十五分の番組は五年間、千二百二十四回に及んだ。

『ひょっこりひょうたん島』は、その後衛星第2テレビ（九一年）と教育テレビ（九三年）で復刻版が制作・放送された。六〇年代はまだビデオテープは高価で、放送が終わると次々に消されてしまい、わずか八回分しか残っていなかった。熱烈なファンの記録を手掛かりに、当時の制作スタッフが集まってリメークを実現したものだ。

主役交替——ラジオからテレビへ

一九六〇年（昭和三十五年）版の『NHK年鑑』は、「テレビ時代来たる」と書いた。

ラジオに替わってテレビが、茶の間の主役になる。六〇年度末での契約件数は、ラジオが千百八十万件、テレビは六百八十六万件だった。翌六一年度には、ラジオが九百四十五万件に減ったのに対し、テレビは千二十二万件に増えて逆転した。テレビは六三年には千五百万件を超え、普及率は七三％に達する。

新聞の番組欄は五九年四月に、読売新聞がそれまで上に置いていたラジオ欄を下に、下だったテレビ欄を上に上げた。他紙もこれに続く。最も劇的な逆転は広告費だ。五九年の広告費は、ラジオが前年比三・二％増の百六十二億円にとどまったのに対して、テレビは二・三倍増の二百三十八億円で一気にラジオを抜き去った。ちなみに、この年の新聞広告費は六百十八億円、テレビの二・六倍である。テレビと新聞が逆転するのは七五年、新聞広告費四千九十二億円に対しテレビは四千二百八億円となった。

すでにラジオ東京は五七年度上半期で、テレビの収入がラジオを上回っていた。テレビの成長に伴い、「ラジオ」を冠した社名を改める民放局が続出した。六〇年十一月、ラジオ東京は東京放送(TBS)に改名した。翌六一年には、ラジオ新潟→新潟放送、ラジオ大分→大分放送、ラジオ山陰→山陰放送など九社が社名を変更した。

NHKは六〇年から五年ごとに国民生活時間調査を行っている。国民の生活時間の実情を知り、放送番組を生活時間に合わせるように企画・編成するとともに、広く文化・福祉の面にも役立てようというのが目的だ。全国の十歳以上の男女十五万四千人に面接し、睡眠、食事、身の回りの用事、労働、勉強、家事、外出、交際、休養、趣味、新聞、雑誌、ラジオ、テレビの十四項目について、それぞれの行動にどのくらいの時間を使ったかを曜日別に調べる大規模な調査である。二〇〇〇年までに九回の調査が行われている。

六〇年と六五年のデータを比較してみる。平日のテレビ視聴時間は五十六分から二時間五十二分に三・一倍も増えている。一方、ラジオを聞く時間は一時間三十四分から二十七分に激減した。新聞を読む時間も二十九分から二十分に減っている。

人々がどんな番組を見ているのかは、放送局にとってもスポンサーにとっても大きな関心事だ。日本で初めて視聴率調査が行われたのは五四年、テレビ放送開始の翌年である。NHKが京浜地区で無作為に抽出した人たちに面接、前日のテレビ番組表を見せて「どの番組を見たか」を聞いた。

電通や中央調査社なども、一週間または一か月間に、毎日自分が見た番組を記入してもらう日記式の視聴率調査を行っていたが、本当に見たのか、記入漏れがないかなどの確認が難しく、確度にやや難点があった。

その欠点を補うのが機械を使った視聴率調査で、日本に導入されたのは六一年のことである。アメリカの大手調査会社ニールセン社が関東地区の三百世帯で調査を開始、翌六二年には、電通や主な民放二十社が出資してビデオリサーチ社を設立、機械式の調査を始めた。

ビデオリサーチは電通が東芝などの協力で開発したビデオメーターを使った。テレビから漏れてくる電波を感知器でとらえ紙テープに穴を開けていくもので、一分単位でどのチャンネルにスイッチが入っていたかを記録した。電話線でデータを自動的に送るようになるのはもっと後のことで、当時はテープを回収して回らなければならなかった。視聴率という言葉がまだ一般には知られていなかった上、高価なテレビに変な機械を取り付けるとあって警戒され、説得が大変だった。ビデオリサーチ社が東京二十三区で最初の二百四十六台のメーターを設置するのに、社長以下十数人の社員が総出で約一か月を要した。

機械式の導入によって調査結果が毎日報告されるようになると、民放の視聴率競争が激化した。週間や月間平均でゴールデンタイム（十九時〜二十二時）、プライムタイム（十九時〜二十三時）、全日の三部門で視聴率がトップになると、〝三冠王達成〟などと盛り上げて大入り袋を社員に配る局も現れた。期待した数字が出ないと、途中で手直しを迫られたり打ち切られたりする番組もあった。

いきおい各局は高い視聴率が取れる番組を目指すことになる。六〇年代後半から七〇年代にかけて〝低俗番組〟が増加し、新聞や週刊誌にしばしば視聴率優先主義と批判されることになる。

視聴率調査はしだいに調査地域やサンプル数を増やし充実していった。九〇年代後半には、世帯単位だけでなく、個人がどんな番組を見ているかをPM（ピープルメーター）で調べる調査も始まった。視聴率の高い時間帯のCMは高く売れる。平均視聴率の高い局は売り上げも多い。視聴率競争はどんどんエスカレートしていった。

六〇年代、テレビ広告費が急増した。五〇年代のテレビCMが、自社製品の機能の説明や優秀さを強調する商品情報だったのに対して、六〇年代は、消費者の考え方や生活を革新させようという生活情報的なものに変わっていく。〝見てもらうCM〟を目指して、海外ロケが多用された。タレントを企業や商品の宣伝に専属させるのも六〇年頃からである。

テレビのCMには、三十分や一時間の番組を提供する「タイム」と、番組の切れ目の一分程度のステーションブレイクと呼ばれる時間に集中的に放送される「スポット」の二種類がある。スポットCMは、好みの時間を選べることや、比較的料金が安く短期の契約のために利用しやすく、集中的にCMを流して効果を上げることが可能である。このため初めは三十秒だったCMが十五秒、十秒へと細分化されていった。

六〇年秋には、三十秒スポット枠を大量に買い占めて集中的にCMを流す広告が登場、さらに六二年には、五秒スポットが現れた。日本酒の「かあちゃん、いっぱいやっか」や、洋傘の「なんである、アイデアル」は、流行語にまでなった。五秒スポットは、中小企業やローカルスポンサーにもテレビCMへの参加を可能にした。しかし、商品名を印象づけるために、意味のないキャッチコピーや絶叫調のCMが放送されるようになり、日本語を乱すなどの批判が出る。各局の自粛で五秒CMは、六五年に中止された。

公権力の介入も――高まるテレビ番組論議

NHKテレビが、〝暴力場面〟を全面的に追放したことがある。安保改定を巡る紛争や三井三池の労働争議が頂点に達しようとしていた一九六〇年（昭和三十五年）六月、NHK会長野村秀雄は、「刀を振り回したり、ピストルを撃ったりする番組は明日からやめよ」と現場に指示した。

この年の五月、東京世田谷区の尾関雅樹ちゃん（七つ）が誘拐され殺される事件が起きた。孫と雅樹ちゃんとが遊び友達だった野村が受けたショックは大きく、それが暴力場面追放の指示となった。部内では賛否両論が渦巻いた。殺人がドラマの重要な要素になる場合もある。作者の意図やストーリーの必然性と無関係に、暴力場面だからと一律に追放してしまうのはいかがなものか、との疑問や反論も出た。だが、野村の意思は固く、一度すっぱりやめてみようということになった。

七月の番組改定で、ピストルのシーンが頻出する『ハイウェイパトロール』『アリゾナトム』『西部のパラディン』のアメリカ製テレビ映画や、ちゃんばら場面が多い子ども向けの時代劇『月下の美剣士』『渦潮の誓い』を廃止した。人気番組の『事件記者』や『私だけが知っている』も、暴力場面がないかどうか内容の見直しが行われた。

NHKの暴力場面追放は、子どもを持つ家庭の主婦から好感を持って迎えられた。新聞の論調もおおむね好意的だった。

アメリカでもテレビ批判の火の手が上がった。ケネディ政権のFCC（連邦通信委員会）委員長に就任したニュートン・ミノーは、六一年五月に開かれたNAB（全米放送事業者連盟）の大会で演説した。「テレビには悪い面があり、その醜悪さたるや他に比べようがありません。放送終了まであなたがたが経営しているテレビ局の番組をじっと見てください。そこで目にするのは一望の荒野です」

当時のアメリカでは、暴力番組の氾濫や、人気クイズ番組の不正が問題になっていた。ミノーはまた、大衆受けする番組だけでなくバランスの取れた多様な番組を放送する義務があることを強調した。ミノーの〝一望の荒野〟演説の後、ABCは新番組『ベン・ケーシー』をスタートさせた。ビンセント・エドワーズが演じる神経外科医のベン・ケーシーが医師としての良心をかけて問題解決に立ち向かう。日本では六二年から三年間TBSで放送され、五〇・六％の最高視聴率を記録するほどに反響を呼んだ。

『弁護士プレストン』（CBS）や『ドクター・キルディア』（NBC）など放送史に残る名作が後に続いた。西部劇の本数は減り始め、内容も撃ち合いシーン中心のものからストーリーに社会性を持たせたものに変わっていった。

番組に行き過ぎた暴力場面や性表現が登場したり、品位を欠く言動で笑いを取ろうとしたりする。こうした〝低俗番組〟に対する批判は、時折問題化しては、放送事業者の自制で沈静化するが、しばらくたつと再燃するという経過を繰り返してきた。

迫水久常郵政相は六一年九月、「各局の放送内容を再検討、場合によっては再免許を拒否することも考えている」と述べた。放送に対する政府の規制監督の強化を示唆したこの発言は、大きな反響を呼んだ。テレビ番組のモニター制度を打ち出した井出一太郎郵政相の発言（七〇年十月）には、ＮＨＫと民放連が言論統制につながると強く反対、〝官製モニター〟構想は撤回されるが、衆議院逓信委員会は「放送に関する小委員会」を設置して、〝低俗番組〟の調査に乗り出す。

低俗番組批判が再燃するきっかけになったのは、公開ショー番組『コント55号の裏番組をブッ飛ばせ!!』（日本テレビ）である。野球拳に合わせて女性タレントの着衣を脱がせ競りに掛ける趣向がひんしゅくを買った。神奈川県相模原市が公開収録に市民会館を使うことを断り、民放労連は「低俗番組追放に立ち上がる」と声明する。

クイズ番組の賞金や賞品の高額化も問題になった。『クイズ、キングにまかせろ』（フジテレビ）では、七〇年に一千万円相当の３ＬＤＫのマンションが賞品に登場した。

低俗番組批判が高まる中で六三年十月、郵政省の呼びかけでＮＨＫや民放キー局、民放連が参加して放送番組懇談会を開き、映画界における映倫監理委員会のように、放送界としての自主規制機関をつくることを申し合わせた。六五年一月に発足した放送番組向上委員会がそれである。

放送番組向上委員会は、〝低俗番組〟問題と精力的に取り組んだ。毎月の委員会審議に基づいて、次のような問題点の指摘や改善への提言を行った。

「テレビ娯楽番組の低俗化の主要原因は、赤信号が点滅し始めた民放経営事情によって、番組づくりの姿勢がコストを安く上げようとする方向に傾いていることにある」（六九年六月）

「低俗問題について放送局は自主規制を強化する必要があるが、それは局の考査機能の充実と番組審議会の尊重とを基本にすべきである」（六九年十月）

「民放連放送基準の順守は十分ではない。放送基準に抵触していなくても、その企画意図において基準の精神に沿わない番組がある」（七一年三月）

七一年十月には、向上委員会が主催してNHKと全民放の番組審議会委員の合同懇談会を開き、「これからの放送番組はいかにあるべきか」をテーマに討議した。そこでは「視聴率を優先し低俗番組を流している事態は、産業公害と同様のもの。放送公害というまでに立ち至っている」という厳しい意見も出された。

放送の自由が侵されようとしている——危機感を強めた民放連会長今道潤三は、七二年八月、加盟百二社の代表者にあてて「権力の番組への介入を避けるためにも、現行の放送基準を順守・徹底してほしい」と異例の書簡を送った。この年十月の民放連大会であいさつに立った今道は、「放送基準は民放全社の協力によって作られたものであり、全民放の社会への公約である。この公約を守る熱意に欠けるところがあれば、もはや民放は自主規制の能力を持たないという、ゆゆしい評価を受けなければならない」と強調した。

他方、ドラマやドキュメンタリーの企画や台本が変えられたり、放送そのものが中止になったりするケースも現れてくる。テレビがジャーナリズム機能を強めていくことへのけん制であり、圧力であった。

六二年十一月、『東芝日曜劇場』（TBS系）で放送予定だったRKB毎日放送制作の芸術祭参加ドラマ「ひとりっ子」が中止になった。特攻隊で長男が戦死し、ひとりっ子になった次男が、元従軍記者の父親の勧めで防衛大に合格するが、母親と恋人の反対などで入学を取りやめ、働きながら学ぶ決意をするという内容だ。制作は順調に進んだが、十一月上旬になってスポンサーの東芝が提供中止を申し入れ、TBSもネットは受けられないと通告してきた。防衛庁と自民党、台本を事前に入手した右翼、防衛産業とかかわりのあるスポンサーや経団連も絡んで圧力が掛けられたといわれた。

地元や東京で試写会が行われたが作品の評判はよく、六三年に新設された「テレビ記者会賞」の第一回の特別賞が贈呈された。RKB毎日労組などによって「ひとりっ子を放送させよう！」という運動が全国に展開され、舞台で上演されたり独立プロの手で映画化されたりした。

社会派ドラマとして評判になったNETの『判決』では、放送中止が相次いだ。六三年十一月放送予定の「老骨」は、主人公が酒に酔って傷害事件を起こすという話で、スポンサーのニッカウヰスキーにとって困るという理由で放送中止になった。が、税制を批判した内容に、総選挙を前に圧力が掛かったのだといわれた。生活保護行政の不備をついた「生きる」（六四年一月）、教科書検定問題をテーマにした「佐紀子の庭」（六五年五月）も放送中止になる。

『判決』は第二百回の「憲法第二十五条」（六六年八月）の放送を最終回に、打ち切られた。この間、台本の一割近くにクレームがつき、脚本の書き直しやカットが行われた。NETは放送打ち切りの理由を「マンネリ化と視聴率の低下が第一で、政治的な圧力は一切ない。あくまで局の自主的判断」と説明した。

打ち切り決定に対して放送継続を求める声が各方面から起こり、「ドラマ『判決』の継続を望む会」が、また番組の外部スタッフや視聴者による「判決を守る会」が結成されて運動が始まるが、結局、放送再開はなかった。

六四年四月から始まったNHKの『風雪』も、台本の書き換えが行われた。明治維新から太平洋戦争の終結までの歴史を描く百回シリーズのドラマだったが、日韓条約批准など当時の政治状況が配慮され、昭和期に入ることなく、一年半六十回で打ち切りとなった。

ドラマだけではない。テレビニュースや報道番組に対しても、さまざまな形で介入が続いた。

第3章 衛星中継の時代へ

「金メダルポイント！」――東京オリンピックと技術革新

ソ連が世界最初の人工衛星スプートニク1号を打ち上げ、地球を回る軌道に乗せたのは一九五七年（昭和三十二年）十月のことだ。これが米ソ間の宇宙開発競争に火をつけた。翌年、アメリカはNASA（航空宇宙局）を発足させ、国を挙げて宇宙開発に取り組んだ。六二年七月には、送受信機を積んだ初の本格的通信衛星テルスター1号が打ち上げられ、アメリカからヨーロッパにテレビ電波を伝送する実験に成功した。

六三年に打ち上げたシンコム衛星は、初の静止衛星だ。赤道上空三万六千キロの高度で地球の自転と同じ速さで回るので地上からは静止しているように見え、常時通信が可能になった。こうした技術の進歩を踏まえて、六四年の東京オリンピックのテレビ放送を衛星中継しようという計画が固まる。郵政省、国際電電（KDD）、NHK、電電公社の四者が協議会を作って研究を進めた。

通信衛星リレー1号を使ってアメリカ西海岸から日本に映像と音声を送る実験が六三年十一月二十三日に行われることが決まり、NHKが代表取材をすることになった。

放送開始まで二時間足らずに迫った二十三日午前三時四十三分、ＮＨＫ外信部にあるＡＰ通信社のテレタイプが至急報のベルを鳴らした。

「ダラス・テキサス州十一月二十二日、ケネディ大統領は金曜日、自動車パレードでダラス中心街を出発直後、撃たれた」「ケネディ夫人は、飛び上がって大統領を抱きかかえ、〝オー・ノー〟と叫んだ。パレードは全速力で突っ走った」

ケネディの非業の死を伝えた第一報である。

取りあえず放送開始を十分繰り上げて午前五時、特設ニュースでケネディ暗殺を伝えた。やがてＮＡＳＡから「予定通り実験を行う。ただし、ケネディのメッセージは中止」の連絡がくる。「アメリカ合衆国から特別のプログラムを送ります」と日本語で手書きしたパターンが出た後、西海岸モハーベ砂漠の風景が映し出された。一本の木、草まではっきりと映り、国内の映像と変わらぬ鮮明さだ。午前九時からの二回目の実験では、毎日放送ニューヨーク特派員の前田治郎がケネディ大統領暗殺の続報をリポートしてきた。

その後、日本からアメリカ向けや、日米間での送受信実験を重ねた。東京オリンピックの衛星中継には、六四年八月に打ち上げたばかりのシンコム３号を使うことになった。もともと電話用の衛星でテレビの映像を送れるような広い帯域を持っていない。ＮＨＫ技術研究所が、良質の画像を送れるよう新しい方式を開発した。

十月十日、東京オリンピック開会式のテレビ中継が始まった。カラーテレビのブラウン管には、秋晴れの国立競技場とカラフルな各国選手団の入場行進が鮮やかに映し出された。オリンピック放送

ヘリコプターも使ったマラソン中継（東京オリンピック）　（写真提供：NHK）
マラソンの全コース完全中継を可能にしたのは、ヘリを使った衛星中継の原理の応用だった。東京オリンピックではこのほかにも、スローモーションＶＴＲや手持ちの小型インタビューカメラ、放送席で隣の声が入らないようにする接話マイクなどの“新兵器”が使われた。

史上初めてのカラー放送であった。もっとも、カラー受像機はまだ高価で少なく、多くの人たちは白黒テレビの画面を見つめた。

　開会式のもようは、シンコム3号を使って同時に深夜のアメリカにも送られた。アメリカで受信した衛星中継の映像はビデオテープに録画、ジェット機でカナダやヨーロッパに送られ二十一か国で放送された。ニューヨークタイムズは「開会式の生中継は、あっと言わせるものだった。日本からの映像は非常に鮮明で、アメリカ国内のスタジオ番組に比べて見劣りなく、映像の乱れは全くなかった」と伝えた。

　十五日間のオリンピックでは、二十競技のうち十六競技がテレビ・ラジオで実況放送され、バレーボール、体操、柔道など八つの競技は一日一種目ずつカラーで放送された。二十一日のマラソンは、国立競技場をスタートし甲州街道の調布で折り返すコースで行われた。エチオピアのアベベがオリンピック史上初の二連覇を達成、日本の円谷幸吉は二位で国立競技場に戻ってきたが、ゴール前二百メートルでイギリスのヒートリーに抜かれて銅メダルに甘んじた。テレビはマラソンの全コース完全中継を初めて実現した。ヘリコプターを使った衛星中継の原理の応用が、それを可能にした。ビルの陰など電波が遮られるところは、移動中継車で撮った映像の電波を高度三百メートルで飛行するヘリに発射、ヘリから電波で渋谷の放送センターに送ったのである。

二十三日夜の女子バレーボール決勝、日本対ソ連の最終セットで鈴木文弥アナウンサーは「金メダルポイント!」を連発して興奮を盛り上げた。中継したNHK総合テレビの視聴率は八五％(NHK調べ)を記録した。

テレビでオリンピックを少しでも見たという人は九七・三％に上った。テレビ放送開始四十周年の九三年に、NHKが行った「百万人投票、もう一度見たいニュース・事件」では、東京オリンピックが第一位に入った。

この年、世界的な商業衛星組織インテルサット(国際電気通信衛星機構)がスタートした。六六年の大晦日、NHK『ゆく年くる年』はニューヨークの歳末風景をカラーで中継、翌日の午前〇時四十五分からTBSは、ロンドン・パリ・ニューヨーク・東京を結ぶ衛星二段四元中継で『いま世界は明ける』を放送した。通信衛星を使ったテレビ番組の中継がしだいに日常化していく。衛星中継は、テレビが本来持っている同時性、臨場性、訴求性といった利点に、遠隔性や広範性という特性を付加した。時間と空間を超えて〝世界のいま〟をテレビで見ることを可能にしたのである。

テレビの戦争――ベトナム戦争

ベトナム戦争へのアメリカ軍の本格介入は、一九六四年八月のトンキン湾事件がきっかけとなった。トンキン湾で偵察中の米駆逐艦が北ベトナムの魚雷攻撃を受けたと米政府は発表した。アメリカは翌六五年二月、北緯十七度の停戦ラインを越えて北ベトナム領内の爆撃を開始、三月には海兵隊がダナンに上陸して地上戦に突入する。アメリカの介入はどんどんエスカレートし、六九年六月のピーク時には派遣兵員は五十四万人に達した。

日本の新聞・通信社とＮＨＫは、トンキン湾事件に前後してサイゴンに特派員を派遣する。北爆開始の頃には、民放各社も取材班をサイゴンに送り込み、テレビは〝ベトナム特番〟ラッシュの様相を呈した。

テレビ各局は、ベトナム戦争を伝える数々の番組を放送した。ＮＨＫは、初代サイゴン支局長饗庭孝典が制作した『ＮＨＫ特派員報告』の三部作、「戦乱の中の信仰～南ベトナムの仏教徒」「メコンデルタ・〝南ベトナムの農民〟」「若き将軍グエン・カオ・キ」をはじめ、六五年三月から五月にかけ八回にわたって放送した『インドシナの底流～ベトナム戦線を行く』などの番組で、ベトナム戦争の経緯と背景を説明し、戦争が人々の生活に及ぼしている影響を多角的に描いた。ＮＨＫのベトナム戦争関連のテレビ特派員報告は、七三年のベトナム和平までの九年間、ほぼ一か月半に一本の割合で放送された。

六八年のテト攻勢は、ベトナム戦争の流れを変えた。ベトナムの旧正月（テト）に当たる一月末、北ベトナム軍と南ベトナム民族解放戦線軍は、南ベトナム全土で主要都市に一斉奇襲攻撃を加えた。サイゴンのアメリカ大使館も一時占拠された。

ＮＨＫサイゴン支局は、アメリカ大使館での激しい攻防やサイゴン市内の様子などテト攻勢の生々しい映像を撮影した。問題は、そのフィルムをどうやって日本に送るかだ。田中至記者は、大使館の屋上に駆け上がり、救援部隊や物資を降ろしていた米軍ヘリのパイロットにフィルムを入れた袋を押しつけて頼んだ。「東京に運んでくれ」。サイゴン支局が撮影した二千八百フィート、一時間十五分のフィルムは米軍用機で無事横田基地に着いた。壮絶な市街戦を撮影したフィルムは、直ちにニュースで放送され、『報道特集　戦火のサイゴン』（二月五日）となった。

ベトナム戦争は、〝テレビの戦争〟だともいわれた。テト攻勢以後、アメリカの三大ネットワークはそれまで以上に悲惨な戦争の生の姿を直接家庭のテレビに送り込んだ。六五年に、三大ネットワークの番組が全面的にカラー化していた。カラーの映像は、戦場の惨状をよりリアルに伝えた。衛星中継が、テレビのベトナム報道を加速した。米軍専用の輸送機が毎日、南ベトナムから横田基地にフィルムを運んできた。東京で現像した映像は衛星回線でアメリカの本社に伝送された。ベトナム反戦運動が、アメリカ国内にとどまらず世界的規模で広がっていった。

南ベトナム援助軍司令官だったウエストモーランド将軍は、九五年四月に放送されたＮＨＫの『ＥＴＶ特集』「放送は戦争をどう伝えたか２」の中で、こう語った。「これは初めてのテレビ戦争だった。テレビには衝撃的な映像を見せるという大きな力がある。センセーショナルな映像はニュースになった。検閲はなかった。報道の自由を掲げるアメリカ社会で、私にできることはなかった。敵は軍事的には負けていた。しかし、心理的に完全に勝利したのだ」

国防総省や軍人の間には、戦争に負けたのはメディアのせいだという思い込みが根強く残った。「戦場にカメラを入れてはいけない、自由な取材を認めてはいけない」という論理は、プール取材や検閲、報道統制など、後に湾岸戦争で見られるメディア規制に発展していく。

七三年一月二十八日、停戦が発効し、アメリカのベトナム戦争は終わった。だが、ベトナム人同士の戦争はなお二年余り続いた。七五年に入ると北からの攻勢は激しさを増し、各地で南ベトナム政府軍の敗走が始まる。軍も政権もパニックに陥った。サイゴン陥落は時間の問題となった。外国人の国外への脱出が始まり、西側のテレビチームはほとんどが姿を消した。NHKサイゴン支局には四人が残っていた。

四月三十日、解放戦線の戦車がサイゴン市内に入ってきた。大統領官邸の屋上に解放戦線旗がひるがえった。今度こそ、ベトナムの戦争は終わった。NHKの飯田睦美、森紀元の両カメラマンは歴史的瞬間を記録に残そうと夢中でカメラを回した。苦労して撮影したフィルムの輸送が最大の難問だった。サイゴンから国外に出る手段はなくなっていた。サイゴン支局長の島村矩生には東欧から来ていた外交官の友人がいた。彼はかなり自由に出入国ができる。本国経由でフィルムを東京に送ってもらえるかもしれない。この男に賭けた。フィルムは、六月になってやっとシベリア鉄道経由で東京に着いた。フィルムは、彼の国の外務省のデスクに放置してあったらしい。六月十七日の『NHK特派員報告』「サイゴン陥落の記録」で放送された。この番組はライブチヒ国際フィルム祭で、優秀ルポルタージュ賞を受賞した。

アメリカのベトナム戦争への介入が本格化するにつれて、日本の国内にも亀裂が入っていく。政府はアメリカのベトナム政策を支持し、国内の基地利用や物資の調達補給などで米軍に協力した。一方、作家の小田実、開高健、評論家の鶴見俊輔らの呼びかけで、六五年四月、「ベトナムに平和を!市民・文化団体連合」(ベ平連)が結成され、活発なベトナム反戦運動を繰り広げる。

マスコミのベトナム戦争報道は、戦争支持と反対の双方から注目され、番組や記事の内容を巡って批判や干渉、介入が行われることもあった。

日本テレビの牛山純一プロデューサーら六人の取材班は、六五年二月から約二か月間、南ベトナム政府軍に同行し一人の中隊長を主人公に戦争を追った。五月九日、『ノンフィクション劇場』「ベトナム海兵大隊戦記・第一部」が放送された。政府軍に殺された解放戦線の少年容疑者の生首がカメラの前に放り出されるシーンがあった。いきなり、残酷なシーンが茶の間に飛び込んできた。視聴者に与えた衝撃は大きかった。日本テレビには電話が殺到し、新聞にもたくさんの投書が届いた。

放送の是非を巡る論議が広がる中で、日本テレビは第一部の再放送と第二部、第三部の放送中止を発表する。放送中止の背景には、橋本登美三郎官房長官から日本テレビの清水与七郎社長への電話があった。橋本は「私は問題のフィルムを見ていない。だが見た知人たちから『残酷すぎる』『気持が悪くなった』などという話を聞いた。そこで『戦争の惨禍を証明する意義はあるだろうが、茶の間に入るテレビとしてあまりにむごたらしい場面は好ましくない』と思い、清水社長に『どんなものか』と電話で聞いたのだ。言論表現の自由を抑圧しようなどという意向はない」と説明した(毎

『ハノイ―田英夫の証言』(東京放送〔TBS〕)　(写真提供：TBS)
日本のテレビ局による初めての北ベトナム取材である上、スタジオドキュメンタリーという新しい手法を取り入れたこともあって、番組は注目された。放送の9日前は国際反戦デーであり、世界各地でベトナム戦争に反対する集会やデモが行われたばかりで、絶妙なタイミングでの放送であった。それだけに番組への風当たりも強かった。

日新聞六五・五・一八)。

日本のメディアのベトナム報道は、ほとんどの場合、南ベトナムやアメリカ側での取材に基づいていた。戦争のもう一方の当事者である北ベトナムへの入国が難しかったからである。六五年の秋、毎日新聞外信部長大森実と朝日新聞外報部長秦正流が相前後してハノイに入った。両紙は爆撃下の北ベトナムの実情や市民の生活、北ベトナム指導者との会見を大きく掲載する。ライシャワー駐日アメリカ大使は、これらの報道はハノイ政府の言い分をうのみにしたものだと批判、両紙は「南北ベトナムの主張を客観的に報道している」と強く反論した。

放送で最初にハノイに取材班を送ったのはTBSで、六七年七月のことであった。『ニュースコープ』のキャスター田英夫らは約一か月、北ベトナムで取材し、十月三十日に『ハノイ―田英夫の証言』を放送した。現地で撮影したフィルムを映しながら、田がスタジオで取材体験を語った。「北ベトナムの悲惨な状況を予想していたが、実際に入ってみると北ベトナムの人々は微笑を浮かべて戦っていた」。田はこう語り、病院も修道院も無差別に爆撃されていたと報告した。

番組に対する風当たりは強かった。放送の一週間後、田中角栄や橋本登美三郎、松野頼三ら自民党幹部とTBS首脳部との懇談会があった。橋本が「どうして田君をハノイにやったのか。ああいう放送をやられたら困るじゃないか」と発言。それに対してTBS社長の今道潤三が「TBSは報道機関だ。報道機関ならニュースのあるところならどこへでも人を出すのは当たり前ではないか。田君をハノイに派遣したのは私ですぞ」と怒って一時座がしらけたと、田はその著『チャレンジ』に書いている。田は翌年の三月、『ニュースコープ』のキャスターを降板した。

エスカレートする競争――ニュースショーからワイドショーへ

朝の時間帯に、新しい情報番組が登場した。一九六四年（昭和三十九年）四月にスタートしたNETの『木島則夫モーニング・ショー』は、月曜から金曜までの毎朝八時半から一時間の生ワイド番組で、その後各局が追随するワイド番組の先駆けとなった。

六〇年代初め頃の朝のテレビは、NHKがニュースとそれに続く連続テレビ小説などで二桁の視聴率を上げて独走、一方一桁の視聴率で低迷する民放は、経費のかからない映画の再放送や幼児番組などを並べていた。この不人気な朝の時間帯に生番組を提案してきたのは、大阪の米系企業日本

『木島則夫モーニング・ショー』(NET)の初日　(写真提供：テレビ朝日)
当時アメリカで評判だったNBCのニュースショー『TODAY』にヒントを得た。通常の1時間番組の5倍以上、1回100万円の制作費をかけたのも画期的であった。木島は"泣きの木島"の異名を取った。従来はタブー視されていた感情をあらわにしての司会が好評を博した。

ヴィックスのピーターソン社長だった。提案を受けた毎日放送がちゅうちょして、企画をNETに譲った。NET内部にも、朝の生情報番組は時期尚早とする慎重論があったが、副社長の高野善一郎が決断して企画担当のプロデューサー浅田孝彦にひそかに立案を命じた。

番組は主婦を対象とし、ニュースを柱に「今朝の話題」「時の人」「プレゼント」などのコーナーで構成した。司会には、NHKの『生活の知恵』で誠実な司会ぶりが好評だった木島則夫をスカウトし、元NHKアナウンサーの栗原玲児とRKB毎日のアナウンサーだった主婦の井上加寿子がアシスタントを務めた。

番組は生放送にこだわった。簡単な進行表が一枚あるだけで台本はなく、司会者のアドリブで番組が進行する。スタジオのカメラマンやスタッフの姿が映っても平気だ。型破りの演出であった。

最初の一年間、視聴率は三〜四％と低迷したが、二年目には一五％前後に上昇した。番組を受けるネット局も当初の四局から二十九局に増えて、『木島則夫ショー』は全国で見られるようになる。ニュースの当事者の出演や現場中継の多用などニュース性を重視したことや、ハプニングの面白さなど生放送の魅力が番組を引き立てた。出演者の話に感動して涙を見せる木島の飾らないキャラクターも視聴者の支持を集めた。

『木島則夫ショー』の成功に刺激されて、各局は一斉に朝のワイド番組の開発に乗り出した。ＮＨＫは翌六五年四月、『スタジオ１０２』をスタートさせる。月〜土曜の朝七時二十五分から三十五分間のニュースワイド番組である。七時のニュースの重要項目を取り上げ、背景や問題点を記者の解説、関係者をスタジオに招いてのインタビュー、現場からの中継などを使って伝えた。司会には、『それは私です』でソフトな笑顔に人気があった野村泰治アナウンサーを起用、二人の女性アナウンサーが交替でアシスタントを務めた。

番組は、〝ナマ性〟と〝ホンモノ性〟を売り物にした。海難事故の生存者をスタジオに呼んだときには、脱出に使ったゴムボートを運び込んだ。その日の朝のニュースにこだわり、大きなニュースがあれば、前日から準備していた話題はあえなくボツになった。ニュースショーの基礎を築いた『スタジオ１０２』は十五年間続いて八〇年四月、ニュースと番組を一体化した『ＮＨＫニュースワイド』にバトンタッチする。

朝のワイド番組の三番手は、フジテレビの『奥様スタジオ・小川宏ショー』である。ＮＨＫのクイズ『ジェスチャー』を担当していた小川宏をメインの司会者に起用、アシスタントには元TBSアナウンサーの木元教子とフジテレビの露木茂を当てた。主婦向けの〝ホームショー〟を目指し、「テレホン相談」「子どもの広場」、各地の話題を紹介する中継コーナーなどで構成した。午前九時から一時間半の放送時間は一部で『木島則夫ショー』と重なり、視聴率も初めは劣勢だった。しかし、ゲストの初恋の相手を探してきて対面させる「初恋談義」や、文化人や芸能人の〝ご対面〟コーナー「ご存じですか、この人を」の企画が評判となって、視聴率で『木島則夫ショー』を追い越すようになった。

『小川宏ショー』は、六五年五月から八二年三月まで十六年十か月続き、放送は四千四百五十一回を数えた。

民放とはひと味違った主婦向けの朝のワイド番組が、NHKの『こんにちは奥さん』（六六年四月〜七四年三月）である。日替わりのテーマについてスタジオに招いた二十人前後の主婦が意見を述べる「きょうの話題」が目玉で、新しい形の視聴者参加番組になった。鈴木健二アナウンサーと主婦の五代利矢子のコンビが主婦たちから自由な発言を引き出し、番組に〝テレビ井戸端会議〟的な活気を盛り込むことに成功する。

このように朝のワイド番組が次々と登場した背景には、主婦の生活時間の変化があった。経済の高度成長で所得が増え、家庭電化製品の普及は主婦の家事労働を軽減した。朝の家事から解放された主婦たちはテレビを楽しむ時間を持つようになる。

朝を開発したワイドショーは、続いて昼の時間帯に進出する。NETが六五年四月に始めた『ただいま正午・アフタヌーンショー』は、最初司会者が七人もいる新型式のニュースショーを目指したが成果が上がらず、十か月後に『桂小金治アフタヌーンショー』に衣替えする。バイタリティーに富み、正義感をむき出しにして迫る小金治の姿勢が共感を呼んだ。

ワイドショーは夜にも広がった。最初の試みは、六五年十一月に日本テレビ系に登場した『11PM』である。夜十一時から一時間の番組で、日本テレビと読売テレビが曜日を分担して制作した。

夜の十一時台は、民放局にとっては深夜扱いでスポンサー探しは不可能とされていた。番組を企画した井原高忠らは「十一時は寝る時間。砂漠にビルを建てるような無茶はしないでくれ」と営業サイドからくぎを刺されたほどだ。しかし、六五年のNHK国民生活時間調査によれば、夜の十一時でも全国で三百万人がテレビを見ていた。市場性は十分にあった。

番組は〝大人のワイドショー〟をうたい文句にした。オープニングでは、網タイツのカバーガールが登場してウインクする。アメリカの男性向け週刊誌『プレイボーイ』のテレビ版をイメージした。途中で司会が大橋巨泉と小島正雄に替わると、世相風俗のトピックスや競馬、麻雀、釣り、ゴルフなど遊び感覚に富んだ情報をふんだんに盛り込んだ。一方読売テレビの制作分は、幅広い社会現象を、報道番組とは違った角度から切ってみせた。放送作家藤本義一と祇園の芸妓安藤孝子の上方言葉によるソフトな司会も評判になった。

『11PM』は、一時は深夜族の人気を独占したほどだったが、八〇年代末になって同時間帯に他局のニュース番組が編成されると一時の勢いがなくなり、九〇年三月で終了した。

主婦向けのニュースショーとしてスタートした情報番組は、しだいに芸能・娯楽色を強め、それがまた視聴率を伸ばしていく。放送局にとっても、ワイドショーにはメリットがあった。スタジオ中心の生番組なので制作費が少なくて済んだし、各コーナーの前後にCMを多く入れることができて、増収につながった。

六八年にスタートしたフジテレビの『3時のあなた』は、司会の女優たちが持ち味を生かした目玉のコーナーを持つことで話題になった。「おふくろ談義」の高峰三枝子、「男を斬る！」の山口淑子、「シリーズ再会」の森光子らである。なかでも山口は田中角栄や福田赳夫らの政治家や各界の大物に硬軟取り混ぜた単刀直入な質問をぶつけ、中東に飛んでハイジャックで知られる女性闘士ライラ・ハーリドにインタビューしたり、七三年七月の日航機ハイジャック事件にかかわった日本赤軍のリーダー重信房子との単独会見を実現したりして反響を呼んだ。

好調な『3時のあなた』に対抗して、TBSは芸能一辺倒の生ワイド番組『3時にあいましょう』をぶつけてきた。両者の激しい視聴率競争は、センセーショナルな事件報道や芸能スキャンダルを巡るスクープ合戦へとエスカレートしていく。

『3時のあなた』は七四年、保険金目当てに妻子三人を乗せた車を運転して海に転落、事故に見せかけていた男を出演させた。スタジオでの鋭い追及に憤然として席を立った男は、フジテレビを出た直後逮捕された。元人気歌手の克美しげるが再起に当たって邪魔になる愛人を殺した事件（七六年）では、両番組は飛行機内で護送中の克美へのインタビューを試みるなど過熱した取材が話題になった。

やがて日本テレビとテレビ朝日も午後のワイドショーに参入する。午後二時から四時までの時間帯に、民放四局のワイドショーが並んだ。軽量で機動力のある小型ビデオカメラの普及が、ワイドショーの強力な武器になった。芸能リポーターと称する新手のタレントたちが、体当たり的に取材相手に迫り、その一部始終をカメラに収める突撃リポートや、インターホン越しのやり取りを収録して見せるなど、プライバシーや名誉を侵害しかねない強引な取材が目立つようになる。

ワイドショーの取材が最も過熱したのは、〝ロス疑惑〟であった。八一年、雑貨輸入販売会社の社長三浦和義とその妻がロサンゼルスで銃撃され、妻が死亡した。『週刊文春』が「疑惑の銃弾」の連載を開始する。三浦が保険金目当てに仕組んだ事件だった、というのである。各局のワイドショーは、週刊誌やスポーツ新聞などとともに疑惑を追及した。三浦はたびたびワイドショーに出演するなどし、過熱報道に拍車がかかった。三浦に関する虚実織り交ぜたゴシップが連日のように放送された。八五年九月、三浦が逮捕されたときには、テレビ朝日のディレクターが密着取材と称して三浦の車に同乗していた。

芸能人の慶弔もまた、ワイドショーが飛びつく定番であった。人気歌手松田聖子と俳優神田正輝との結婚（八五年六月）は、各局のワイドショーが大々的に取り上げた。なかでもテレビ朝日は、披露宴の独占生中継を含めて朝七時過ぎから十時間以上も結婚式関連の番組で埋めた。番組は高い視聴率を上げたが、テレビ朝日には「放送の公共性を忘れた安易な企画」「報道の芸能化」など抗議や非難の電話が三百本もかかってきた。

法廷で争われた報道の自由――博多駅事件

日本の空は〝悪魔〟に取りつかれた、といわれたのは一九六六年（昭和四十一年）のことである。二月四日に羽田沖で全日空機が墜落したのをはじめ三月には二日続けて事故が起きるなど、一年に四件もの航空事故が起きたからだ。

二月四日の夜、NHK社会部の記者長井駿一郎は、羽田空港ビル二階にある東京航空保安事務所航務課をのぞいた。羽田担当記者がいちばん神経を使うのは航空機事故で、航務課は重要な情報源の一つである。この夜の雰囲気は違った。当直の職員が慌ただしく電話をかけまくっている。「何かあったの？」との長井の質問に当直主任が手短に応じた。「全日空機が行方不明なんだ。ボーイング。60便だ」

千歳発羽田行の全日空60便、最新鋭のボーイング727には、札幌雪まつりの帰りの客など定員いっぱいの百二十六人の乗客と乗員を合わせて百三十三人が乗っている。全日空機の消息はつかめないまま午後七時半、捜索救難本部の設置が決まる。デスクとの電話をつなぎっぱなしにしていた長井は叫んだ。「遭難は確定的だ。すぐ放送して」

「全日空旅客機消息を絶つ」の一報は、七時三十四分まずラジオで速報、テレビは七時四十分に『現代の映像』を中断してニュース速報として二回繰り返した。その後、民放各局の速報が続いた。

寒風の吹きすさぶ暗闇の東京湾で、全日空機のものと見られる漂流物が次々に見つかり、乗客の遺体も収容される。やがてTBSテレビの画面に、全日空機の胴体側面の残骸が引き上げられる様子が現場からの中継で映し出された。事故の第一報で後れを取ったＴＢＳは、チャーターしたフェリーに中継車をそっくり乗せて現場に急行したのだった。「夜中で視界が利かない現場からの中継は難しい」と各社がためらった中で、的確な判断と機敏な行動がスクープ映像をもたらした。

事故の翌々日六日正午のＮＨＫニュースは、東京湾の海底に沈んだ全日空機の胴体と垂直尾翼を映して視聴者に衝撃を与えた。ＮＨＫ映画部のカメラマン竹内庸と河野祐一が、潜って撮影した事故機の映像であった。ＮＨＫは六一年以来、潜水撮影の研修と訓練を重ね、水中カメラの開発にも力を入れてきた。その蓄積が、全日空機事故の取材と報道で威力を発揮した。

最新鋭のジェット旅客機がなぜ墜落したのか。事故原因の解明が焦点になっていく。政府の事故技術調査団が発足、激しい取材合戦が展開される。新聞の中には勇み足の記事や誤報もあった。ＮＨＫ社会部で事故原因の取材を受け持ったのは、遊軍の若手記者柳田邦男であった。柳田たちの粘り強い取材の成果を基に十一月十九日、特別番組『謎の一瞬』（企画・構成 堀井良殷）が放送された。二月四日の夜、東京湾上空で全日空機に何が起こったのか、の解明を試みたフィルムドキュメンタリーだ。特殊撮影を多用して事故の謎に迫りながら、機械文明と人間の能力の限界との接点に焦点を合わせた。

この番組は、イタリア賞コンクールのテレビドキュメンタリー部門で、日本の番組として初めてグランプリを受賞、番組提供の依頼に応えて欧米十五か国の放送局で放送された。

三月五日には、英国海外航空（ＢＯＡＣ）のボーイング７０７型機が富士山近くで空中分解し、百二十四人が死亡した。乗客が機内で撮影していた八ミリフィルムが墜落現場で発見された。フィルムにあった二コマの真っ暗な画面が、事故原因を究明する手掛かりになった。実験を重ねた結果、瞬時に巨大な衝撃力が加わると真っ暗な画面が現れることが判明する。激しい乱気流がＢＯＡＣ機の機体をゆさぶって空中分解したと推定された。

事故報告書は翌六七年六月二十二日に発表された。その夜、ＮＨＫは『黒い画面～ＢＯＡＣ機事故追跡』、日本テレビは『ノンフィクション劇場』「ＢＯＡＣ機遭難の謎」を放送した。それぞれ八ミリフィルムを手掛かりに、調査団が結論を出すまでの推理と実証の過程をドキュメンタリーで描いた番組である。

一九六八年から六九年にかけて、大学紛争の嵐が欧米や日本のキャンパスに吹き荒れた。日本では、大学の有り様を問う学生たちの全共闘運動が、全国の百六十七校を紛争に巻き込んだ。なかでも東京大学と日本大学の紛争は長期化し、東大の六九年度の入学試験は中止となった。

六九年三月に社会教育審議会が文相への答申で放送大学の開設を提言した。放送大学が実際に放送を始めるのは八四年十一月だが、大学紛争が頻発する中で〝紛争のない大学〟として浮上したものだった。

東大紛争の最大の山場は、六九年一月十八日から十九日にかけての安田講堂の封鎖解除であった。十八日早朝、八千人の機動隊員が大学構内に入り、講堂を占拠していた約六百人の全共闘系学生の排除にかかった。

ＮＨＫと民放キー四局は朝七時のニュースから中継を開始した。投石や火炎びんで抵抗する学生たちに、機動隊は放水とヘリコプターから催涙弾を投下、激しい攻防戦を展開した。この両日は、民放にとって番組変更のしにくい土曜、日曜だったが、各局はニュースの枠拡大や特集・特番を相次いで編成した。東大紛争を伝えたニュースと番組は、二日間でNHKと民放を合わせて百二十二本、延べ三十四時間余りに及んだ。

安田講堂封鎖解除の長時間中継は、同時性と臨場性というテレビの特性を生かし、現場からの中継で事件や事故を伝えるテレビ報道の原形をつくった。それは、よど号ハイジャック事件（七〇年）や浅間山荘事件（七二年）の長時間中継につながっていく。

その一方で、テレビやラジオの特性が逆に足かせとなって報道が制約を受ける、という事例が続いた。六八年二月、在日韓国人の金嬉老が暴力団員二人をライフル銃で射殺、大井川上流の静岡県寸又峡温泉の旅館に逃げ込んだ。泊まり客らを人質に取った金は、部屋にダイナマイトやライフルの銃弾を持ち込んで包囲した警察を威嚇した。また、テレビを通じて、自分がこの挙に及んだのは在日韓国人に対する差別やそれに手を貸した警察に対する抗議であると訴えた。事件の犯人がテレビというメディアを通じて犯行の正当性を主張したのは、日本の犯罪史上初めてのことであった。テレビを通して大勢の人々が犯人の言動を注視する〝劇場型犯罪〟の最初のケースでもあった。

旅館は警察に包囲され、寸又峡への道も封鎖された。金が外界と接する手段は電話と放送に限られた。彼はテレビを通じて、世間の自分への態度を知り、警察の出方をうかがい知ることができた。『スタジオ１０２』や『木島則夫モーニング・ショー』などで、金との電話のやり取りが放送され、司会者が自首を勧めたりもした。テレビの報道が自分の意に沿う内容ならば人質を解放し、報道が批判的だったりするとライフルを空に向けて発射した。

テレビ各局は人質の安全を第一に考え、金を極力刺激しないよう報道の内容に細かな神経を使った。警察の動きなどは控え目に報道した。四泊八十八時間のろう城の末、金は旅館の玄関前で会見中に、記者に変装して紛れ込んでいた警察官に逮捕された。

犯人が放送を聞いているかもしれない、ということで心ならずも報道を自制しなければならないケースは、その後も、客船「ぷりんす」乗っ取り事件（七〇年五月）、三菱銀行北畠支店強盗殺人事件（七九年一月）と続いた。

「取材・報道の自由」と「裁判の公正」は、いずれも憲法が保障した権利であり、要請である。それが正面からぶつかる事件が起きた。博多駅事件のニュースフィルム提出命令がそれである。

六八年一月、アメリカの原子力航空母艦エンタープライズが佐世保に入港した。寄港阻止を叫んで佐世保に向かう学生約三百人と機動隊が博多駅で衝突した。社会党や護憲連合は事件の警備に行き過ぎがあったとして、責任者を裁判にかけるように求める付審判請求を福岡地裁に申し立てた。

福岡地裁は、NHK福岡放送局、RKB毎日放送、九州朝日放送、テレビ西日本の四社に、事件当時のテレビニュースのフィルムを提出するよう要請した。四社が拒否すると、地裁は改めて「撮影済みのフィルムを全部提出せよ」と命令する。四社は結束して提出拒否を貫くことを決め、「地裁の提出命令は、表現の自由を規定した憲法二十一条に違反する」として、最高裁に命令の取り消しを求める特別抗告の手続きを取った。

最高裁大法廷は、この年十一月二十六日、全裁判官一致で四社の特別抗告を棄却した。「報道機関の報道は国民の知る権利に奉仕するもので、表現の自由を規定した憲法二十一条の保障の下にあり、取材の自由も十分に尊重されるべきだが、公正な刑事裁判という憲法上の要請があるときは、取材の自由もある程度制約を受ける。問題のフィルムは証拠上、極めて重要かつほとんど必須のものであり、一方、報道機関が被る不利益は、将来の取材の自由が妨げられるおそれがあるという程度だから、報道機関は忍受しなければならない」というのが、決定の要旨であった。

公正な裁判のためには取材の自由も制約を受ける、という決定は各方面に波紋を投じた。新聞協会や民放連は、こぞって取材・報道の自由の意義をアピールし最高裁決定を批判した。福岡地裁は、七〇年三月四日、四社から博多駅事件のもようを撮影しニュースで放送したフィルムを押収した。

博多駅で衝突した学生と機動隊（68.1.16）
（写真提供：共同通信社）

博多駅事件でテレビ４社が福岡地裁のフィルム提出命令を拒否したのは、取材結果が報道目的以外、とくに刑事事件の証拠に使われるようなことになれば、ニュース素材や情報の提供者は取材に応じないか、応じても意図的な素材提供をすることが懸念され、その結果、真相の把握と公平かつ多角的な報道が不可能になるから、という理由によるものであった。

一枚写真に比べるとテレビニュースのフィルムやビデオは、多角的、詳細に現場を撮影していて証拠価値が高い。そこで、捜査機関がテレビニュースを録画しそのビデオテープを証拠申請するケースが続出した。

「金《きん》を買えばもうかる」と高齢者らをだまし二千億円を詐取した豊田商事事件で、永野一男会長が大勢の報道陣の前で二人組の男に刺殺される事件が起きた（八五年六月）。テレビが伝えた生々しい犯行のもようは、視聴者に衝撃を与えた。この事件の裁判では、大阪府警がＮＨＫ、毎日放送、関西テレビのニュースを録画、そのビデオが法廷で再生された。ＮＨＫと在阪民放四社は、「テレビニュースが裁判の証拠として使われることは、今後の取材活動に支障をきたし、国民の知る権利にこたえる公正な報道を妨げるものだ」と大阪地検に抗議の申し入れをした。

リクルート疑惑を追及していた社民連の楢崎弥之助代議士に、リクルートコスモス社の社長室長が現金を持参し追及に手心を加えてほしいと依頼したのは八八年のことだ。二人のやり取りを日本テレビが隠し撮りし、『ニュースプラス１』で放送した（九月五日）。東京地検は、社長室長を贈賄容疑で逮捕し、日本テレビから贈賄申込のもようを撮影したオリジナルテープ四本を押収した。日本テレビは「押収は報道の自由に重大な脅威を与えるもの」と声明、最高裁に特別抗告した。

最高裁第二小法廷は八九年一月三十日、特別抗告を棄却する決定を下した。理由は、博多駅事件と同じであった。「公正な刑事裁判を実現するためには、適正・迅速な捜査が不可欠。報道・取材の自由がある程度の制約を受けることもやむをえない」とした上で、「差し押さえによる日本テレビの不利益は、将来の取材の自由が妨げられるおそれにとどまる」と述べた。

月面を歩く宇宙飛行士（テレビ中継の画面から）　（写真提供：NHK）

「こちらヒューストン、すべて順調」——人類、月に立つ

一九六九年（昭和四十四年）七月二十一日、この日の東京都内の自動車交通量はふだんより三〇％も少なく、渋滞の発生は五分の一にとどまった。電力使用量は朝から急上昇した。大勢の人が仕事の手を休め、外出を控えてテレビに見入ったためと推定された。午前十一時台の関東地区の総世帯視聴率は四六％、平常の三倍近い数字で、十二時台には六二％に跳ね上がった。人々はテレビの前で固唾を飲んで、人類の月への第一歩という歴史的瞬間を見守ったのである。

七月十六日にフロリダ州ケープ・カナベラルから打ち上げられたアポロ11号は順調な飛行を続け、日本時間二十一日午前五時過ぎ、アームストロング、オルドリンの二人の飛行士を乗せた月着陸船イーグルが、月の表面〝静かの海〟に着陸した。

六時間の休息を取った後、イーグルのハッチが開きアームストロングが一段一段、慎重にはしごを降り始める。午前十一時五十六分、アームストロングの左足が月面に触れた。この瞬間、人類は月に第一歩を記したのだ。続いてオルドリンも月に降り立つ。二人はカンガルーのようにピョンピョンと跳ねて、月面の重力が地球の六分の一しかないことを身をもって示した。真っ暗な空と白く輝く月面をバックに動き回る二人の様子は、イーグル底部に取り付けたカメラや二人が月面にセットしたテレビカメラがとらえて、地球に電波を送ってきた。走査線が三二五本と少ないために映像はぼやけて見えたが、それがかえって迫力を増した。

ヒューストンのＮＡＳＡ宇宙センターは、この映像と音声を三大ネットワークに分配すると同時に、インテルサット衛星で世界各国のテレビ局に送信した。月からの中継は、ソ連、東欧諸国を含めて世界の四十七か国で放送され六億人がこれを見た。三十八万キロの彼方で、いま行われていることを同時に映像と音声で伝える――。テレビはまさにtele（遠くのものを）vision（見せる）メディアであることを実証してみせたのである。

日本でも、テレビ各局は大々的な取材と放送態勢を敷き、ニュースや特別番組でアポロ11号を追った。七月十四日から三十一日までのアポロ関係の放送は、ＮＨＫが四十二時間三十四分、民放キー局五局が計百六時間六分に上った。最大の見せ場である二十一日は、未明から深夜まで各局は特別編成で臨んだ。

アポロからの映像と音声はＮＡＳＡが提供した共通のものである。それにどう味つけをするか、工夫と競争が繰り広げられた。NHKは人類史上初の偉業としてアポロの動きを忠実に報道するとともに、科学技術的な観点から正確に分かりやすく解説することに力を入れた。このコンセプトを担ったのが解説委員の村野賢哉であった。彼はNASAや研究機関、メーカーを取材し、NASAが事前に発表・配付した打ち上げから帰還までの秒刻みの詳細な飛行計画書を丹念に読んだ。特別番組に出ずっぱりとなった村野の解説は的確だった。

民放各局もそれぞれ趣向を凝らした企画を並べた。実物大のアポロの模型を都心のビルやデパートに展示して人を集めたり、落語家に宇宙食だけで一週間生活してもらいそれを番組の中で同時進行で見せたりした。

アポロ報道は、テレビが持つ同時性を最大限に発揮してみせた壮大なメディア・イベントでもあった。そこでは、宇宙船とヒューストンの飛行センターとの交信を、即座に日本語に言い換える同

アポロ11号月面第1歩の日の総世帯視聴率

(%)

時間	当日	前4週平均
6:00 − 7:00	37.0	19.5
7:00 − 8:00	57.6	51.2
8:00 − 9:00	48.6	46.9
9:00 − 10:00	30.9	25.7
10:00 − 11:00	37.4	18.2
11:00 − 12:00	46.1	16.5
12:00 − 13:00	62.4	43.6
13:00 − 14:00	50.0	37.3
14:00 − 15:00	36.1	22.1
15:00 − 16:00	27.7	25.1
16:00 − 17:00	17.0	26.3

(ビデオリサーチ調べ)

アポロ11号の月着陸の直後にNHKが東京都内で行った調査によれば、月着陸を最初に知ったメディアは、「テレビの同時中継」46%、「テレビのその他の番組」34%、「ラジオ」7%、「新聞」6%で、5人に4人までがテレビを挙げた。「テレビがあるおかげで大変得がたい経験をすることができた。テレビを見直した」という意見に77%の人が同意した。

時通訳が重要な役割を果たすことになる。各局は練達の通訳を起用した。西山千はアメリカの大学で電子工学を専攻したキャリアを買われて、六八年十月に地球を周回したアポロ7号の飛行のときからＮＨＫに出演していた。

西山はＮＡＳＡの分厚いブリーフィング・ペーパーを熟読、難解な術語を日本語でどう言い換えるか、解説の村野とも相談して放送に臨んだ。

「三〇〇フィート…七〇…五〇…すべて順調。…一〇〇フィートの高度、まだ三〇メートル。…秒速六フィート…二・五フィート降下。ほこりが立っている。…接触。イーグルが着陸しました」

月面着陸の瞬間を伝えた西山の同時通訳である。宇宙船と飛行センターとの応答を一人で表現しなければならない。西山は発信者を識別するため「こちらヒューストン」と工夫した。"Everything is a OK"とか"Everything is GO"という言葉がしばしば出てくる。西山は「すべて順調」と訳した。流行語にまでなった「こちらヒューストン、すべて順調」は、このようにして生まれた。

「会議なら聞き返すこともできるが、宇宙からの発信にはそれが利かない。雑音がひどいのにも閉口した。ザーという音の中で人の声が辛うじて聞き取れるのだ」と西山は述懐している。そんな悪条件の下で、ひとことも聞き漏らすまいと同時通訳者は緊張のしっぱなしであった。

月に降り立ったアームストロング船長が最初に発した言葉は、"That's one small step for (a) man, but giant leap for mankind"（一人の人間にとっては小さな一歩だが、人類にとっては大きな躍進だ）であった。ところが西山には前半の部分しか聞こえず、おまけに（a）が聞き取れなかった。「変なことを言うな、ずいぶん謙遜しているな」と不審に思いながらも西山は、「人類にとって小さな一歩です」と通訳した。

（a）はアメリカでも聞き取れなかったらしい。CBSのニュースキャスター、ウォルター・クロンカイトもヒューストンからの放送の中で思わず“What did you say?”（何て言った？）と尋ねたくらいだ。夜のニュースでも西山は同時通訳を務めた。アームストロングの第一声全文がテレックスで入ってきた。そこではaにカッコがついていた。どうやらアームストロング自身、aを落として“for man”と言ったようだ。西山は文意を踏まえて「一人の人間にとっては小さな一歩」と訳した。

セグメンテーション編成に活路——テレビ時代のラジオ

テレビの急速な普及で、ラジオはその影を薄くしていった。その傾向は民放でとりわけ顕著に現れた。一九五九年（昭和三十四年）頃から、スポンサーは徐々にラジオからテレビに移行、ラジオ・テレビ兼営社はテレビ中心の経営に軸足を移していく。ラジオ部門の予算と人員が縮小された。ラジオ単営社の打撃はとくに大きく、営業収入は最盛期より四〇％減、賃金カットがささやかれ経営の危機がうわさされた。

テレビ時代にラジオはどう生き残るのか——。

ラジオの機能を見直そうという気運が高まった。その先頭を切ったのはニッポン放送である。大掛かりな聴取者調査をした結果、平日は、性別・年齢別・職業別でラジオを聞く時間が違うこと、土日や休日は年齢を超えて無差別に聞かれていることなどが分かる。平日は商店・美容院・理髪店などでラジオのつけっぱなしが多いことも確認された。カーラジオが登場したのは五三年で、六〇年代前半はまだ車の数も少なかったが、将来確実に増加することが予想された。

こうした調査に基づいて導入したのが、オーディエンス・セグメンテーション（聴取者細分化）の考えだった。時間帯によって異なる聴取者にふさわしい番組を集中的に編成し、目標とする聴取者群に浸透する——〝パーソナルラジオ〟の考え方でもある。

六四年四月、ニッポン放送はセグメンテーション編成による新番組をスタートさせた。午前五時から八時までの「お早うタイム」は出勤前の男性がターゲットだ。八時〜午後一時は「お茶の間タイム」で在宅の女性たちを、一時〜七時は「オール・ミュージックタイム」でクルマを運転している人を、七時〜午前〇時は「ヤング・タイム」で青少年を、それぞれ聴取者層に想定した。

新しい編成方針の導入で、ドライバーや若者向けの時間帯では新しいスポンサーを獲得することができた。ニッポン放送の六五年九月期の決算は、ほかの在京ラジオ局が減収だったのに対し前期比七千万円余の増収となった。セグメンテーション編成は、しだいに全国の民放ラジオ局に広がっていった。

その結果、民放ラジオには、「生ワイド」「パーソナリティー」「聴取者参加」をキーワードとする情報番組が並ぶことになった。ドラマのような録音（パッケージ）番組に比べて、生放送はビビッドな情報を提供できる、人件費・スタジオ費などの制作コストが安くて済む、電話などによる聴取者との即時の交流も可能、などの利点がある。これらの利点は、ラジオが持つ機能を生かすことでもあった。

七〇年代中頃には、各局とも全番組の半分は生ワイドが占めるようになる。聴取者との双方向を盛り込んだ電話リクエストが中心となり、機動力のあるラジオカーが話題を求めて走り回り、個性的なＤＪ番組の司会者であるパーソナリティーが誕生した。

交通情報は、生ワイド番組の主要な柱となった。六一年三月にニッポン放送が始めた『交通ニュース』が、その最初といわれている。六三年に、警視庁と大阪府警が交通情報センターを開設すると、各局は専用のブースをつくって交通情報を頻繁に放送するようになる。

夜の民放ラジオは、ヤング一色に塗り替えられていく。

高度成長は人々の生活に余裕をもたらし、住宅事情も好転した。子どもたちに個室が与えられ、子どもが夜遅くまでラジオを聞きながら勉強する風潮が広がった。中学生や高校生たちの間では、前夜の深夜放送の話題を知らないと仲間外れにされるという話まで生まれた。若者たちからの投書は、多い局では一日数千通を数え、学校や家庭、社会への不満や人生、恋愛談義など、人には話せない悩みも綴られていた。

若者たちには、同世代の投書を聞くことで連帯感が生まれ、パーソナリティーとリスナーとの間にテレビには見られない親近感が出来ていった。ラジオを核にした疑似共同体の出現を思わせるものであった。

深夜放送を最初に始めたのはニッポン放送である。五九年十月にスタートした『糸居五郎のオールナイトジョッキー』で、月～金の午前二時から四時までの生放送であった。テレビに押されたラジオが新しい市場として開発したのが深夜の時間帯であり、テレビに先んじて二十四時間放送を実現させたのであった。

六〇年代の後半には、〝深夜放送ビッグスリー〟と呼ばれたTBS『パック・イン・ミュージック』（六七年八月・午前一時～三時）、ニッポン放送『オールナイトニッポン』（六七年十月・午前一時～五時）、文化放送『セイ！ヤング』（六九年六月・午前一時～三時）が出そろう。それぞれ個性的なパーソナリティーを起用した。

民放ラジオの深夜放送実施に比べると、NHKの対応は遅かった。深夜は国民のほとんどが寝ているという理由で、災害時や重大ニュースのあるときは別にして午後十二時で放送を終了していた。NHKのラジオ二十四時間放送は、九〇年四月から五月にかけて八日間放送した『特集ノンストップラジオ深夜便』が最初である。災害時に緊急に対応する〝安心ラジオ〟をキャッチフレーズに定時化し、年間を通して放送するようになったのは、九五年四月のことだ。

テレビの前に影が薄いラジオも、災害時には大きな役割を果たす。六四年六月十六日、新潟地震が発生した。NHK新潟放送局はラジオ第1、第2放送で通常番組を中止し地震関係の情報を集中して放送し始めた。特別編成は連続三十六時間続けられた。民放の新潟放送は、本社とラジオ放送所を結ぶ放送線が切断したために放送が中断したが二時間後には再開し、連続三十一時間半の災害放送を実施した。

新潟地震はマグニチュード7・5。津波や液状化現象、建物の倒壊、火災など、都市を直撃した地震災害のあらゆる現象が起きた。新潟、山形、秋田各県を中心に死者二十六人、家屋の全半壊八千六百棟、浸水一万五千棟余の被害が出た。

災害が起きたとき、テレビは被災地のもようを全国に向けて発信する。ラジオは救出・救援や安否、ライフライン情報など被災地向けにきめの細かい情報を放送する。テレビとラジオの間で、それぞれの特性を生かした役割分担が行われるのが望ましい。

新潟地震は、テレビとラジオの役割分担が効果を上げた初のケースであった。ラジオは、被害状況や防火の呼びかけ、避難に際しての注意、自衛隊員の招集、電気・ガス・水道・電話・鉄道などライフラインの被害と復旧の見通しなど被災者が必要とする情報を繰り返し伝えた。

被災地は広い範囲で停電し、テレビは役に立たない。威力を発揮したのがトランジスターラジオである。日本でトランジスターラジオが発売されたのは五五年。四年後の伊勢湾台風ではまだ数は

新潟地震でトランジスターラジオに聞き入る被災者
(写真提供:新潟日報社)

地震の後、警視庁・新潟県警・新潟大学が新潟市民にアンケート調査を行った。地震の際の情報を主として知ったのは、「トランジスターラジオ」76%、「人づて」10%、「警察広報車」8%、「新聞」4%で、トランジスターラジオは被災者にとって最大の情報源であった。

少なかったが、その後急速に普及した。新潟地震当時、県内に三十二万台のトランジスターラジオがあった。小型・軽量で持ち運びができ、電池で放送を聞けるトランジスターラジオは、停電した被災地でフルに機能した。

ラジオが流した情報の中で、とくに大きな反響があったのが個人の安否情報である。地震発生から間もなく、NHKラジオは福島県から修学旅行に来ていた女子高校生は全員無事に避難している、というニュースを流した。途端に「私が無事でいることを放送で家族に知らせてほしい」との要望が殺到した。電話は途絶、交通機関もストップしている。家族や知人との連絡はまったく取れない状態だった。

NHKの報道デスク稲垣昭弥は迷った。「ニュースが取り上げるのは〝有事〟だ。私は〝無事〟です、なんて情報はニュースだろうか」。だが、彼は決断する。「こんなときにいちばん知りたいのは家族や知人の消息。いったん始めたら際限なく放送依頼が殺到するだろうけれど、いまは非常時だ、やろう」。放送部長と相談した稲垣は、個人の安否情報放送に踏み切った。

「万代小学校四年の浜田ヨシノブ君は沼垂高校前の本間雄治郎さんのお宅に保護されています」。午後三時過ぎからNHKラジオには、こんな情報が次々に流れ出した。新潟放送局には、放送を依頼する人々の長い列が出来た。

新潟放送も安否情報放送を行った。ラジオ局編成部長兼報道部長の高澤正樹は、個人の消息なんか放送したら電波法違反になるのではないかと一瞬ちゅうちょした。だが、「やったからといって〝懲役〟に行くわけでもなかろう」「一人の消息を放送すれば、それを聞く関係者は三十人はいる。三千人分を放送すれば聴取者は十万人。〝特定個人向けの通信〟などではなく、立派な〝一般向け放送〟だ」。高沢も決断した。

地震から一週間、ラジオが放送した安否情報はＮＨＫで三千件、新潟放送で五千件に上った。

新潟地震は、災害時のラジオの機能に新しいページを開いた。それがさらに徹底し、ラジオの役割を人々に強く印象づけたのが、一九七八年の宮城県沖地震である。六月十二日の夕方発生したこの地震では、死者二十八人、負傷者千三百二十五人、建物の全半壊六千七百五十七棟。仙台では倒れたブロック塀の下敷きになって子どもが死亡、ライフラインにも大きな被害が出た。

災害の直後はなかなか情報が入ってこない。被害の様子もつかめない。そこでＮＨＫでは、取材先やロケから戻ってきた記者やディレクターたちがスタジオに駆け込んで、途中で見聞きした街の様子を報告した。放送を通して聴取者に情報の提供を呼びかけるとすぐ反応があった。「エレベーターは電気が回復しても係員が点検を終わるまでは使用しないでください。危険です」「ただいまタクシーは走っていません。停電でスタンドのモーターが回らず燃料供給ができないためです」といった業界団体や会社からの情報に混じって、「道路に亀裂が入り、タイヤを落とす車が出ています」「垂れ下がった電線が危険です」「家が三軒傾いています」など、自分の周りで起きていることについての詳しい情報が次々に寄せられ、放送された。

地震の後、東京都が派遣した現地調査団の報告書は、パニックなどの混乱が起きなかった原因の一つにラジオの放送を挙げて、次のように書いた。

「特筆されるのはラジオ放送の有用性である。発生時から地震に関する情報を続けた。その具体性、直接性、即応性において外出時の市民に基本的安心感を与え、また被害の著しい地域にいる市民にとっても、全体の状況把握に大いに役立った」

第4章

本格化したカラー放送

カラー放送で伝えた万博――成長の栄光と負荷

一九七〇年代の幕開けを飾ったのは、日本万国博覧会だった。三月十四日から半年間、大阪・吹田市の千里丘陵で開かれた大阪万博は、「人類の進歩と調和」をテーマに世界の七十七か国が参加した。六四年の東京オリンピックは、日本の復興と国際社会への復帰を世界に示した。万博は、高度経済成長による日本の繁栄を内外に示す絶好の機会であった。

三月十四日は、NHKと民放テレビ全社がカラーで開会式のもようを中継した。六か月間の会期中、テレビは『花開く万国博』『ナショナルデーへの招待』『万国博アワー』などの番組をカラーで放送した。折からのレジャーブームも手伝って、目標の五千万人を大きく上回る六千四百二十一万人の入場者があり、大阪万博は百六十五億円の黒字決算となった。

この頃、カー・クーラー・カラーテレビの〝3C〟が〝新三種の神器〟と呼ばれ、人々の消費志向をあおった。大型消費ブームが支えた好景気は、七〇年（昭和四十五年）七月まで五十七か月間も続き「いざなぎ景気」と呼ばれた。家庭電器メーカーは、万博を契機にカラーテレビを一気に大衆化路線に乗せようと目論み、「万博はカラー放送で」と大々的な広告宣伝を展開した。

万博が終わった翌七一年の十月、ＮＨＫ総合テレビは全番組をカラーで放送するようになる。六〇年九月にカラーテレビの本放送を始めて十一年目で、カラー化率一〇〇％を達成した。民放も次々と全面カラー化を実現していく。万博前に三百七十六万件だったカラー契約は、七一年十一月末には一千万件に達した。

七二年二月、アジアで初の冬のオリンピックが札幌で開かれた。札幌オリンピックは〝史上初のオールカラー放送〟が売り物だった。氷点下十度以下の厳しい自然条件を克服してきれいなカラー映像を世界に送ろうと、ＮＨＫは小型・軽量・高性能のカメラやＶＴＲを開発した。

大会四日目のスキーの七十メートル級ジャンプで、笠谷幸生、金野昭次、青地清二の三選手が金・銀・銅メダルを独占、オリンピックへの関心を盛り上げた。札幌オリンピックが終わった翌月、七二年三月末のカラー契約数は千百七十九万件、白黒テレビの千百七十二万件を上回った。

日本のカラー放送は六〇年九月十日、ＮＨＫ（東京、大阪）と日本テレビ、ＫＲＴ、朝日放送、読売テレビによる本放送の開始で本格化した。初めの頃、カラー放送の普及を阻んだのは受像機の高値だった。六〇年当時、二一インチ型で約五十万円。小学校教員の初任給が一万円であった。メーカーは「カラー番組が少ないから受像機が売れない」と言い、放送局側は「受像機が高いから普及が遅れる」と反論して堂々巡りの議論が続いた。

東京オリンピックを契機にカラー受像機の生産が増え始め、それまで年間数千台規模だったものが、六四年には一挙に五万七千台に増えた。当時、アメリカではカラーテレビブームが起きていたが、ベトナム戦争の最中で産業界は収益率の高い軍需に力を入れていた。このため、日本にカラー受像機の注文が殺到し、メーカーは設備の拡張に追われた。カラーテレビの生産台数は、六六年に五十二万台、六七年百二十八万台と毎年倍増し、七〇年には六百三十九万台に達した。

カラーテレビの対米輸出が増え始めた六六年、消費者団体や新聞、週刊誌が「一九インチ型の輸出価格が六万五千円なのに、国内ではなぜ三倍の十九万八千円もするのか」とカラーテレビの〝二重価格〟を問題視した。七〇年には、定価と実際の販売価格との間に大きな差がある国内の二重価格問題が再燃した。消費者団体はカラーテレビの不買や買い控え運動を展開する。通産省の行政指導もあって、メーカー側は七一年四月、定価を平均一五％引き下げた新製品を売り出した。これがきっかけとなって、一〇インチから二二インチまでいろいろなサイズの受像機が発売され、十万円以下の小型テレビも現れてカラーテレビの普及に拍車がかかった。

ＮＨＫは六八年四月、受益者負担原則の見地からカラー契約を新設、受信料を月額四百六十五円とした。白黒テレビの受信料は十五円引き下げて月額三百十五円とし、月額五十円のラジ

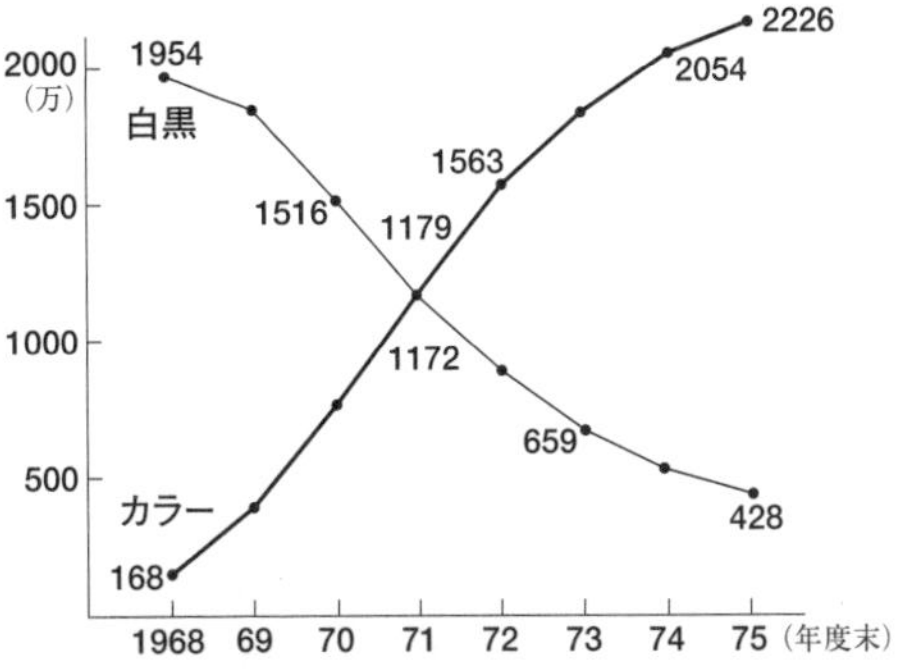

カラー・白黒テレビ契約数の推移

カラーと白黒の契約数が逆転する1971年度は、NHK総合と日本テレビのカラー化率が100%となるなど本格的なカラー時代に入った年である。カラーによる大阪万国博覧会（70年）と札幌オリンピック（72年）の放送がカラーテレビの普及を後押しした。

オだけの受信料は廃止された。

　日本経済は六六年から七〇年までの五年間に、年平均一〇％を超える高い成長を示した。六八年には、国民総生産（GNP）がアメリカに次いで自由世界二位となる。

　万博やオリンピックなど経済成長の〝栄光〟に国民が陶酔していた同じ頃、〝負荷〟も日本列島を蝕みつつあった。各地で新しい公害問題が起こり、高度成長のひずみが一気に表面化したのだ。

　七〇年夏、東京で光化学スモッグの発生が初めて確認された。自動車の排気ガス中の窒素酸化物と炭化水素が強い紫外線を受けて光化学反応を起こし、刺激性の有毒物質オキシダントが発生したのだ。各都道府県は「光化学スモッグ注意報」を出し、テレビ・ラジオが速報するようになった。東京・新宿区の牛込柳町で自動車の排気ガスによる鉛公害が明るみに出、富山県黒部市のカドミウム汚染が表面化、静岡県富士市の田子の浦港では製紙カスのヘドロが原因の硫化水素ガス中毒が起きた。

　六七年に新潟県の阿賀野川水銀中毒（新潟水俣病）患者が発生源企業を相手取って、損害賠償を求める訴訟を起こした。六九年までに、四日市ぜんそく、富山県のイタイイタイ病、熊本水俣病の患者が相次いで訴訟を起こす。四大公害裁判である。

　公害報道に関して日本のマスコミは、痛恨の思いを引きずっていた。水俣病の初期の段階で、きちんとした取材と報道を怠ったという反省である。水俣では五三年頃から特異な中枢神経症状を呈する患者が多発、五九年十一月には補償交渉を拒否された漁民が新日本窒素肥料（後のチッソ）水俣工場に乱入し警官隊と衝突した。しかし、こうした動きは、ローカルニュースや新聞の地方版でしか取り上げられなかった。

全国規模で〝水俣〟を取り上げたのは、NHKラジオ『時の動き』「汚された不知火海〜追及される十七人の死因」（五七年四月）と、同テレビ『日本の素顔〜奇病のかげに』（五九年十一月）くらいだった。

七〇年代になって顕在化した公害の多発と深刻化に、放送や新聞は本腰を入れて取材と報道に取り組んだ。七〇年四月にスタートしたNHKテレビ『七〇年代われらの世界』は、第二回「地球管理計画」で公害問題を取り上げた。田子の浦港のヘドロ公害、ニューヨークのごみ処理、ロンドンのテムズ川の水質汚染、スウェーデンの工場公害など衛星中継で各国を結んで、公害対策は国際的な連携の中で人間自らが環境をコントロールすることが必要だと訴えた。

民放では、七〇年度の統一キャンペーンのテーマを公害追放として、各局ごとに、あるいはブロックの数局が協力してシリーズ番組を組んだり、スポット番組を編成したりした。

〝公害国会〟と呼ばれた七〇年十一月からの臨時国会で、公害対策基本法第一条の「生活環境の保全については、経済の健全な発展との調和が図られるようにする」という〝調和条項〟が廃止された。経済発展優先で公害対策が徹底を欠く原因になっていたからだ。このほかの公害関係法も整備され、七一年七月には環境庁が発足する。

四大公害裁判は七一年から七三年にかけて一審判決があった。いずれも原告・被害者側の勝訴であった。NHKと民放は判決日に特別番組を編成して、判決の意義や問題点、今後の課題などを伝えた。

『NC9』の登場——高まるテレビ報道への評価

一九七二年（昭和四十七年）二月十九日、逃走中の過激派集団・連合赤軍の五人が長野県軽井沢町の河合楽器の保養所「浅間山荘」に逃げ込み、管理人の妻を人質にして立てこもった。山荘を包囲した機動隊が人質を解放するように呼びかけたが犯人たちは発砲して抵抗、膠着状態が続いた。各局は中継カメラを据えつけて、山荘の様子を伝えた。

事件発生から十日目の二月二十八日、機動隊の実力行使が始まった。発砲を続ける犯人たちに催涙弾が打ち込まれ、放水車が水を浴びせた。クレーンで吊った大きな鉄球が山荘の建物を壊し始める。この間二人の警察官が犯人たちに撃たれて死亡した。午後六時前、機動隊員が屋根裏から山荘に突入、人質を十日ぶりに無事救出し、連合赤軍幹部の坂東国男、坂口弘らを逮捕した。

テレビ各局はこの日、長時間中継で浅間山荘の攻防を伝えた。NHKテレビは午前九時四十分から午後八時二十分までの間、午後二時と八時過ぎに放送した衆議院予算委員会などの一般ニュースとローカルニュースを差し引いた十時間十八分をすべて浅間山荘事件に当てた。東京12チャンネルを除く民放キー局もすべて午前十時前後から午後六時過ぎまで、コマーシャルを抜くなどして九時間前後の中継特番を放送した。

これより二年前の七〇年三月、よど号ハイジャック事件があった。日本航空の羽田発福岡行ボーイング727型機「よど号」が赤軍派の学生九人に乗っ取られた。よど号はソウルを経て北朝鮮のピョンヤンに飛び、犯人たちは亡命した。日本で初めてのハイジャック事件に各局は特別番組を編成した。よど号が帰国するまでの六日間に、NHKが延べ三十時間五十一分、フジテレビ十七時間四十一分、TBS十四時間二十九分などの長時間の放送を行った。東大安田講堂事件（六九年一月）でも、現場中継を中心に長時間の放送が行われている。しかし、これらは断続的な放送であった。

浅間山荘事件は、テレビの長時間連続中継の新記録となった。NHKテレビの二十八日の視聴率は、正午から午後一時までの平均が五五・八%、人質救出・犯人逮捕の午後六時～七時では六六・五%に上った。NHK・民放を合わせた総世帯視聴率は、午後六時～八時の二時間で平均八七%となった。

この日の衆議院予算委員会では、第四次防衛力整備計画やニクソン訪中後の日中関係などを巡って本格的な論戦が始まったところだった。NHKは総合テレビで中継する予定だったが、浅間山荘事件のため午後十時過ぎから一時間半、中継録画で審議のもようを放送した。

長時間にわたる浅間山荘事件の現場中継は、現在進行形の出来事をリアルタイムで報道するテレビの特性を最大限に発揮し、報道機関としての存在感を高めた。その一方で、中継を中心としたテレビ報道は、映像と音声が伝える現象面の迫力の前に、ややもすると問題の本質や背景が隠されてしまうおそれがあることも指摘された。

佐藤栄作首相の退陣の際にも、テレビの機能がクローズアップされる場面があった。

七年八か月の長期にわたって首相の座にあった佐藤は、七二年六月十七日、自民党の衆参両院議員総会で退陣を表明、その後首相官邸での記者会見に臨んだ。席に着いた佐藤は「テレビカメラはどこにいるのか。NHKはどこにいる。ほかの局は。そういう約束だ。新聞記者の諸君とは話さな

『ニュースセンター9時』(NHK)とキャスターの磯村尚徳　(写真提供：NHK)
『NC9』の新しい発想や手法はしだいに視聴者に受け入れられていき、磯村も番組の顔として定着していった。磯村が注目されるきっかけは、彼が着ていた幅広えりの背広を話題に取り上げた女性週刊誌の記事であった。まず中年の女性たちが『NC9』の視聴者層の核となった。

いことにしているんだ。国民に直接話したいんだ」「偏向的な新聞は大嫌いだ。新聞記者のいるところでは話したくない」などと述べた。抗議した新聞記者たちが退席した後、がらんとした会見室で佐藤はひとり、テレビカメラに向かってしゃべり続けた。内閣記者会は「首相が新聞報道を侮辱しテレビを私物化する言動をとったことはきわめて遺憾」と抗議書を出した。

七四年四月一日の夜九時、ＮＨＫの新番組『ニュースセンター９時』（ＮＣ９）が始まった。キャスターの磯村尚徳は、手にした預金証書を見せながらカメラに向かって語りかけた。「今日から新しい年度が始まりました。これは各銀行が一斉に売り出しました宝くじつきの定期預金です。出足はなかなか好調のようでした。この辺にも、インフレに苦しむ国民のささやかな夢が秘められている気がします」

六〇年代に登場したＮＨＫ『きょうのニュース』とＴＢＳ『ニュースコープ』は、テレビ報道に新しいページを開いたが、これらのニュース番組もしだいに陳腐化していった。『ＮＣ９』は、それまでのテレビニュースの発想や形式を根底から覆すものだった。

ＮＣ９の初代編集長になる梅村耕一は、その頃のＮＨＫニュースを回顧して「ニュースの価値判断が新聞に引きずられていた。ニュースバリューに関係なく『政府は…』と書けばトップに来る。ニュースのオーダーは政治、経済、社会、国際の順に決まっていて硬直していた」と言う。

視聴者にアピールする分かりやすいワイドニュース番組を――の方針に沿って作られたのが『ＮＣ９』であった。記者、ディレクター、カメラマン、映像編集など異なる職種の六十九人を集めたプロジェクトチームがつくられ、制作と送出に当たった。

だが、スタートした『ＮＣ９』の評判は散々だった。それまでのニュースのスタイルや演出に慣れ親しんだ視聴者は、新しい番組に戸惑った。初日こそ一〇％あった視聴率は、翌日から急降下、それまでの午後九時ニュースの三分の一ラインを低迷した。

そんな『ＮＣ９』に転機が訪れる。夜九時台のテレビニュースを見ているのは、大都市近郊に住み子どもが一人か二人いる三十五歳前後の女性が中心、という調査結果が出た。その視聴者を念頭に置いて語りかけるようにニュースを伝えていこう、ということになった。磯村はスタッフに「原稿は読むな。普通の人の、普通の言葉で話そう」と説き、自ら率先してみせた。

この年の十一月、フォード米大統領が来日した。スタジオから出た磯村は、都内のホテルに設けられたプレスセンターに陣取り、大統領の動きや訪日の意義、日米首脳会談のもようを伝えた。ワシントン特派員を七年半務め帰国して間もない磯村のニュース捌きには安定感があった。この夜の放送は三〇・六％の高い視聴率、『ＮＣ９』定着の決定打となった。

宝塚歌劇「ベルサイユのばら」が二年間に百四十万人もの観客を動員して、女性たちの間に〝ベルばら〟ブームが広がっていた。『ＮＣ９』で〝ベルばら〟を取り上げたいとの提案が出た。デスクたちの反応は「ベルばらって一体なんだい」。放送で磯村はこう語った。「〝ベルばら〟という言葉は、初め私もスタッフの多くも、何のことだか分かりませんでした」。分からないことは、分からないと言う。間違ったら率直に謝る。そんな姿勢が、『ＮＣ９』に対する視聴者の親近感を深め、信頼を高めていった。

それまでのＮＨＫニュースでは、スポーツは終わり近くで扱う添え物であった。『ＮＣ９』は違った。視聴者の知りたがっていることをまず伝えようという姿勢に徹した。北の湖の二十一歳二か月の史上最年少で横綱昇進（七四年七月）や、プロ野球巨人長嶋茂雄の現役引退（七四年十月）では、本人をスタジオに呼んで番組のトップで伝えた。

スポーツ専門のキャスターとして福島幸雄アナウンサーをフィックスした。同じようにニュースの末尾で申し訳程度に伝えていた天気予報にも力を入れた。独立したコーナーを設け、俳優座の森田由紀子をお天気キャスターに起用した。

『ニュースセンター９時』は、テレビ報道に新しい地平を切り開いたと評価され、八八年まで十四年間続いた。

テレビ報道では、取材した映像素材をいかに速く放送局に運びオンエアするかが問われる。その要請に応えたのが、ＥＮＧ（Electronic News Gathering）の登場であった。小型ビデオカメラと携帯型のビデオテープレコーダーを組み合わせた、エレクトロニクス技術を使ったニュース取材システムのことだ。取材したテープは現場で再生し、マイクロ波無線中継装置（ＦＰＵ）を使って、放送局に伝送する。

ＥＮＧが初めて威力を発揮してみせたのは、七二年十月のホワイトハウスでのキッシンジャー大統領補佐官の記者会見であった。三大ネットワークのＮＢＣとＡＢＣは、夕方のニュースに間に合えばよいと考えてフィルムカメラで取材した。ＣＢＳは違った。小型のビデオカメラで会見のもようを撮影、ポータブルのＶＴＲに収録した。直ちにテープをワシントン支局に届けて、二十五分後には全米に向けてキッシンジャー会見を放送した。

フィルムカメラの場合、撮影したフィルムを放送局に運んで現像、編集しなければならない。その点、ＥＮＧは現場でテープを再生して電波で送ればよく、生中継も可能だ。速報性を重視するテレビ報道には格好の取材システムだ。ビデオテープはフィルムより長尺だからインタビューがやりやすくなる。映像と音声の同時取材も可能だ。カメラやＶＴＲ、編集機などの初期投資額こそフィルム取材の三倍するが、テープ代はフィルムの六分の一で済み、繰り返し何回でも使うことができて、ランニングコストは格安である。

ＣＢＳに先を越されたＮＢＣとＡＢＣはＥＮＧ機材の導入を急いだ。やがてテレビニュース取材のＥＮＧ化は全米に広がっていく。アメリカでは、五〇年代半ばに出現した四ヘッドＶＴＲ、六〇年代半ばに実用化したプランビコン管採用のカラーカメラに次いで、ＥＮＧをテレビ史上第三の革命と評価する向きもあるくらいだ。

日本では、七五年が〝ＥＮＧ元年〟であった。七月の沖縄国際海洋博覧会の開会式を各局は中継で伝えたが、日本テレビは初めてＥＮＧを使って中継した。九月の天皇・皇后のアメリカ訪問に日本から同行した各社のカメラマンは、そろってＥＮＧを携行した。

七六年一月にテレビ高知がローカルワイドニュース『イブニングＫＯＣＨＩ』を全面的にＥＮＧ取材に切り換えた。取材の機動性や運用の効率性、経済性などＥＮＧのメリットが実証されるにつれて、民放各社は競ってＥＮＧの導入を図った。三五ミリフィルムに劣らぬ画質の良さが評価されて、報道番組やドラマのロケにもＥＮＧが使われるようになり、ＣＭもフィルムからビデオカメラを使ったＶＴＲ収録へと比重が移っていった。

ＥＮＧは九〇年代になると、テープに収録した映像と音声を通信衛星を使って伝送したり、衛星経由で中継したりするＳＮＧ（Satellite News Gathering）に変わっていく。〝いつでも、どこからでも〟の発信が可能となり、テレビの最大の特性である速報性や同時性を存分に発揮することが可能となった。

ＥＮＧでは、現場からのリポートが多用される。記者は取材をして原稿を書き、カメラの前でリポートするのが当たり前になった。新しい放送ジャーナリスト像が求められることになった。

ＥＮＧは、テレビ報道を大きく変えたのである。

買いだめをあおった報道――石油ショックと放送

一九七三年(昭和四十八年)十月、第四次中東戦争が起きた。石油価格は三か月で四倍に高騰し、世界の石油消費国は不況とインフレに見舞われた。第一次エネルギーの七七%を石油に依存し、その八割を中東から輸入していた日本が受けた衝撃はとりわけ大きかった。

街のネオンサインが消え、電車の暖房が止められた。マイカー通勤や日曜ドライブの自粛、ガソリンスタンドの休日営業の停止、デパートやスーパーの営業時間の短縮が相次いだ。新聞はページ数を減らし、テレビの深夜放送は中止された。〝石油ショック〟は国民生活に深刻な影響を及ぼした。

石油ショックを象徴する出来事は、トイレットペーパーや洗剤の買い急ぎ・買いだめであった。震源地となったのは、大阪・千里ニュータウンのスーパーマーケット。十一月一日、開店前に団地の主婦ら二百人が行列し千四百パックのトイレットペーパーが一時間で売り切れた。ふだんの四倍の売れ方だった。このもようは関西を中心に大きく報道された。新聞の写真やテレビの画面には、「一人一個に限ります」の張り紙が映し出された。報道が主婦たちの不安をかきたてた。翌日には、神戸灘生協園田店でトイレットペーパーを買う人が先を争ってけが人が出た。

十月三十一日のNHK『こんにちは奥さん』に、中曽根康弘通産相が出演して紙の節約に国民の協力を求めた。十一月二日には通産事務次官が「トイレットペーパーは十分にあるので買い急ぎは慎んで」と呼びかけた。放送や新聞はそれを的確に報道はした。

だが、主婦たちは買いだめに走った。『国民生活白書』(七四年版)は、「十月三十一日の某新聞大阪版夕刊にトイレットペーパーを二年分買いだめした主婦の話が写真入りで掲載されるに至って大きな騒ぎになった」と、混乱の原因をマスコミ報道に求めた。事実を伝えた報道が、結果的に不安をあおることになったのではないか。当局の発表を鵜呑みにして情報操作に荷担したのではなかったか——。報道の仕方が改めて問題になった。

石油ショックは放送界にも大きな影響を与えた。郵政省の要請で、民放各社は深夜放送の時間を短縮した。東京キー局は七四年の新年から午前〇時前後で放送を打ち切り、在阪四社も続いた。NHKは午後十一時で放送を打ち切り、午後に放送休止の時間を設けた。

石油ショックは、物価上昇を加速した。七四年一年間の消費者物価の上昇率は二四・五%、福田赳夫蔵相は「物価は狂乱状態だ」と発言し、〝狂乱物価〟が流行語になった。物価高で七四年の国民総生産（GNP）は実質で一・四%減り、戦後初のマイナス成長となった。

物価高は民放各社の経営を直撃した。番組制作費や人件費が膨らみ、在京キー局は大幅減益となった。東京12チャンネルは、七四年度下期で赤字決算となり給与を分割支給にした。TBSは特別優遇措置をつけて退職者を募った。民放全社の営業利益を前期比で見ると、七三年度上期では一九%増だったのが、下期には一転してマイナス四・二%、七四年度上期にはマイナス二二・五%まで落ち込んだ。

民放各社は、〝いざなぎ景気〟が終わった七〇年頃から経営改善と取り組み、低成長下での経営を模索していた。キー局では、番組制作部門の外注化や一部分離が行われた。TBSは、「木下恵介プロダクション」「テレパック」「テレビマンユニオン」の三つの番組制作会社を設立して番組を発注、スタジオや中継車を優先的に使用させた。フジテレビは制作局を廃止し、報道部門と『小川宏ショー』などスタジオ生番組の制作部門を除いて、すべてのドラマ、芸能番組の制作を系列下のプロダクションに移した。NETは開局当初からスタジオ報道番組や中継番組は報道局が、フィルムニュースは朝日テレビニュース社がそれぞれ取材・制作していたが、七一年、報道局のほぼ全員を、朝日テレビニュース社を解消発展させた「NET朝日制作」に出向させた。日本テレビは、ドキュメンタリーを制作する「日本映像記録センター」の設立に出資、番組を発注した。

七〇年代初期に各社が進めた番組制作の外注化は、競争原理の導入や制作コスト管理の徹底という点で成果があったといわれる。しかし、番組編成と番組制作との間に意思の疎通を欠いたり、プロデューサー、タレントなどの計画的な育成を阻んだりしたほか、出向者とその他の社員との待遇の格差を生むなど、経営の本質にもかかわる問題を引き起こした。このため、フジテレビ以外の番組制作外注化の試みは、局部的な範囲にとどまった。

もう一つの取り組みは、経営多角化を通して増収を目指したことだ。テレビ番組やCM制作のプロダクション、音楽テープやレコード販売をはじめレジャーや不動産などさまざまな分野の関連会社をつくった。石油ショック後の七四年十月現在、民放百五社の三分の二に当たる六十九社が二百七の関連会社を持っていた。

民放テレビでは、ニュース取材や番組ネット、コマーシャル料の分配などで、キー局を中心に全国に系列局がつながるネットワークが出来ていた。民放UHF局の相次ぐ開局や、日本教育テレビと東京12チャンネルの教育専門局から総合局への切り替え（七三年）があったこの時期、系列の再編が行われた。

各地の民放は、設立の際に新聞社が出資し人的交流や事業面での提携関係を保ってきた。キー局の場合、設立の経緯から日本テレビとTBSには朝日、毎日、読売三新聞社が出資、NETは朝日、日経両社が主要株主に名を連ねるといった具合に、資本関係が錯綜していた。そこで新聞各社が保有株式を互いに譲渡交換し、資本提携の単一化が図られた。その結果、日本テレビ―読売、TBS―毎日、NET―朝日、東京12チャンネル―日経という関係が明確になり、すでにあったフジテレビ―産経を加えて、七四年四月にはキー局五局と全国紙五社との単一資本提携が実現した。これに伴って、NETをキー局とする「オールニッポン・ニュース・ネットワーク」（ANN）が発足、既存のJNN（TBS系列）、NNN（日本テレビ系列）、FNN（フジテレビ系列）と合わせて、ニュースネットワークは四系列となった。

大阪では、朝日放送がTBSと、毎日放送がNETと番組系列関係を結んでいたが、新聞社との関係からすると不自然で〝東阪腸捻転〟と呼ばれていた。キー局五社と全国紙五社との単一資本提携の実現を機に七五年四月から、朝日放送はNETと、毎日放送はTBSとネット関係を結び〝腸捻転〟は解消した。

NHKは七三年七月、渋谷区神南に建設を進めていた放送センターが完成、ニュース部門を最後に千代田区内幸町の放送会館から渋谷への移転を終えた。一九二五年三月、芝浦の仮放送所でスタート、四か月後の七月から三九年五月までの約十四年間の「愛宕山時代」、三九年五月から七三年七月まで戦中・戦後の三十四年間に及んだ「内幸町時代」を経て、舞台は渋谷に移った。

これに先立ち、不用になる内幸町の放送会館を売却する公開入札が行われた。敷地一万五百五十平方メートル、建物延べ六万七千三百九十平方メートル。参加十五社の中で、三菱地所が三百五十四億六千万円で落札した。単純に土地だけで換算すると三・三平方メートル当たり一千百万円、七二年の公示地価日本一の新宿・高野フルーツパーラー前の八百四十一万円を大きく上回った。

折から、物価騰貴と開発ブームで地価が高騰していた。新聞や週刊誌は、「地価高騰の火付け役」「ＮＨＫは白紙還元を」などと大きく取り上げ、政府の介入を促すような報道を行った。久野忠治郵政相がＮＨＫに売却益の社会還元を要請したこともあって、ＮＨＫは七三年一月、「七五年度まで三年間、受信料の値上げはしない」「約三百五十四億円の売却代金の使途は、○放送センター建設の債務の返却に百八十億円、○放送文化基金の設立に百二十億円、○ＮＨＫの事業安定化資金に五十四億円、とする」ことを決めた。

財団法人・放送文化基金は七四年二月、ＮＨＫが基本財産として百二十億円を寄付して設立された。全国の小中学校と社会福祉施設に計一万六千五百台のカラーテレビ受像機を寄付したのをはじめ、放送技術の研究開発や放送の国際協力、放送文化の研究に毎年、助成・援助を行っている。

「記憶にございません」――ロッキード事件の証人喚問

現職の総理大臣らが、航空機の売り込みに絡んで賄賂を受け取った――。戦後最大の汚職事件といわれたロッキード事件の報道で、放送メディアは大きな役割を果たした。

一九七六年（昭和五十一年）二月四日、アメリカ上院外交委員会多国籍企業小委員会の公聴会でロ

ロッキード事件の証人喚問の小佐野賢治　（写真提供：共同通信社）

2月16、17日と3月1日の3日間行われた証人喚問では10人が出席したがそろって疑惑を否定、真相解明にはほど遠かった。3日間でNHKは22時間、TBSが14時間喚問の様子を中継した。テレビ中継はその後、中継を意識して厳しい追及が行われ証人の人権が侵されるという理由で、リクルート事件の証人喚問（88年11月）から証言中の写真撮影と動画中継が禁止された。メディア側からのたびたびの申し入れで議院証言法は98年にやっと再改正され、中継が可能になった。

ッキード社が日本に航空機を売り込むために、右翼の児玉誉士夫や輸入代理店の丸紅などに違法な政治工作資金一千万ドル（約三十億円）を渡していたことが暴露された。六日の二回目の公聴会では、ロッキード社副会長のコーチャンが、エアバス「トライスター」を全日空に売り込むため、児玉から国際興業社主小佐野賢治を紹介してもらったことを明らかにし、「複数の政府高官に丸紅経由で二百万ドル（約六億円）を渡した」と証言した。コーチャン証言で、政財界がかかわった疑獄事件の疑いが強まり、三木武夫首相は国会で「日本の政治の名誉にかけても真相を究明する」と宣言した。

衆議院予算委員会は二月十六、十七日と三月一日、証人喚問を行った。病床の児玉を除いて、コーチャン証言に名前が出た関係者ら十人が証言した。ＮＨＫと民放キー局全局が証人喚問を中継した。国会の証人喚問は十一年ぶり、テレビの中継は初めてであった。田中前首相が〝刎頸《ふんけい》の友〟と呼ぶほどに親密な関係にあった小佐野は、トライスターの売り込みにかかわったことはないとコーチャン証言を否定、質問に対しては「記憶にございません」を連発した。

証人喚問中継の視聴率は、小佐野が登場した十六日の午前中がいちばん高くて全局で三三・五％、ふだんの同じ時間帯の六倍に上った。テレビカメラは、証人の表情や視線の動き、質問への答え方や声の調子など一挙手一投足を映し出した。視聴者はテレビを通して証言の虚実を感じ取った。小佐野や全日空社長若狭得治ら六人は、後に議院証言法違反の偽証罪で告発され、東京地検に逮捕される。証人喚問のテレビ中継は、ロッキード事件に対する国民の関心を高める上で大きな役割を果たした。

ＮＨＫは外信、社会、政治など各部で情報交換をし、同時に全国から応援の記者やカメラマンを集めて特別の取材態勢を組んだ。民放キー局も系列局と一体となって取材と報道に当たった。証人喚問から一週間、二月二十四日には検事総長が捜査開始宣言をした。東京地検、警視庁、東京国税局の三者が合同で強制捜査に乗り出す。捜査は極秘で進められ、報道陣への発表はほとんどなかった。各社は〝夜討ち朝駆け〟の取材で情報を取る一方、アメリカ側の資料を解読するなどし、それを基に各方面への取材を重ねた。一方では、児玉邸や政府高官宅などで長期間、記者とカメラマンが張り込みを続けた。

各社は捜査機関の情報にだけ頼るのではなく、独自の取材で解明した事実を「ロッキード事件を調べている○○新聞社は…」とか「ＮＨＫの調べによりますと…」などという伝え方で報道した。それまでのニュースや新聞記事が「○○警察署の調べによると…」「検察庁の調べでは…」と書く「発表報道」だったのに対して、「調査報道」が本格的に行われた点でも画期的であった。

七月二十七日朝、東京地検は前首相田中角栄を逮捕した。容疑は外国為替管理法違反だが、首相在任中に、ロッキード社のトライスターを全日空に売り込んだ成功報酬として現金五億円を受け取ったというもので、起訴段階で受託収賄罪が加わった。捜査は一気に頂上に上り詰めた。報道各社は意表を突かれた。各社が事態を知ったのは、張り番をしていた東京地検に田中が着いた午前七時二十七分だった。テレビ・ラジオは「田中前首相、地検入り」を速報した。東京地検は九時四十分、田中の逮捕を発表した。

二月のワシントンからの一報に始まり、この年十二月の〝ロッキード総選挙〟までの十か月間、各局は特別編成で関連番組の放送を続けた。長期間のロッキード報道について、放送評論家の松田浩は、放送界が取材態勢や編成、番組作りの上で新生面を切り開いたことを評価しながらも、報道要員の数が新聞に比べて劣勢な民放テレビでは大きなハンデとなったこと、ＮＨＫとＴＢＳを除いてロッキード関係の番組のほとんどは日中と深夜に集中したことを挙げて、テレビがその可能性を生かしきってはいないと批判した。

ロッキード事件はこの後、元運輸政務次官佐藤孝行と元運輸相橋本登美三郎が全日空から現金を受け取った容疑で逮捕され、逮捕者は十八人に上った。十二月五日投票の総選挙で、自民党は過半数を割る大敗を喫した。三木内閣は退陣、福田赳夫が首相になった。

ロッキード事件に関連して、ＮＨＫの小野吉郎会長が辞任に追い込まれる事態が生じた。逮捕・起訴された田中が二億円の保釈金を積んで帰宅した一週間後の八月二十四日朝、小野は公用車に乗って目白の田中邸を訪問した。小野は、五七年に田中が三十九歳の若さで郵政大臣になったときに事務次官として田中を補佐、その後ＮＨＫに天下り、専務理事から副会長を経て七三年、田中の強い支持をバックに会長になった経緯がある。

小野の田中邸訪問は、新聞や民放で報道された。報道機関の責任者が刑事被告人を訪ねるのは不見識ではないか――の批判が噴き出す。衆議院ロッキード特別委員会に参考人として呼ばれた小野は、「ほんのお見舞いがてらに出勤の途中で寄った。ＮＨＫ会長としての公的な訪問ではなく私的なものだった」と釈明した。小野の行動を糾弾する動きが、ＮＨＫの内外で高まった。ロッキード事件取材の中心になっていた報道局社会部の記者たちが、小野会長に辞任を求める抗議文をまとめ、ほかの職場でも辞任要求の決議が続いた。報道機関としての責任を問う視聴者からの抗議の電話は、八月中に千二百件を数えた。

九月三日、小野は経営委員会に辞表を提出して受理された。健康上以外の理由で、ＮＨＫ会長が任期途中で辞任したのは初めてのことだ。小野の後任に、副会長坂本朝一の昇任が決まった。ＮＨＫ五十年の歴史で、初めて生え抜きの会長が誕生した。

ロッキード事件の発覚から五年に当たる八一年二月四日、ＮＨＫ『ニュースセンター９時』が放送を予定していた「ロッキード事件五年～田中角栄の光と影」の一部が、放送当日になって取りやめになった。カットされたのは、事件後も田中派が拡大・膨張を目指して活発に動いていることを紹介し、派閥の言い分を田中の側近議員に語らせる一方、三木元首相がそれを批判する部分である。放送中止は、報道局長・島桂次の命令であった。政治、社会の両部長が抵抗したが押し切られた。波紋が広がった。労働組合の集会が開かれ、報道局長の業務命令を受け入れた職制への抗議と責任を追及する団体交渉が続いた。政治、経済、社会三部の管理職デスク会も島に説明と反省を求めた。

島は後にNHK会長にまで上り詰める。会長を辞めた後に出した著書の中で、放送中止の内幕を書いた。それによれば、自民党の二階堂進総務会長から坂本NHK会長にロッキード企画を手控えるように圧力がかかった。会長から善処を求められた島は、NHK労組（日放労）の経営への介入・影響行使を切ることを会長らに約束させ、放送中止を命じたというのである。

ホームドラマの全盛期へ――新路線の番組が登場

高度成長から安定成長へ――。日本の経済や社会の変容を映して、テレビの番組にも新しい視点に立った企画が登場する。

一九六〇年代後半から七〇年代前半にかけて、NHKは大型のシリーズ番組を次々に放送した。『明治百年』（六八年九月～十二月、十五回）、『七〇年代われらの世界』（七〇年四月～七五年十一月、四十七回）、『未来への遺産』（七四年三月～七五年十二月、十七回）である。取材の規模や経費で従来の番組をしのぎ、テーマも壮大であった。

『明治百年』は、元号が明治に替わって百年に当たる一九六八年（昭和四十三年）に制作された。日本の近代化を政治、経済、医学、音楽、絵画、建築、軍隊など十三の分野に分けて、西洋の文物が日本に移植される過程を取り上げた。自由・平等・独立の思想はどのようにして日本にもたらされたのか。建築や鉄道の技術、りんごや牛乳などの食物はどこから来たのか。だれがもたらしたのか。海外に素材を求めて克明に描いた。

『七〇年代われらの世界』では、五年余りの間毎月一回一時間半（二年目からは一時間）の番組を放送し続けた。七〇年代を時代の転換期ととらえ、問題提起と展望を試みようというのが企画の意図だった。環境破壊や南北格差など経済成長に伴うゆがみ、宇宙開発やコンピューターといった新しい技術、戦争の防止や教育改革などテーマは多岐にわたった。

放送開始五十周年記念として企画されたのが『未来への遺産』だ。文明はなぜ栄え、なぜ滅びたか。文明の交流は何をもたらしたのか。こうしたテーマに沿って、番組ではいくつもの遺跡を取材した。取材先は四十四か国、百五十か所に上った。

三つの番組にプロデューサーなどとしてかかわった青木賢児は、「これらの番組でテレビは独自の表現法を確立し、知的な領域を広げて、第二世代に入った」と回顧している。

この時期はまた、テレビがお茶の間の娯楽の中心となり、家族全員で楽しめるホームドラマが全盛を極めた。

ＴＢＳで六四年にスタートした『七人の孫』（森繁久彌主演）と『ただいま十一人』（山村聰主演）は、恵まれた中流家庭を舞台に祖父や父親が家族間のもめごとを解決するという形で、父系家族の理想像を描いた。この流れを変えたのが、同じＴＢＳで六八年に登場した『肝っ玉かあさん』だ。石井ふく子がプロデューサー、作家の平岩弓枝が脚本を書いた。夫に先立たれた後もそば屋を切り盛りする女主人を京塚昌子が演じた。石井は「働いている母親を主役に据えたドラマは当時ほとんどなかった。社会に目を向ければ女性が進出し始めていた。女性でも頼もしく生きている姿を描きたかった」と語っている。

この路線を受け継ぎ、完成させたのが七〇年から七五年までに四シリーズ作られた『ありがとう』である。これも石井、平岩の女性コンビによるヒット作で、最高五六・三％という驚異的な視聴率を上げて、〝お化け番組〟と呼ばれた。山岡久乃と水前寺清子が扮する親子を中心に毎回、人情劇を繰り広げた。ホームドラマにバラエティー的手法を持ち込んだ『時間ですよ』（七〇年～七四年）は、下町の銭湯を舞台に姑と嫁の心の交流を描いた。女性の入浴シーンを織り交ぜた新感覚のコメディーは、主婦向けのホームドラマに飽き足りない若い世代を引きつけた。

石油ショックは、テレビドラマの世界も変えた。現実離れしたホームドラマに飽き足りない思いを抱く視聴者の不満に応えようと、現実を直視する〝辛口ホームドラマ〟が現れる。

NHK『銀河テレビ小説』の枠で放送された橋田壽賀子脚本の『となりの芝生』（七六年）は、その代表的な作品だ。新興住宅地に一戸建てのマイホームを手に入れた次男の家に、長男夫婦と折り合いが悪くなった母親が同居する。姑（沢村貞子）と嫁（山本陽子）との対立、板挟みになってオロオロするばかりの夫（前田吟）。赤裸々な本音が飛び交う展開がお茶の間の話題をさらった。

TBSの『金曜ドラマ』の枠で、七七年六月から十五回連続で放送された『岸辺のアルバム』は、口当たりのよいホームドラマに慣れていた視聴者に新鮮な衝撃を与えた。多摩川べりの新興住宅地に住む一見平穏に暮らしている四人家族。だが、貞淑そうな妻（八千草薫）は年下のサラリーマン（竹脇無我）の誘惑に乗り、大学生の長女（中田喜子）はアメリカの青年に遊ばれる。商社マンの夫（杉浦直樹）は仕事のためなら社会的モラルを捨てる会社人間だ。大学浪人の長男（国広富之）は家族の秘密を暴露して家出してしまう。家族がバラバラになった家は、洪水に押し流されるという象徴的な結末を迎える。山田太一が初めて書いた小説を、自ら脚本にした。

山田がＮＨＫ『土曜ドラマ』に脚本を書いた『山田太一シリーズ～男たちの旅路』では、鶴田浩二が元特攻隊員の主人公を演じた。戦後三十年たっても戦争の影を引きずり独身を貫く警備会社の司令補。部下に向かって「おれは若いやつが嫌いだ」と言い、「甘ったれたことを言うな」と説教する。世代間の対立と理解とを一話完結で描いて反響を呼んだ。

ドラマの中でも時代劇には、視聴者の根強い支持に支えられた長寿番組が少なくない。ＴＢＳの『水戸黄門』（六九年～）はその典型である。単純明快な勧善懲悪物語であり、お家騒動や悪代官と悪徳商人の癒着、敵討ちなど筋書きは決まっている。三十年間の平均視聴率が二五・六％、最高で四三・七％（七九年二月）を記録した〝お化け番組〟である。黄門役は東野英治郎、西村晃、佐野浅夫、石坂浩二と四代目に入り、二〇〇〇年六月五日の放送で八百八十九回を数え、フジテレビで八百八十八回放送された『銭形平次』を抜き同一タイトルの連続放送回数の新記録をつくった。

ＴＢＳで六九年十月に始まった『8時だョ！ 全員集合』は、驚異的な視聴率を上げたバラエティ番組として放送史に残るものだ。スタートして一年、七〇年十月第二週から連続七週間、視聴率が四〇％を超え続け、七三年四月にはついに五〇・五％を記録する。

『8時だョ! 全員集合』のドリフターズ(東京放送〔TBS〕)　(写真提供：TBS)
加藤茶が音楽に合わせて踊りを披露、思わせぶりに「ちょっとだけよ」と言ってみせるなど、ふざけすぎという批判もあったが、ドリフのギャグは子どもたちの圧倒的な支持を得た。

土曜の夜八時から一時間の公開録画番組で、コミックバンドのザ・ドリフターズによるコントやゲスト歌手の歌、ドリフのメンバーが演じる〝体操の時間〟などで構成した。番組が成功した背景には、豊富な所属タレントをうまく使った渡辺プロダクション（通称ナベプロ）の作戦と、メンバーの熱心な取り組みがあった。

『8時だョ！ 全員集合』は、先輩格の『シャボン玉ホリデー』（六一年～七二年、日本テレビ）、『巨泉・前武ゲバゲバ90分！』（六九年～七一年、同）を視聴率で抜き去り、コント55号の萩本欽一が視聴者参加型のお笑い番組として新しいジャンルを切り開いた『欽ちゃんのドンとやってみよう』（七五年～八〇年、フジテレビ）との対決でも、最終的には勝利を収めた。十六年間の平均視聴率は二七%を維持した。

『8時だョ! 全員集合』は、それまでは低い評価でしかなかったバラエティー型のお笑い番組を、娯楽番組の主要なジャンルに押し上げたという点で画期的であった。

テレビ歌番組もこの時期に開花した。先駆けになったのは、五八年六月にKRTで始まった『ロッテ歌のアルバム』である。司会に起用された文化放送のアナウンサー玉置宏の、歌謡界についての豊富な知識と独特の調子の歌手や曲名紹介がうけて、七九年九月まで二十一年間一千回を超える長寿番組となった。

フジテレビ『ザ・ヒットパレード』(五九年~七〇年)は、渡辺プロダクションが初めて手掛けたテレビ歌番組であった。アメリカのポップスのヒットチャート上位の曲に日本語の歌詞をつけ、ナベプロ所属の歌手に歌わせた。中尾ミエ、伊東ゆかり、園まり、飯田久彦、梓みちよらのスターが育って、歌番組だけでなくバラエティーやドラマでも活躍する。

華麗なセットをバックに、スター歌手が歌って踊って雰囲気を盛り上げる歌番組のもう一つの形を確立したのが、NHK『歌のグランドショー』(六四年~六八年)である。六八年には『歌の祭典』と改題してカラー化、この後三十年以上にわたって『歌のゴールデンステージ』『NHK歌謡ホール』『歌謡コンサート』などとタイトルを変えながら、NHKホールを会場に四千人の観客を集める公開番組として定着していった。

歌番組には、アマチュアの出演者の〝意外性〟を見せ場にする視聴者参加番組もある。その典型はNHK『のど自慢』だが、六〇年代半ばに不況で番組制作費を切り詰められると、民放テレビは視聴者参加の公開番組を次々と登場させた。日本テレビの『歌って踊って大合戦』（六五年）は、五人一組の出場者がゴーゴーや民謡に合わせて思い切り踊りまくる。司会の林家三平が出場者をあおり観客は興奮するという番組であった。だが、〝低俗番組〟と批判されたり、放送番組向上委員会から自粛を要請されたりして一年ちょっとしか続かなかった。

これとは対照的な公開番組は、NHK『ふるさとの歌まつり』（六六年〜七四年）だ。全国各地を巡回して、地元の出演者とゲストの歌手が歌謡曲や民謡、伝統芸能を披露するものだ。宮田輝の司会とともども人気を博した番組で、郷土芸能の保存やふるさと再発見にも寄与したと評価された。

六〇年代はロックやエレキが若者をとらえ、テレビの歌番組がブームを広げた。六六年に来日したザ・ビートルズは六月三十日から三日間、日本武道館で公演して五万人の観客を熱狂させた。七月一日の日本テレビ『ザ・ビートルズ日本公演』は、五六・四％という高い視聴率を残した。六五年に始まった『勝ち抜きエレキ合戦』（フジテレビ）や『エレキ・トーナメントショー』（東京12チャンネル）は、エレキギターとグループサウンズ（GS）ブームに呼応した番組であった。ザ・スパイダーズ、ザ・ワイルドワンズ、ザ・タイガースなど人気グループの、長髪でスマートなスタイルとエレキギターの激しいサウンドが少年少女たちをとりこにした。

映画は、テレビが始まった当初から重要な番組であった。だが、それらの番組はテレビ放送を目的に制作されたシリーズものであり、長い時間と高い制作費をかけて丁寧に作り上げた劇場用映画と違って、映画ファンを満足させるものでは必ずしもなかった。

本格的な劇場用映画が定期的にテレビに登場するのは、六〇年代の後半であり、その先駆けとなったのはNETが六六年十月にスタートさせた『土曜洋画劇場』である。

この当時の民放界は、先発の日本テレビ、TBSと後発のNET、フジテレビ、東京12チャンネルとの間に営業力や番組制作力の上でまだかなりの格差があった。このため後発局は、新しい番組ジャンルの開発に力を入れていた。『土曜洋画劇場』はそんな番組の一つであった。それまで休日の昼間に放送していた外国製の劇場用映画を、ゴールデンタイムに定時化してみたのである。

「劇場用アメリカ映画の名作を四十八本お見せしましょう」のキャッチコピーで登場し、たちまち人気を集めた。NETは、翌年から放送時間を日曜日に移し『日曜洋画劇場』とした。『日曜洋画劇場』の人気は、第一回の「裸足の伯爵夫人」から九九年十一月十五日放送分まで、三十三年間にわたって解説者を務めた淀川長治に負うところが大きい。

「映画が好きで好きでたまらない」という淀川は、番組の冒頭で一分、終わって一分三十秒の短い時間の解説だが、うんちくを傾け情熱を込めて語った。軽く右手を上げて「サイナラ、サイナラ、サイナラ」と番組を終わる淀川のあいさつも、人気を呼んだ。淀川は、九九年十一月、八十九歳で世を去った。「いつもこれが最後かもしれないという気持ちで、メーキャップは〝死に化粧〟、そして〝死に水〟と思って一杯の水を飲んで本番に臨みます」と語っていた。

『日曜洋画劇場』の成功に刺激され、他の局も次々と劇場用映画の定時放送枠をゴールデンタイムに設定した。その結果、七〇年代前半には、首都圏の視聴者は一週間のどの日でも、どこかのチャンネルでゴールデンタイムに劇場用映画を見ることができた。劇場用映画のラッシュは、視聴者にテレビで映画を見る習慣を広げ、六〇年代初めから退潮の様相を濃くしていた日本映画に大きな打撃を与えることになる。

七五年十月、日本テレビ『水曜ロードショー』は、不朽の名作「風と共に去りぬ」を前・後編に分けて放送した。テレビ放映はありえないとまでいわれた作品を世界に先駆けて放送したものだ。放送権の購入に六億円が投じられ、前・後編を通して三五・八%の視聴率を上げた。

第5章

成熟期に入ったテレビ

〝編成の時代〟――大型企画・スペシャル番組の登場

一九七五年（昭和五十年）、NHKのテレビ契約数が二千五百七十五万件、普及率は九一・七%になった。民放テレビ局は九十社に達し、民放の一県複数化が達成された。テレビ広告費は雑誌（五七年）、ラジオ（五九年）を抜いて増え続けていたが、この年ついに新聞を抜いてマスコミ四媒体の一位となった。国民生活時間調査によれば、平日に人々がテレビを見る時間はそれまでの最高の三時間十九分となった。

一方で、人々のテレビ観も変わってきた。テレビに興味を持つ人は六七年に七三%もいたが、七一年は六二%、七四年になると五八%に減少した。興味のない人は一九%（六七年）→三三%（七一年）→三七%（七四年）へと増加した（NHK調査）。興味の減少や興味なしの理由として、「テレビはどれを見ても同じようなものを放送しているから」「テレビを見るより自分の趣味やスポーツ、読書をした方が楽しいから」「テレビが以前ほどぜひ見たいと思うようなものを放送しなくなったから」を挙げる人が増えた。

人々のテレビ観の変化は、視聴率にも現れた。五〇年代後半から六〇年代にかけての頃には、四〇%を超える高視聴率番組がたくさんあったが、七〇年代には三〇%を超える番組もほとんどなくなった。人々の生活は一週間を単位として同じような行動の繰り返しで成り立っている。一週間を単位に、決まった曜日の決まった時間に決まった番組を放送する定曜定時の編成が長年行われ、数多くの高視聴率番組を生んできた。しかし、番組内容がパターン化し編成も固定化してくるにつれ、不満も高まっていったのである。

こうしたテレビ視聴動向の変化に合わせて、各局は意欲的な編成を打ち出す。編成とは、放送局の経営方針に沿って、どんな内容の番組を、どの時間に、どんな形で並べるかを決めることだ。七〇年代後半は、各局が新しいジャンルの番組を開発し、スペシャル編成を展開してテレビの新しい可能性をアピールした時期であり、〝編成の時代〟と呼ばれる。

人々の生活や関心が多様化し個性化する。一家に二台、三台とテレビが増えていくと、テレビは家族そろって見るものではなく、自分の好きな番組を選んで見る個人視聴、選択視聴へと移っていく。テレビ局側も、娯楽メディアとして視聴率を優先した編成から、番組視聴の充足感など質を重視した番組編成に力点を移していく。

アメリカでは六〇年代後半に、定時番組のマンネリ化で視聴時間が減少した。三大ネットワークは大型で見応えのある番組を数多く編成して、新しい視聴者の開拓に成果を上げた。日本でも、視聴時間の減少傾向は八五年に底を打ち、増加に転じた。人々のテレビ離れに対し、編成面からの努力が効果を上げたためだといわれている。

七六年四月、新番組『NHK特集』がスタートした。第一作は「氷雪の春~オホーツク海沿岸飛行」。小型機にVTRを搭載して沿岸に押し寄せる流氷を空撮、これに陸上と水中撮影を加え、オホーツクに生きる動物や自然の厳しさ、荒々しさ、美しさを描いた五十分のVTR構成だ。「氷雪の春」は、テレビドキュメンタリーがそれまでのフィルム主流からVTR制作に移行するきっかけともなった。また、札幌、釧路の地方局が東京と一緒になって長時間の特集番組を共同制作したという点でも、新しい試みであった。

『NHK特集』は、NHK内部の危機感がばねになって生まれた。この頃、カラー契約の伸びが鈍り、経営は厳しさを増していた。一部に受信料不払い運動も起きて、NHKへの批判が高まっていた。NHKの番組は「まじめだが面白くない」と批評され、夜のゴールデンタイムの視聴率では民放に圧倒されていた。NHK放送総局長の堀四志男は、「テレビにはまだまだ可能性がある。新しいテレビ番組を作れ」と新番組の開発を命じる。

教育、芸能、報道の各局から独立して置かれたNHKスペシャル番組班が、検討を重ね、新番組のコンセプトをまとめる。「題材自体にスクープ性があること、視点や切り口の新鮮さ、表現方法・技術が実験性に富み挑戦的なこと」——。後にNHKスペシャル番組部長を務める藤井潔は、これを〝サムシング・ニュー〟と表現した。

『NHK特集』では、普及し始めた小型VTRを使った番組制作が積極的に行われた。『日本の素顔』や『現代の映像』に携わったディレクターたちは、フィルムならではの質感と完成度の高さにこだわったが、藤井は「ビデオ撮影で、当たり前の素材でも何か新しい発見があるのではないか」

と考えた。藤井がＶＴＲ構成で制作した「永平寺」（七七年三月）は、イタリア賞ドキュメンタリー部門の大賞を受賞した。

「ある総合商社の挫折」（七七年一月）は、総合商社安宅産業が石油事業に失敗して経営危機に陥る過程を、ＮＨＫ経済部記者たちの〝夜討ち朝駆け〟の取材の一部始終を追う形で描き出し、経済ドキュメンタリーに新境地を開いた。硬派の企画が多い中で、プロ野球の巨人と阪神を題材にした新形式のクイズや、シンガーソングライター小椋佳のテレビ初登場、写真構成「山口百恵・激写・篠山紀信」などの異色作も放送された。

『ＮＨＫ特集』は、八九年三月に終了するまでの十三年間に千三百七十八本が放送された。「シルクロード」「21世紀は警告する」「大黄河」「ルーブル美術館」「日本の条件」「地球大紀行」などの大型シリーズ、「絵巻切断」「写楽」のような美術絡みの推理もの、「襲撃～スズメバチの恐るべき生態」「ポロロッカ・アマゾンの大逆流」「山口組」「皇居」「コンクリートクライシス」のような自然や社会に題材を求めたスクープものなど多彩な内容であった。

一年目は九％だった平均視聴率が、週二本となった七八年度は二桁台、八〇年度は一四・四％に上がった。個々の番組では、ＮＨＫ記者山下頼充家に誕生した日本で最初の五つ子の記録を集大成した「一年生になりました～五つ子六年間の記録」（八二年四月）の二九・一％が最高であった。

民放もスペシャル編成を打ち出す。ＮＥＴは七七年四月、社名をテレビ朝日（全国朝日放送）に変更した。新しい局のイメージアップを図る必要がある。目をつけたのが米ＡＢＣが八日間連続でゴールデンタイムに放送し、平均視聴率四五％を記録したドラマ『ルーツ』だ。テレビ朝日は、推定

『NHK特集 一年生になりました〜五つ子六年間の記録』 (写真提供：NHK)
『ＮＨＫ特集』の13年間は、視聴者の見たい、聞きたい、知りたいという潜在的な興味を、鋭いアンテナを張って見つけだしてきた歴史といえる。『ＮＨＫ特集』は89年４月から『ＮＨＫスペシャル』に引き継がれた。

二百万ドルで『ルーツ』の放送権を獲得した。

『ルーツ』は、黒人作家アレックス・ヘイリーの同名小説が原作。十八世紀の初め、西アフリカから奴隷としてアメリカに連れてこられたクンタ・キンテ一族が、南北戦争で自由を得るまでの七代二百年の歴史を描いたものだ。

テレビ朝日は、米ＡＢＣと同じようにプライムタイムに八日間連続で放送することを決める。日本語版の作成に大掛かりな態勢が取られた。番組の宣伝・広報にも力を注いだ。放送は七七年十月二日の午後八時から八夜連続で合計十二時間放送され、平均視聴率は二三・四％を記録した。初めてのスペシャル編成としては高い数字であった。「ルーツ」はこの年の流行語になる。

これより先八月二十九日には、ＴＢＳが三時間ドラマ『海は甦える』を放送した。明治の日本海軍の創設者山本権兵衛（仲代達矢）が日露戦争に備えて海軍の増強に取り組む過程と、広瀬武夫中佐（加藤剛）が活躍した旅順口海戦からバルチック艦隊の撃破までを描いたものだ。

制作に五か月の日時と一億円をかけ、全国放送のための電波料に六千万円、ＣＭ制作費に三千万円、番組宣伝費に二千万円が投じられた。番組宣伝は、番組と番組の合い間のスポットにとどまらず、『奥様８時半です』や『３時にあいましょう』の番組に原作者の江藤淳やドラマの出演者が顔を出してＰＲした。夜九時からの放送は、二八・五％の高い視聴率を上げた。

日本テレビは七八年、開局二十五周年を迎えた。記念番組として八月二十六日の午後八時から放送した『24時間テレビ・愛は地球を救う』には、全国二十九の系列局全部が参加、寝たきり老人に入浴車を贈ろうと呼びかけた。番組を通じた募金額は、十一億三千万円に達した。『24時間テレビ』は以後、日本テレビの毎年夏のビッグイベントとなる。

朝が決戦場に――〝報道元年〟の新機軸

一九八〇年（昭和五十五年）を、民放各社は〝報道元年〟と位置づけて夜の時間帯にニュースや大型報道番組をスタートさせた。七〇年代の後半、ロッキード事件や成田空港闘争など大きなニュースが続いて視聴者の報道への関心が高まったこと、民放キー局と系列局を結ぶネットワークが定着してきたことが、その背景にあった。

八〇年十月に始まった日本テレビ『ＴＶ-ＥＹＥ』、ＴＢＳ『報道特集』、テレビ朝日『ビッグニュ

ースショー いま世界は』は、いずれも週末の夜十時〜十一時台に編成された。六八年から続いているアメリカCBSの報道番組『シックスティ・ミニッツ』の成功を参考にしていた。『報道特集』は、テーマを絞り込み問題の本質や背景を掘り下げていこうという調査報道番組で、二十年以上も続いている。

民放の報道・情報番組強化を促した要因の一つに、NHKの積極的な取り組みがあった。ニュース報道に新しい地平を切り開いた『ニュースセンター9時』（七四年〜）に続いて、八〇年四月には『NHKニュースワイド』をスタートさせた。従来の『ニュース』『ローカル番組』『スタジオ102』の枠を取り払って一本の番組とし、午前七時から七十二分間、柔軟で厚みのある総合編集を目指した。スタートから四年間キャスターを務めて、NHKの〝朝の顔〟になった森本毅郎アナウンサーは、「情報量を増やしテンポをあげるため、NHKのアナウンサーの標準だった一分間で三百字読むスピードを四百六十字とした。外務省や大蔵省、官邸にも出かけ、現場感覚をできるだけ吸収した」と語った。

その前年七九年三月に、日本テレビは新しい情報ワイド番組『ズームイン!!朝!』で朝の時間帯に切り込んだ。当時、NHKの『ニュース』『スタジオ102』が平均三二%の視聴率を上げて圧倒的に強く、日本テレビの『おはよう！ ニュースワイド』『おはよう！ こどもショー』の視聴率は、わずか一・七%であった。

朝のテレビ視聴は、慌ただしく何かをしながらテレビに目をやる〝ながら視聴〟が主流であり、時計代わりにテレビは見られている。日本テレビは、新しい朝の番組を開発するに当たって、四〜五分のコーナーを積み重ねて八十五分の番組とし、生中継を基本に生活に役立つ情報番組とすることを決める。新しい番組にふさわしいスタジオが欲しい。キャスターの後ろが見えて天気も分かり、通りがかりの人とも気軽に話し合えるようなガラス張りでスタジオと副調整室が一体となったスペースだ。竣工して間もないPR展示コーナーを三億八千万円かけて改造した。キャスターには自局のアナウンサー徳光和夫の起用が決まる。

難題は系列局の協力を得ることだった。地方局にとって全国中継は、スタッフ総出で前日からスタンバイする一大事だった。たった三分か四分の中継にスタッフを動員することや、毎日中継できるような素材が少ないことなどを理由に、系列局は難色を示した。日本テレビの担当者は「技術は日進月歩、そのうちに電波は衛星で空から降ってくるようになる。そのときに備えて、いまから力をつけ地元に密着した番組作りを」と説得して回り、協力を取り付けた。

番組が始まった後も、全国各地でさまざまな職種・年齢層の人たちにVTRを見せて意見を聞いた。マーケットリサーチの結果に沿って番組の手直しを図った。「取材やインタビューは本音で」「導入部は極力短く、できるだけ早く本題に入る」ことなどがスタッフに徹底された。開始時に二・七％だった視聴率は、四年目には朝の時間帯の民放一位となり、十五年目の九四年春にはNHKの『おはよう日本』を抜いて朝の番組のトップに立った。

この時期はまた、テレビの調査報道が目覚ましい成果を上げた時期でもある。まだ表面化していない政治・経済・社会問題を察知し、報道機関が独自にその全容を探り出して報道するのが調査報道である。ニクソン再選を巡る盗聴や大統領自身もかかわった隠蔽工作を暴いたワシントン・ポストのウォーターゲート事件報道（七二〜七三年）が代表的な例だ。

TBSニュース報道部の堂本暁子記者は、「ベビーホテルブームを取り上げて」という若い母親からの手紙を基に、取材を進めてみてびっくりする。働く母親たちが子どもの保育に困っていることに目をつけ、キャバレーやサラ金などの業者までがベビーホテルの経営に手を出し、劣悪な施設で子どもを放置していることが分かったからだ。八〇年三月、『テレポート6』で「点検、乱立ベビーホテルの実態」を放送すると、番組専用の十本の電話は鳴りっぱなしになった。

四月から週一回のキャンペーンが始まる。『奥様8時半です』『報道特集』『ニュースコープ』などの全国向け番組も、キャンペーンの戦列に加わった。TBSがベビーホテルを取り上げた回数は、一年間で四十回にも上った。翌年、厚生省と東京都がそれぞれベビーホテルに関する調査報告を発表、国会でも取り上げられて改善策が打ち出された。

八一年十月十六日、北海道炭鑛汽船夕張新鉱でガス突出事故が発生し九十三人が犠牲になった。各局は現場からの中継を交えてこの惨事を伝え、三日後には『NHK特集』「地下坑道で何が起きたか〜北炭夕張事故徹底取材」が放送された。

事故の報道が収束に向かう中で、北海道放送（HBC）の記者たちは現地に通って多角的な取材を続けた。その成果は、『地底の葬列』（八二年五月）に結実した。炭鉱労働者の犠牲の上に成り立ってきた日本の石炭産業の実態を歴史的に掘り下げ、エネルギー政策のゆがみと資本の論理を正面からえぐり出した。「地方の時代賞映像コンクール」でグランプリを受賞、NHK教育テレビで再放送された。

事故から一年、北炭夕張は閉山、全員解雇が決まる。HBCは荒廃していく街と翻弄された人々を淡々と描いた『続・地底の葬列』を放送、さらに二作品を改編して総集編『地底の葬列』を制作した。この番組は八三年度の芸術祭大賞を受賞し、地方民放の健闘ぶりが広く知られた。

八二年二月、東京・永田町のホテルニュージャパンの火災で三十三人が死亡（八日）、羽田空港に着陸直前の日本航空機が墜落して二十四人が死亡（九日）と、二日続いて大きなニュースが起きた。

日航機事故の報道では、事故原因の究明が焦点になった。事故から三日後の十二日、NHK『ニュースセンター特集～操縦室で何が起きたのか』がスクープを放った。事故の原因は、機長の異常な行動にあった。精神分裂症の機長がエンジンを逆噴射させるなど、通常では考えられない操作をしたことがボイスレコーダーに記録され、海中から引き上げられたエンジンもそれを裏づけた。NHKは社会部の記者が中心になって徹底した裏づけ取材を展開、日本航空の発表に先立ってこの驚くべき事実をつかんだのだった。番組では、NHK出身のノンフィクション作家柳田邦男が解説して説得力を加えた。

八二年四月に二回連続で放送した『NHK特集』「教科書はこうして作られる」は、「現代社会」の教科書検定の際に、文部省の調査官と執筆者、編集者が交わしたやり取りを録音したテープをNHKが入手、これを基にそれまで知られることのなかった教科書編纂の実態に迫ったものだ。

天気予報は、人々の関心の極めて高い情報であり、NHKの「よく見る番組」調査ではいつもニュースに次いで二位にランクされている。だが、時間も十分ではなく、天気図は手書き、「晴」や「雨」「曇」の天気マークを磁石で地図に貼りつけるやり方が長く続いた。七〇年代半ば以降、全国各地の降水量や気温、風などを観測(アメダス)して、警報・注意報などとともに配信(アデス)するシステムが実用化、気象衛星ひまわりも登場して、テレビの気象情報番組は大きく変わる。

NHKは八一年、教育テレビで『テレビ気象台』を、八五年からは総合テレビで『金曜お天気博士』を始めた。天気予報を生活情報として独立させ、災害防止に役立つ情報を伝えるユニークな番組であった。民放ではTBS『お天気ママさん』(初代は大沢嘉子アナウンサーで六四年~八四年を担当)が、生活実感を込めた天気予報として人気を集めた。

九五年の気象業務法の改正で、気象予報士が誕生する。資格を持ち一定の機器・施設があれば、市町村単位以下の局地予報を一般向けに提供できるようになった。各局の気象キャスターたちも、気象予報士の資格を取った。

異色は鹿児島の南日本放送(MBC)であった。九三年八月の鹿児島大水害の反省から、住民により役立つ情報を出そうと、二人の社員が気象予報士の試験に挑戦して合格、鹿児島地方気象台の予報課長をウエザーキャスターに迎える。放送局としては第一号となる予報業務事業者の許可も取った。MBCは、独自に県内十一か所のポイント予報を出し、台風や大雨の際には警報こそ出せないが、気象予報士たちがきめ細かい情報を付加して防災を呼びかけている。

『歴史への招待』『ウルトラアイ』――教養番組のショーアップ

教養番組の堅苦しいイメージを取り払おうと、制作者たちはいろいろな工夫を試みた。

一九七〇年(昭和四十五年)四月から始まった『日本史探訪』は、〝茶の間の日本史〟が狙い。歴史上の出来事や人物をテーマに、著名な作家や評論家をゲストに呼んで自由な見方を披露してもらうものだった。第一回は「二つの信長像」。寺に残された二枚の織田信長の肖像画を手掛かりに、作家の海音寺潮五郎と司馬遼太郎の二人が信長の人物像を論じ合った。

七八年の番組改定で生まれたのが『歴史への招待』だ。教養番組らしからぬ歴史番組、足を使って面白い題材を探し出して検証する——を目指した。第一回のテーマは「安政大地震」。第二回の「旗本八万騎」では、徳川幕府の旗本たちを日本最初の都市サラリーマンと見立て、現代のサラリーマンとの共通性を探った。赤穂浪士の討ち入りにはいくら金がかかったか。大石内蔵助がつけていた金銭出納簿を見つけてきて計算してみせたりした。

鈴木健二アナウンサーの司会が、番組を盛り上げた。『歴史への招待』のプロデューサー北山章之助によれば、鈴木は毎回猛勉強して臨み、テストなしの本番でも数字を間違えたことはなかった。卓抜な語り口に説得力があり、〃鈴木講談〃といわれた名調子なくしては番組の人気は語れない、と北山は言う。この後、NHKの歴史番組は『歴史ドキュメント』『歴史誕生』『堂々日本史』などを経て二〇〇〇年からの『その時、歴史が動いた』へと続く。

同じ七八年に始まったNHK『ウルトラアイ』は、とっつきにくい科学に娯楽色を盛り込み、茶の間の団らんの場に引き出そうという狙いを込めた番組であった。司会は山川静夫アナウンサー、スタジオの中央には実験映像を再現する大型モニターを置いた。声優の小林恭治の「…であーる」という独特のナレーションも話題となった。

『ウルトラアイ』の視聴率は、開始二年目には一〇%台の後半に安定、三年目には二〇%台に達した。教育・教養系の番組としては珍しい高視聴率だ。番組が視聴者の知的好奇心を刺激し続けたのは、「日本女子バレー」「肥満タイプ・やせタイプ」「おねしょなんかとんで行け」など身近な題材をテーマに、科学的な視点で分析・解説したことと、徹底した体験主義によるものであった。

山川自身が実験台の役をこなした。「ボクシング」がテーマのときには、ウェルター級チャンピオンのボディーブローを見舞われ、一か月も打撲痛と頭痛に悩まされた。「時間」では、真っ暗な洞くつで二日間過ごし、「空き巣にご用心」では泥棒の役を演じた。山川の体当たり的取材は視聴者を驚かせた。

『ウルトラアイ』の後も、『トライアンドトライ』『くらべてみれば』『ためしてガッテン』と、NHKの科学番組はゴールデンタイムの一角を占め続けている。

民放では、娯楽色のより強いポピュラーサイエンス番組が次々に登場した。『紺野美沙子の科学館』（八四年～九九年、テレビ朝日）は、女優の紺野美沙子が司会し、「おいしい水」「ふしぎな火・九州不知火」「ロボットが寿司をにぎる」など身近なテーマを取り上げて、リポーターが珍しい体験をしたり、スタジオで実験を見せたりした。

日本テレビ『所さんの目がテン！』（八九年～）は、日曜日午前七時からの放送だが、十年以上続いて根強い人気がある。フジテレビの『発掘！あるある大事典』（九六年～）も、知って得する情報を科学的に解明しようという番組である。

八二年十月、NHK教育テレビの『趣味講座』で「ベストゴルフ」が始まった。講師は杉本英世プロ。放送が終わると視聴者からの電話が鳴った。「教育テレビでゴルフを教えるとは何事か！」

教育テレビの編成方針が大きく変わった八二年、NHKは「生涯教育に資する教育・教養番組の大幅な刷新」を掲げた。前年度から始まった『趣味講座』には、「釣り専科」に「ベストゴルフ」と「マイコン入門」が新しく加わった。この時期、ゴルフは金持ちのスポーツからサラリーマンの趣味の一つになりつつあった。教育テレビがゴルフを放送することに違和感を覚える視聴者もいたが、新しい趣味の分野を開拓したという評価を得た。

「マイコン入門」は、そば屋での中年会社員の会話から生まれた。その頃職場にパソコンが入ってきたものの中年社員には使いこなせず、「時代遅れになるのでは」と悩む人が多かった。そば屋で愚痴をこぼし、慰め合う会話を番組担当者が小耳に挟み番組に結びつけたものだ。番組では、こうした会社員を対象にコンピューターの基礎理論や操作法を分かりやすく説明した。テキストが百十五万部も売れて評判になった。

NHK教育テレビは長い間、学校教育番組中心の編成を続けていたが、七六年度から、総合テレビで放送していた『きょうの料理』と『婦人百科』を夜の教育テレビで再放送する。働く女性が増えていることに対応した編成であった。

『趣味講座』が取り上げる分野は年を追って増え、多彩になっていった。全日本チャンピオンの篠田学が講師を務めた「レッツダンス」(八四年〜)は、ダンスブームの先駆けとなった。「絵画入門」の講師は、日本画の大家平山郁夫であった。『NHK市民大学』にも多彩な講師が出演した。それがまた評判となってテレビは生涯教育の拡充の一端を担うようになる。

聴覚に障害のある人は、テレビを十分に楽しむことができない。テレビが普及するにつれて、手話や字幕をつけてほしいという声が聴覚障害者から高まった。NHKは七七年、『聴力障害者の時間』を始める。週一回二十分の放送だが、日本で最初の聴覚障害者向けの番組であった。九〇年には、教育テレビで『きょうのニュース―聴力障害者のみなさんへ』が始まった。毎日午後八時前の十分間、十数項目のニュースを手話通訳士の手話と字幕で伝えた。

八三年に文字多重放送の実用化試験放送が始まる。字幕放送を普及させようという狙いがあった。テレビ電波に乗せて信号を送り、専用のデコーダーで画面に字幕を映し出す方式である。年々字幕番組を増やしていったNHKを別として、民放ではなかなか字幕放送が普及しなかった。しかし、九七年五月の放送法改正で字幕放送を行うのに必要だった免許が不要になり、字幕番組を放送する民放が飛躍的に増えた。

アメリカやイギリスでは、ニュースやスポーツなど生放送に字幕をつけるリアルタイム字幕が八〇年代から実用化されている。日本でもNHK技術研究所が、アナウンサーの声を読み取ってすぐ字幕にする装置を開発、二〇〇〇年三月から『ニュース7』に試行的に導入した。

海外でも反響――『シルクロード』と『おしん』

日本の国内はもとより、世界各国で反響を呼んだテレビ番組が一九八〇年代に相次いで登場した。『シルクロード』と『おしん』である。

夕日を背景に広大無辺な砂漠を、ラクダを引いたキャラバンが進む。そこに「日中共同取材」「シルクロード」とタイトルの文字が現れる。喜多郎が作曲したテーマ音楽がシンセサイザーの演奏で流れ、石坂浩二のナレーションが始まる。「シルクロードは長安に始まり、長安に終わる」

古代中国の特産品であった絹は、西アジアを経てヨーロッパや北アフリカに運ばれた。その東西交通路がシルクロードである。一九八〇年（昭和五十五年）四月七日、『NHK特集 シルクロード（絲綢之路）』が始まった。秘境シルクロードの全容を初めてテレビカメラが記録した、日中共同取材のドキュメンタリーである。翌年三月まで毎月一回、計十二回放送され、『NHK特集』最大のヒットとなった。

七二年九月の日中国交回復が、シルクロードの企画の出発点であった。NHKスペシャル番組部のディレクター鈴木肇の提言に、放送総局長の堀四志男が動いた。中国政府や中国中央電視台（CCTV）などを相手に、シルクロードの取材許可を取ろうと交渉を重ねる。だが、当時の中国は文化大革命の時代でほとんど鎖国に近い状態。堀らは外部の力を借りようと、シルクロード委員会をつくる。井上靖、司馬遼太郎、陳舜臣らシルクロードに詳しい作家や学者ら九人が参加したこの委員会は、中国との交渉やその後の番組制作の上で大きな力となる。六年がかりの交渉が実り、中国政府はNHKのシルクロード取材を許可した。NHKが三〇〇万ドル（約六億円）の協力費を払うことで合意した。

NHKの取材班は、七九年五月、シルクロードの東の出発点西安（長安）を出発、パキスタンとの国境パミール高原までの全行程を三つに区切り、一つの班が五〜六か月をかけて取材した。黄河を越え石窟で知られる敦煌、最大の秘境である新疆ウイグル自治区を経てタクラマカン砂漠を横断、天山山脈からパミール高原にたどり着くまでに一年半を要した。四十五万フィート（十三・五キロメートル）のフィルムが回っていた。

『シルクロード』は大好評だった。視聴率は毎回ほぼ二〇％を記録、新聞は「巨人戦を見るか、シルクロードを見るか」と書き立てた。八三年四月からは『シルクロード第二部・ローマへの道』が十八回にわたって放送された。取材班はソ連、インド、イラン、イラクなどに足を延ばしローマへとたどり着いた。第三部は、八八年四月から十二回放送の『海のシルクロード』。取材班はローマから長安へ「海の道」を通って帰還した。長安を出発して再び長安に戻るまでに、取材はほぼ十年がかかっていた。

番組はアジアやヨーロッパの三十八か国で放送された。シリーズの取材記全十八巻は三百万部、全十巻の写真集は六十六万部、ビデオは三十八万本売れた。司馬遼太郎は『シルクロード』を評してこう言った。「戦後の日中文化交流の歴史の中で、これほど豊かな実りを生んだものはない」

八三年四月から一年間放送された、ＮＨＫの朝の連続テレビ小説『おしん』は、世界の五十七か国で熱狂的に見られた。

原作・脚本は橋田壽賀子。山形県最上川上流の貧しい小作農の家に生まれたおしんは、七歳で奉公に出る。つらい仕事と修業のすえ東京で髪結いになったおしんは佐賀の豪農で士族の出という竜三と結婚する。関東大震災で佐賀に引き上げたおしんを待っていたのは、姑の凄まじいばかりの仕打ちと地獄のような生活。そこから逃げて上京したおしんにやっと幸せが訪れるが、長くは続かない。長男が戦死、竜三も自ら命を絶った。三十年余りがたった。昭和五十八年、おしんはスーパーマーケットの経営者となっていた。独りひそかに旅に出たおしんは、故郷の山の中でこうつぶやく。

『おしん』を演じた3人　（写真提供：NHK）
1年間の平均で52.6%というテレビドラマ史上驚異的な視聴率を記録したのは、おしんを演じた上から小林綾子（少女期・右は母親役の泉ピン子）、田中裕子（成年期）、乙羽信子（右・熟年期）の3人の熱演によるところが大きかった。

「今まで夢中で生きてきた途中に、大事なものをたくさん忘れてきてしまった」

明治・大正・昭和を生き抜いた女性の一代記である。おしんの少女期を小林綾子、成年期を田中裕子、熟年期を乙羽信子の三人が演じた。両親役は伊東四朗と泉ピン子、ほかに長岡輝子、渡瀬恒彦、高森和子らが出演した。初めて女性のプロデューサー岡本由紀子が制作を担当した。

放送が始まると視聴者は、奉公先でのいじめにもひたすら辛抱するおしんのけなげさに涙を誘われた。おしんの少女時代を演じた小林綾子には絶大な人気が集まった。放送時間帯には水道の使用量が激減した、といわれたほどである。「子どもたちにも見せたい」という声がNHKに殺到した。

それに応えて放送開始三か月後の夏休み、『おしん・少女編アンコール』を夕方六時から特別に放送した。一年間の平均視聴率は五二・六％、最高は六二・九％というテレビドラマ史上驚異的な数字を残した。

放送開始半年後にＮＨＫが行った調査によれば、「番組を見て涙を流した」が四四％、「豊かな社会の中で、忘れかけた我慢や辛抱の大切さを思い起こさせた」と答えた人が四二％に上った。地元の山形県では、「おしん酒」「おしんまんじゅう」が売り出される。竹下蔵相の「おしんに学ぶ日本経済論」や中曽根首相の「おしん国会発言」は我慢を強調したものだったし、稲山経団連会長は「これからの時代は、おしんのような我慢の哲学が必要だ」と発言した。おしんシンドローム（おしん症候群）の略語〝おしんドローム〟は流行語になった。

『おしん』は放送中から海外でも評判となり、各国から引き合いが続いた。海外で最初に『おしん』を放送したのはシンガポールだ。駐日シンガポール大使の黄金輝は、毎日欠かさず『おしん』を見た。帰国してシンガポール放送協会経営委員長に就任する黄は、ＮＨＫに番組の提供を申し入れ、八四年秋、シンガポールでの放送が始まった。視聴率は八〇％にも達した。

これが呼び水になって、『おしん』はタイ、オーストラリア、アメリカ、中国などで放送され、多くの国で〝おしんブーム〟を巻き起こした。中国語の吹き替えを放送した北京では視聴率七六％を記録、「あの日本人たちが、現在の経済大国の底力であることが分かり納得できた」「中国と日本に共通した伝統的な倫理観が根ざしている」などの反響があった。『おしん』は日本にも貧しい時代があったことを知らせ、発展途上国の人々を勇気づける効果も上げた。

二〇〇〇年十二月までに、『おしん』を放送した国と地域は五十七を数えた。

スターを生んだ『スター誕生！』——娯楽番組の〝ニューウエーブ〟

普通の女の子が、ある日テレビに出て歌い、一躍スターになる。そんな〝シンデレラ・ガール〟伝説が現実になったのが、日本テレビが一九七一年（昭和四十六年）に始めた『スター誕生！』である。

放送は日曜日の昼前、「そんな視聴率の取れない時間帯からいい素材が出るはずがない」と冷淡だった音楽業界の視線は、三か月後に一変した。第一回の決戦大会で十三歳の森昌子が歌手デビューを飾ったからだ。予選の会場には毎週、〝第二の昌子〟を夢見る千人以上の女の子が詰め掛けた。芸能プロダクションやレコード会社のスカウトマンたちが、採りたい人に社名入りのプラカードを上げるという選考法が話題になった。日本テレビは系列の音楽出版社に、この番組から生まれた歌手と原盤契約を結ばせ、積極的に自局の番組に出演させて育てる方針を取った。

七二年には山口百恵がこの番組からデビュー、森昌子と桜田淳子の三人は「花の中三トリオ」と呼ばれた。七三年にレコードデビューしたキャンディーズの三人組も、テレビを通して中高校生や学生たちの人気を集めた。

『スター誕生！』は七六年には、ピンク・レディーの二人組を送り出した。「ペッパー警部」に始まり「サウスポー」「ＵＦＯ」など次から次へと大ヒットを飛ばし、旋風を巻き起こした。奇抜な衣装と動きの激しい振り付けはカラーテレビの時代にふさわしく、ピンク・レディーはたちまち人気

『スター誕生!』 （写真提供：日本テレビ）

桜田淳子、森昌子、山口百恵の“花の中３トリオ”をはじめピンク・レディー、中森明菜、小泉今日子、岩崎宏美、新沼謙治ら大勢のスターを誕生させた。アイドルという言葉が一般に認知されるのは、天地真理、小柳ルミ子、南沙織らが登場した70年代の初めであった。

アイドルの地位を確立した。

歌番組は、テレビにふさわしいソフトだ。カラー化によって、色彩の面でも華やかさを競い合うようになり、若い人たちの人気を得て視聴率を伸ばし、ゴールデンタイムで大きな位置を占めるようになる。

ＴＢＳ『ザ・ベストテン』（七八年～八九年）は、レコードの売り上げや有線放送のリクエスト回数を基にランキングを決めて、歌手に出演を依頼する番組だ。七〇年代後半になると、荒井（現・松任谷）由美、井上陽水、中島みゆき、アリスらニューミュージック系の歌手が登場、若者の心をとらえる。彼らはテレビに背を向け、コンサートを中心にファンを広げていた。『ザ・ベストテン』は、彼らとも出演交渉を重ねた。交渉が奏功してテレビを拒否していた歌手が出演するたびに、番組の評判は上がった。黒柳徹子とTBSアナウンサーだった久米宏の司会コンビの軽妙なやり取りも人気を高めた。視聴率は急上昇、四年目には四〇%を突破した。

だが、歌番組のブームは長くは続かなかった。八〇年代半ば頃からしだいに衰退に向かう。『ザ・ベストテン』の視聴率は下降線をたどり、八九年には打ち切られた。翌九〇年には、日本テレビ『歌のトップテン』、二十二年も続いたフジテレビの『夜のヒットスタジオ』がそれぞれ姿を消す。歌番組は〝冬の時代〟に入る。

視聴者の笑いを誘う娯楽番組にも、新しい波が押し寄せた。フジテレビは八一年、〝楽しくなければテレビじゃない〟をキャッチコピーにし、バラエティー番組『オレたちひょうきん族』をスタートさせた。ビートたけし、明石家さんま、山田邦子らのお笑いタレントが出演し、ナンセンスなギャグやパロディーを連発して笑いを誘った。翌八二年には、タモリを司会者にした『笑っていいとも！』も始まる。二つの番組をプロデュースしたのはフジテレビディレクターの横沢彪だ。

七〇年代にバラエティー番組の王座を占め続けたのは、TBSの『8時だョ！全員集合』であった。それは綿密な台本とけいこの上に成り立つお笑いの芸であった。それに対して横沢の『オレたちひょうきん族』は、無手勝流の、時代感覚にマッチしたアドリブ芸であった。やがて『ひょうきん族』は、『全員集合』を視聴率で抜くことになる。ザ・ドリフターズに代わって、萩本欽一、たけし、タモリ、さんまが〝お笑い四天王〟と呼ばれ、バラエティー番組の主役になっていく。

一時間の連続ドラマが大半を占めていた民放テレビに、長時間のドラマが登場する。七七年に始まるテレビ朝日『土曜ワイド劇場』が先鞭をつけた。最初は九十分、二年後には二時間枠に拡大した。天地茂が扮する名探偵明智小五郎が主人公の「江戸川乱歩の美女」シリーズ、市原悦子が演じる主人公が上流家庭の裏側をのぞき見する「家政婦は見た!」シリーズが代表作だ。

九〇年のピーク時には、民放四局で週に八本もの二時間ドラマが並び、視聴率が取れそうな人気推理作家の原作や脚本家は各局の奪い合いになった。

東京12チャンネルは七九年から、正月の恒例となる十二時間ドラマを始めた。「創立十五周年の記念に、チャンネルナンバーの12を印象づけるような思い切ったことをやりたい」と中川順社長が言い出したのが発端である。一年目、二年目は既存の映画の大作『人間の条件』『宮本武蔵』を放送したが、三年目からはオリジナルに制作したドラマで勝負に出た。前年放送の『宮本武蔵』の後日談の『それからの武蔵』である。以後、正月の長時間時代劇はすっかり定着し、テレビ東京(東京12チャンネルが八一年に改名)の看板番組となる。

八〇年代、各局のドラマからは次々と話題作が生まれる。NHK『ドラマ人間模様』では、山陰のひなびた温泉場を舞台に吉永小百合が薄幸の主人公を演じた「夢千代日記」シリーズ(八一年~)をはじめ、深町幸男が演出した早坂暁脚本の「花へんろ・風の昭和日記」シリーズ、向田邦子脚本の「あ・うん」シリーズなどが、視聴者の共感を呼んだ。

北海道富良野に移り住んだ脚本家倉本聰の代表作『北の国から』は、八一年にフジテレビで放送が始まり、家族の同時進行ドキュメント・ドラマとして九八年までに七作が放送された。

学園ドラマがブームになったのも、この時期である。水谷豊が演じる新米教師と小学生たちとの触れ合いを描いた日本テレビ『熱中時代』(七八年~)は、〝熱中〟を流行語にした。TBS『三年B組金八先生』では、武田鉄矢が扮した金八先生が中学生とその親の視聴者に、新しいヒーローとして受け入れられた。

テレビの見方を変えた――リモコンとVTR

一九八〇年(昭和五十五年)のNHK国民生活時間調査によれば、一日に少しでもテレビを見た人は九四%。新聞を少しでも読んだ人は五〇%、ラジオを聞いた人は二六%だから、テレビの接触率がいかに大きいかが分かる。テレビのこの傾向は、九二%(九五年)、九一%(二〇〇〇年)とその後も基本的に変わらない。

八〇年と八一年にNHKは、日本、アメリカ、西ドイツの国民意識の比較調査を行った。「もし、これから二~三か月間生活するのに、冷蔵庫、自動車、新聞、電話、テレビのうち一つしか持てないとしたら、何を選びますか」の質問に対する答は、対照的であった。

日本人はテレビ(三一%)、新聞(二三%)が上位を占めたのに対して、アメリカ人は冷蔵庫(四二%)、自動車(三九%)で、テレビを挙げた人は三%に過ぎない。西ドイツはテレビ(三一%)、自動車(二七%)であった。

日本では、テレビの視聴率に朝、昼、晩の三つのピークがあるが、ほかの多くの国ではピークは夜だけである。一日当たりのテレビ視聴時間量を九〇年代で見てみると、日本は三時間三十分前後、ほかの多くの国は二時間~三時間で、日本は突出している。テレビは日本人の日常生活の中に奥深く溶け込んでいる。

人々のテレビの見方が変わるきっかけが、八〇年代に現れる。その一つは、リモート・コントロール（リモコン）装置の登場だ。電源の入る・切るやチャンネルの変換、音量の調整を、いちいち受像機のそばまで行かずにソファに座ったままでできないか。そんな要望に応えてリモコン装置は開発された。

五八年に八欧電機（ゼネラル）が初めて発売したのは、受像機からケーブルを伸ばして手元で操作

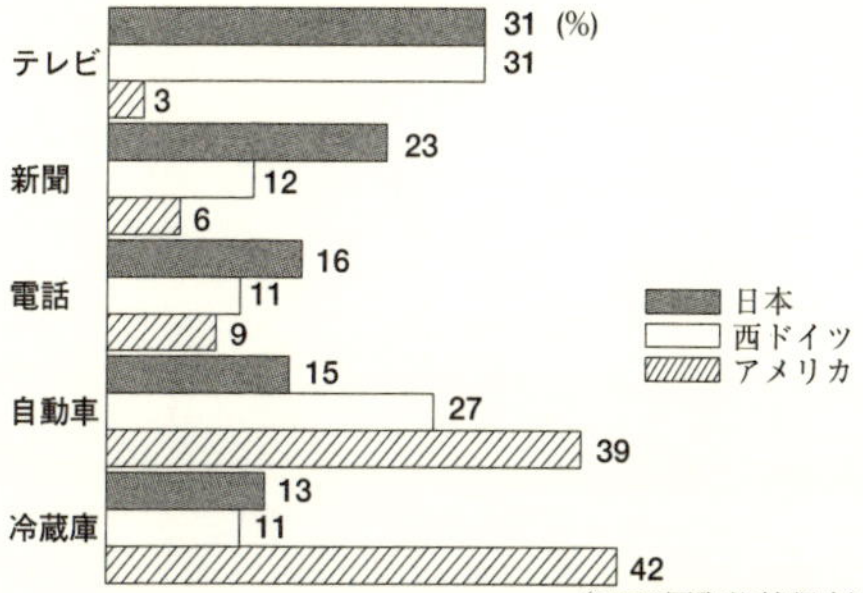

(NHK国際比較調査)

「2〜3か月の生活に必要なものは？」(1980・81年)

★たいていの人が見ているような、テレビ番組とか映画、雑誌などにはあまり興味がない

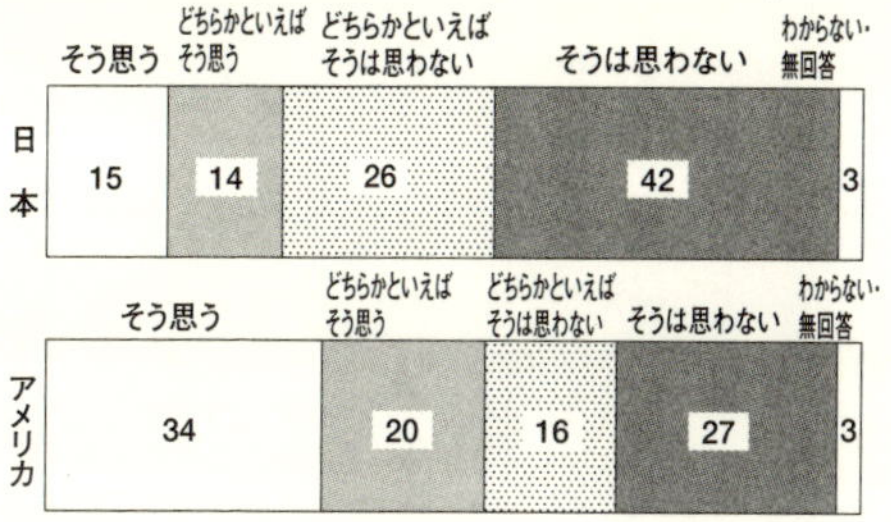

(NHK国際比較調査)

テレビへの興味(1980年)

NHKの国民意識比較調査（1980・81年）の結果は、日本人のテレビ好きを浮き彫りにしてみせた。「たいていの人が見ているようなテレビ番組などにはあまり興味がない」かどうかを聞いた調査（下図）でも、日本人は設問に否定的な人が68％で、アメリカ人よりも25ポイントも高く“他者志向性”の強さを示している。

するワイヤード・リモコンだった。五九年には日立製作所が電波を使って受像機のチャンネルを変えるワイヤレス・リモコンを開発する。便利さが受けてリモコン所有者は急増、九二年には八六・五%になった（NHK調査）。

番組がつまらないとか、CMのときにチャンネルを次々と切り替える「ザッピング」や、録画した番組を早送りして飛ばして見る「ジッピング」がしだいに一般的になっていく。こうした〝つまみ食い視聴〟が増えると、番組の作り方やCMの入れ方も変わっていく。

リモコン登場以前は、一時間ドラマなら後半の四十分前後のところにヤマ場を置いて、徐々に盛り上げていく作り方が普通だった。しかし、ザッピングが一般化すると、そんな作り方では視聴者が逃げてしまう。小さなヤマ場をいくつも作って視聴者の興味をつなぎとめるように変わっていく。ワイドニュースでは、CMに移る前に次の話題を予告するやり方が一般的になった。

視聴率は、一分刻みで算出される。ニュースのどの項目の、どんな部分が人々の注目を集めたかは一目瞭然である。つまらなければ、視聴者は簡単にチャンネルを変えてしまうのだ。スタジオのキャスターが原稿を読むよりも、現場からの中継の方が視聴率が上がる。テレビ局は、迫力ある映像や面白い場面をますます指向するようになっていく。

もう一つは、家庭用VTRの普及だ。

家庭電器業界は六〇年代半ば頃から、カラーテレビ後の新商品として家庭用ビデオテープレコーダー（VTR）に照準を合わせて、開発を急いだ。

東京オリンピックのあった六四年、ソニーは世界初の家庭用VTRと銘打って、二分の一インチ幅のテープを使ったオープンリール型のＶＴＲを発表した。だが、普及するまでには至らなかった。カラー化と収録・再生の操作が簡単にできるカセット型の実用化が、家庭用ＶＴＲの課題となる。

七五年になって東芝と三洋電機がカセット型の本格的な家庭用ＶＴＲを発売、ソニーはベータマックスを、さらに七七年には日本ビクターがＶＨＳをそれぞれ発売した。価格は二十万円から三十数万円、ようやく一般家庭にも手が届くものとなってきた。

家庭用ＶＴＲは、ソニーが開発したベータマックスと日本ビクター主導のＶＨＳの二つの方式が対立、家電メーカーは二つの陣営に分かれて激しい競争を展開する。その競争の中で、性能と操作性は大幅に改善されていった。

約十年続いた〝ベータ・ＶＨＳ戦争〟は八八年、ＶＨＳの勝利で終わる。勝因は、家電最大手の松下電機がＶＨＳ側に加わったこと、ベータよりも長時間の録画が可能だったこと、ＶＨＳの豊富なビデオソフトが出回ったことなどであった。

八〇年に二％に過ぎなかった家庭用ＶＴＲの普及率は、八五年に二八％、八八年には五三％、九三年になると七五％へと急上昇した。

放送時間に合わせてテレビを見るという制約から、人々は解放された。録画した番組を好きな時間に見ることが多くなった。ＶＴＲの普及は、番組開発や編成にも影響を及ぼした。ＮＨＫの学校放送は八〇年代前半から、決まった時間に決まった科目を放送するやり方から、特定の科目を集中編成する方式に変わった。中学・高校で録画による番組利用が増えたためである。

ビデオソフトとくにレンタルビデオの市場は、家庭用ＶＴＲの普及とともに八〇年代半ばから飛躍的に拡大した。八六年に販売とレンタルを合わせて五百六十七万本だったビデオカセット数は、九〇年には三千八百八十一万本に達し、ビデオレンタル店の数は一万店を数えた。

音楽を聴かせる——FM放送の全国展開

ラジオのFM放送は、中波ラジオのような雑音がなく澄んだ響きが売り物だ。一九四一年、アメリカで初の商業FM放送局が誕生し、第二次大戦後には、アメリカ、ヨーロッパで急速に広がる。日本では、一九五七年（昭和三十二年）十二月二十四日、クリスマスイブにNHK東京が実験放送として、ベートーベンの「交響曲第九番」を流したのがFM放送の最初である。翌年には、NHK大阪と民放初の東海大学FM実験局（後のFM東京）が放送を開始した。

その後、NHKは全国に実験局を開設、FM専用の中継回線も開通させた。六三年には、FMの最大の魅力であるステレオの実験放送も始まる。FM受信機も徐々に増えて、六八年には九百万台を超えた。

FM放送の意義や将来の事業形態など未解決の問題が多いとして、FM免許に慎重な態度を取り続けた郵政省がFM用のチャンネルプランを発表したのは、実験放送開始から十年以上もたった六八年十一月であった。六九年三月、NHKが全国の百七十局（中継局を含む。親局は三十三）で本放送を開始した。民放は同年十二月開局の愛知音楽エフエム放送（後のFM愛知）が第一号、翌年には大阪、東京、福岡でも本放送が始まる。その後、三次にわたるチャンネルプランで民放FM局は全国に広がり、大都市を中心に二局目の民放FM局も開局する。

「遠い地平線が消えて、深々とした夜の闇にこころを休めるとき、はるか雲海の上を音もなく流れ去る気流は、たゆみない宇宙の営みを告げています…」。城達也の落ち着いた語りと静かな音楽を聞かせる『ジェットストリーム』（月曜～金曜の午前〇時から五十五分間）は、ＦＭ東京の開局とともに始まり三十年以上続く看板番組となった。

七〇年代には、ミュージックテープとカセットレコーダーがよく売れた。これがＦＭ音楽番組と結びついた。ＦＭ番組を録音する〝エアチェック〟が大流行する。トークは控え目に、音楽は完奏するのがＦＭ放送の常識になった。『ジェットストリーム』はその代表格の番組である。

八四年にＦＭ東京が主導する形で、株式会社ＪＦＮ（ジャパンＦＭネットワーク）が設立される。各地に民放ＦＭ局が誕生したが、番組制作やスポンサーの確保などを全部自前でやるのは容易ではなかった。地方局を支援するためにできたのがＪＦＮである。テレビや中波ラジオのネットワークとは違って参加各局が対等の立場で交流、独自の番組を二十四時間各局に供給するシステムである。最初地方局十社が出資してスタート、参加局がしだいに増えて九九年には三十六局が加盟する大ネットワークになった。

ＪＦＮは九〇年、日本武道館に内外のミュージシャンを多数集めて地球環境キャンペーンのライブを実施、ＦＭ東京から通信衛星を使って全世界に放送した。この日本発のキャンペーンは年を追って盛大になり、世界の一千以上のＦＭ局で放送されている。

八〇年代の後半には、ＪＦＮに参加しない独立系ＦＭ局も登場する。これらの局は、従来のＦＭ局とは全く異なる個性的な番組編成で注目された。「横浜エフエム」は十代後半のリスナーに対象を絞り、徹底したロック&ポップス番組を集中編成した。「エフエムジャパン」は音質のよさを最大限に生かした音楽専門局に徹し、ディスクジョッキーのおしゃべりを極端に減らして〝レス トーク・モア ミュージック〟を売り物にした。大阪の「エフエムはちまるに」はロックやジャズ、ソウルミュージックの基本精神である〝ファンキー〟をキーワードに、選曲し放送した。

国際化が進むと、日本に住んだり、旅行で訪れたりする外国人が増える。彼らを対象にした外国語FM放送局も誕生した。「関西インターメディア」(九五年・大阪)、「エフエムインターウェーブ」(九六年・東京)に続いて、福岡、名古屋にも外国語FM局が開局した。「関西インターメディア」は、アジア・太平洋の十四か国の言語を使って国別番組を放送している。

九二年のクリスマスイブ、函館山のロープウェー展望台に放送設備を置く、出力〇・一ワットの小さなFM放送局「FMいるか」が誕生した。FMコミュニティー放送の第一号である。

日本の放送制度では、放送局は県域を単位に置局するのが基本である。「地方の時代」が提唱され、地域の活性化が論議される中で、市町村単位の地域を対象とする小規模なFM放送局の構想が浮上してきた。九二年、郵政省はコミュニティー放送の免許方針を策定する。県庁所在地の情報に偏りがちな県域放送の欠点を補うのが狙いだった。FMコミュニティー放送は〝電波のタウン誌〟といわれた。初期投資は平均して七千万円、運営費も年間数千万円規模に抑えることができる。都市型ケーブルテレビに比べると、はるかに低コストで済む。

阪神・淡路大震災(九五年一月)で、コミュニティー放送が注目された。大阪・守口市の「FM HANAKO」はこのとき、市内の被害の有無や道路、交通機関の状況など細かい情報を繰り返し放送した。既存のテレビ、ラジオでは伝えきれない〝狭域情報〟である。防災メディアとしての役割が期待されるようになる。九五年度には、それまでの一ワットから十ワットへの出力増が認められた。聴取範囲が広がり、経営環境の好転が期待されたことから、ＦＭコミュニティー放送の開局に拍車がかかった。二〇〇〇年八月現在、全国で百三十二局を数えるまでになった。

第3部
多メディアの時代

1980年代の後半以降、放送は新しい局面に入る。従来からの地上波テレビに加えて放送衛星（ＢＳ）と通信衛星（ＣＳ）を使う衛星放送や都市型ケーブルテレビなど放送のニューメディアが登場する。放送メディアは多様化し、多メディアの時代に移っていく。

時代は昭和から平成へ移る。55年体制の終えんと政治の波乱、バブル経済の崩壊、教育の混乱、冷戦の終結と湾岸戦争の勃発など内外で激動する時代を迎えた。テレビはニュースや多様な番組で存在感を示し人々の期待に応えたが、映像に頼るテレビ報道には可能性と同時に限界があることが指摘された。

この時代、マスメディアは阪神大震災やオウム事件などに直面する。とりわけ放送は、そのメディア特性を存分に発揮して大きな成果を上げた。同時に取材の逸脱や報道の過熱が批判を受け、放送の倫理がクローズアップした。放送による権利侵害やテレビの子どもへの影響について放送事業者が自主的に対応する機関をつくったのも、多メディアの時代における放送の公共性の自覚に沿ったものであった。

90年代の後半、放送はデジタル・多チャンネルの時代に入った。ＣＳ、ケーブルテレビ、ＢＳとデジタル化が進み、2003年以降には地上波テレビもデジタル化される。デジタル化が放送をどう変えていくのか、的確な見通しはまだ開けていない。

第1章 衛星放送時代の開幕

世界最初の衛星放送――ハイビジョンも登場

一九八四年（昭和五十九年）五月十二日午前六時、放送衛星ＢＳ（Broadcasting Satellite）-２ａを使ったＮＨＫの衛星試験放送が始まった。世界で最初の本格的な直接衛星放送の開始である。開局記念番組は、本土と同じテレビが見られるようになった沖縄大東島の人々の喜びを伝えた。

人工衛星を使って放送を出そうという構想は、これより十九年前の六五年にＮＨＫ会長前田義徳が提唱したものだ。前田は記者会見で、ＮＨＫの課題である難視聴解消を進めるために放送衛星を使って番組を配信したり、衛星中継に利用したりするため研究開発に乗り出すと語った。

六九年には、宇宙開発事業団（ＮＡＳＤＡ）が設立され、七七年十二月に実験用通信衛星（ＣＳ）が、七八年四月には放送衛星（ＢＳ）が打ち上げられ、東経一一〇度の赤道上空に静止した。このＢＳを使って三年半実験を重ねた結果、直接衛星放送の実用化の見通しがさらに開けた。

八四年一月、実用放送衛星ＢＳ-２ａが打ち上げられた。試験放送は、取りあえず衛星第１テレビの一チャンネルだけで始まったが、ＢＳ-２ｂの打ち上げ（八六年二月）で、同年十二月には衛星第

実用放送衛星BS-2 （写真提供：NHK）

日本の放送衛星（ＢＳ）は78年４月に打ち上げた実験用衛星「ゆり」が最初。東経110度の赤道上空に静止した。これに続く実用衛星ＢＳ-２ａによって84年５月、試験放送ではあったが世界初の本格的な直接衛星放送が始まり、２ｂの打ち上げで86年12月から２チャンネルの放送となった。

2テレビも放送を開始した。

八八年のカルガリーとソウルの二つのオリンピックで、衛星放送は長時間中継を行い、普及に弾みをつけた。十月末、衛星放送の受信世帯は百万を超えた。衛星放送の普及には、ＢＳ受信機の増産と価格の低下があずかって力があった。試験放送の開始に先立つ八四年三月に東芝が売り出した衛星放送受信機は、七十五センチのパラボラが十一万円、チューナーは十三万円していた。ほかのメーカーも受信機の増産と新製品の開発に乗り出し、八七年には、ＢＳチューナー内蔵テレビが二五インチ二十六万円で市場に出まわる。

八九年六月、ＮＨＫの衛星放送は試験放送から本放送になった。これを機会に衛星第2テレビも第1テレビに続いて二十四時間放送とし、二チャンネルでの本格的な衛星放送が始まった。

衛星第1は、〝ワールドニュースとスポーツ〟チャンネルとして、欧米各国のテレビニュースはもとよりアジア、ソ連、東欧の放送局のニュースがブラウン管に登場した。スポーツは米大リーグやNFLフットボール、NBAバスケットボールなどの海外スポーツのほか、日本のプロ野球は試合開始から終了までを完全中継した。天安門事件（六月）、サンフランシスコ大地震（十月）、ベルリンの壁崩壊（十一月）などの国際的大事件を、二十四時間放送の特性を生かしてリアルタイムで生々しく伝えたのも、衛星放送ならではの編成であった。

衛星第2は、〝エンターテインメントとカルチャー〟チャンネルとした。映画、コンサート、舞台中継などの独自番組を四〇％程度、難視聴解消のための総合・教育テレビの同時または時差放送を六〇％程度編成した。衛星独自の番組の中でも人気を集めたのが、映画であった。新設の『衛星映画劇場』では〝映画連続一〇〇本放送〟がスタートした。

一方、衛星民放を目指す動きも顕在化した。八四年十二月、十三社の申請を一本化して新会社・日本衛星放送（JSB）が設立される。JSBは資本金七十三億円、新聞・民放・広告などマスコミ関係、三菱・西武・東急などの新規参入企業、通信・電子機器メーカー・金融・商社など三つのグループが出資した。

地上波テレビとの競合を懸念する民放の意向もあって、JSBは広告放送を行わない完全な有料放送となった。料金形態は、一か月二千円の定額制とした。有料放送を見るには、画面のスクランブルを解除するデコーダーが必要だが、JSBはメーカーから買い取り加入者に無償で貸与した。

九一年四月、JSB、通称WOWOWは本放送を開始した。スクリーン、サウンド、ステージ、スポーツ、ショッピングの〝五つのS〟を強調した編成で、とくに映画には力を入れ、アメリカのペイテレビチャンネル専門会社と合弁会社を設立、九一年度に二百億円を投じて三百本の映画を調達した。

しかし、加入者は期待したようには伸びず、契約数が百万件になるのに本放送開始から一年余りがかかった。三年目の九三年度末でも百五十万件、採算点の三百万にははるかに及ばなかった。開局がバブル経済の崩壊と重なったこともあって、九二年九月期決算で累積赤字は四百七億円に達した。その半分は、放送開始後の営業赤字と無償貸与したデコーダーの減価償却費であった。

ハイビジョンは、日本が世界に先駆けて開発した新しいテレビである。東京オリンピックが終わった後、NHK技術研究所が次の研究開発目標に掲げて研究に着手、七〇年には一般公開にまでこぎ着けていた。そのハイビジョンの定時実験放送が八九年六月から始まった。衛星第2テレビのチャンネルを使って毎日一時間の放送であった。

ハイビジョンは、国際的にはHDTV（高精細テレビ）と呼ばれるが、NHKでは「高品位テレビ」と呼んだ。よりきめの細かい画面を実現しようと実験を重ねた結果、走査線――テレビ画面を構成する電気信号の線、日本やアメリカの標準テレビNTSC方式では五二五本、ヨーロッパなどのPALやSECAM方式は六二五本――の数を一一二五本に、画面の横と縦の比（アスペクト比）を一六対九に決めた。ハイビジョンは、標準テレビの五倍もの帯域幅の広い信号を持っている。これをどのようにして家庭まで届けるかが最大の課題であった。NHK技術研究所はMUSE方式を開発して課題に応えた。ハイビジョンの膨大な情報量を間引いて四回に分けて送り、受信する側で復元する原理だ。

同時にハイビジョン用のカメラとVTRの開発も進み、八一年にはソフトの制作ができるようになった。とはいえ、最初のカメラは本体だけで四十キロ、レンズや三脚をつけると百キロもの重さになった。照明も大出力のものが要求された。NHKでは、廃車直前の大型中継車にハイビジョン撮影機器一式を積み、各地の風景や祭り、伝統芸能、甲子園の高校野球などを収録して回った。

初期の番組制作の苦労は並大抵のものではなかったが、ハイビジョンで表現した世界は新鮮であった。アスペクト比一六対九のワイドな画面ときめ細かな画質は、標準テレビの画面とは全く違った。野球中継の大ロングショットでは、従来のテレビに比べてはるかに広い範囲がくっきりと映り、ボールと選手の動きが一目で分かった。

広い画面と画質のよさは、放送番組以外での応用を可能にした。映画がフィルムに代わってハイビジョン撮影を取り入れるようになる。岐阜県美術館はハイビジョンの静止画システムを導入、所蔵の作品をハイビジョンに収録し、一一〇インチの大型ディスプレーで入館者に公開した。ハイビジョンはまた、脳外科手術の一部始終を収録、医学教育にも活用された。

八八年のソウル・オリンピックでは、十七日間連続してハイビジョンの実験放送が行われた。NHKは完成したばかりの新型中継車をソウルに派遣、衛星経由で画像を日本に送った。全国八十一か所にハイビジョン受像機を設置して受信を公開、延べ三百七十二万人がハイビジョンでオリンピックを見た。

二年半の定時実験放送に続き、九一年十一月二十五日から新しい放送衛星BS-3bを使っての試験放送、九四年十一月には実用化試験放送に移行した。NHKと民放キー局にWOWOWを加えた七社が、一つのチャンネルを曜日と時間を分け合って担当する「時分割免許」を得て参加した。

実用化試験放送では、NHKが『週刊ハイビジョン・ニュース』を初めて登場させた。番組が始まって間もなく、阪神・淡路大震災が起きた。被災地の狭い路地に入るため、VTRを手押し車に積んで取材した。ハイビジョン・ニュースの映像は、普通のテレビ映像では分からなかったビルの細部の亀裂や、広範な被害の広がりを鮮明に映し出し、防災関係者からも高い評価を得た。

機器の改良が進み、ハイビジョン制作は多方面に展開していく。九八年十月、スペースシャトル「エンデバー」に初めてハイビジョンカメラが積み込まれた。日本の女性宇宙飛行士向井千秋らが、小型軽量のVTR一体型カメラを操作して地球の鮮明な映像や船内活動を撮影、映像はNHKのほかアメリカのテレビでも紹介された。

九一年の試験放送開始当時、ハイビジョン受像機は三六インチ型で三百五十万円から四百五十万円もした。しかし、九三年には三二インチ型が百万円を切った。長野オリンピックのあった九八年末で、ハイビジョン受像機の出荷台数は累計七十三万九千台まで伸びた。だが、不況の長期化と二〇〇〇年十二月のBSデジタル放送開始を前にしての買い控えで普及のカーブは鈍化した。

宅配便から通信衛星へ——ケーブルテレビとCS放送

多メディア時代を支えるインフラの一つが、通信衛星である。一九八九年(平成元年)三月、日本通信衛星会社（JCSAT）のJCSAT-1が打ち上げられた。日本で初めての民間通信衛星である。六月には、宇宙通信会社（SCC）がスーパーバードAを打ち上げ、九〇年一月にはJCSAT-2も上がって、日本の衛星ビジネスが本格的なスタートを切った。

衛星を使った映像伝送サービスは、八四年十一月に電電公社が国産通信衛星CS（Communication Satellite）-2aと2bを使って開始していた。テレビニュースの取材・伝送や、テレビ電話会議などが、初期の使われ方であった。やがて競艇や競輪、オートレースのもようを他の競技場や場外車券売り場に中継したり、予備校の講義や宗教教団の行事を中継したりといったように、衛星中継の使途は広がっていった。

通信衛星に期待された役割の一つに、ケーブルテレビ（CATV）への番組配信があった。アメリカでは、通信衛星を利用した番組供給によってケーブルテレビ事業が急速に発展した。日本でも、スペース（宇宙＝通信衛星）とケーブル（ケーブルテレビ）をネットワークで結ぶ「スペース・ケーブルネット」を郵政省が提唱した。

その頃、ケーブルテレビで多チャンネルサービスをするため、宅配便を使ってビデオテープを送っていた。これを衛星経由に切り替えれば、時間の短縮とコストの軽減が可能だ。八九年五月、まず番組供給事業者の「こどもチャンネル」がJCSAT-1を使用して、一日二時間ずつケーブルテレビ会社に番組を配信したのが第一号。七月には、日本ケーブルテレビジョンがスーパーバードAを使って、アメリカのニュースチャンネルCNN放送を中継、二十四時間の配信を始めた。

民間通信衛星の登場で、ニュースの取材・報道は大きく変わった。SNGが本格的に導入されたのである。ニュースの現場に、取材用機材のほか、通信衛星に向けて電波を発射する送信装置とパラボラアンテナを持ち込み、衛星経由で放送局に送信するシステムである。それまでのマイクロ波中継では、現場が放送局から遠く離れていて山などの障害物があったりすると、途中いくつもの中継点が必要であり、時には中継点を設けることが不可能な場合もあった。SNGは、この問題を一気に解決した。赤道上空三万六千キロの衛星を見通せる場所にパラボラアンテナを置けば、どこからでも中継できるようになり、現場に着いて中継を開始するまでの時間を大幅に短縮できた。

民放各社はキー局を中心に系列各局が、CS中継車など機材の整備を進めてSNGを導入していった。八九年七月、静岡県伊東市の沖合で海底火山が噴火した。民放各社は導入して間もないSNGを使って取材、放送を行った。

ニューメディアビジネスの中核と期待されたのが、ケーブルテレビである。その原形は、テレビの映りが悪い難視聴地域で高いアンテナを立てて放送局からの電波を受信、ケーブルで個々の家庭に配信する方式で、地上波放送を同時再送信するだけのものであった。

せっかく伝送容量の大きいケーブルがあるのだから、これを生かして独自の番組を流してはどうか、という発想から都市型ケーブルテレビが生まれた。第一号は、東京の多摩ケーブルネットワーク。八七年四月に開局し、まず青梅市からサービスを開始した。当初の加入者は三百世帯、NHKや民放の放送の再送信のほか、自主制作した地域の情報番組や番組供給会社が配信する古いテレビ番組など独自の自主放送が、ベーシックサービス（十八チャンネル）として月額二千四百円で視聴できた。また付加料金二千円で映画専門のスターチャンネルを見ることができた。

都市型ケーブルテレビとは、自主放送が五チャンネル以上、引き込み端子が一万以上、中継増幅器が双方向機能を持つ――の三つの条件を満たすケーブルテレビをいう。

都市型ケーブルテレビでは、アメリカが先行していた。七二年にＦＣＣ（連邦通信委員会）が衛星通信の規制緩和策を打ち出した。オープンスカイポリシーといわれるもので、有料ケーブルネットワークのＨＢＯが真っ先に国内通信衛星を使って番組の配信を始めた。これによって全米のケーブルテレビに多様な番組を安価で提供できるようになり、ＨＢＯの加入世帯は八二年には一千万を超えた。

ＨＢＯの成功に刺激されて、ニュース専門のＣＮＮやスポーツのＥＳＰＮなどが参入する。多彩なチャンネルは加入者を増やす呼び水となり、アメリカのケーブルテレビは一気に活況を呈するようになる。

日本でもケーブルテレビ・ビジネスへの期待が高まっていった。首都圏や東海、近畿の大都市で次々と都市型ケーブルテレビ局が開局、地方の中小都市でも地域活性化のシンボルとして地元資本による会社設立が続いた。二〇〇〇年三月現在で、自主放送を行うケーブルテレビ局は九百八十三を数え、加入者は九百四十九万世帯、世帯普及率は二〇・三％となった。

通信衛星を使ってケーブルテレビ向けに番組を配信する――スペース・ケーブルネットを、一般の視聴者が直接視聴できるようにしてはどうか。この考えから生まれたのがＣＳ放送である。八九年の放送法改正で、衛星などハードを使用して放送の送出と管理を行う受託放送事業者と、番組を制作・供給する委託放送事業者が新設された。放送の〝ハードとソフトの分離〟であり、ＣＳ放送に道を開くものであった。九二年四月、スター・チャンネルと日本ケーブルテレビジョンがＣＳテレビの放送を始めた。

ＣＳテレビを見ようとすれば、視聴者は専用のアンテナとデコーダーを購入しなければならず、視聴料金も払わなければならない。このため加入者は伸び悩み、九六年九月末で十四万九千世帯、契約は六十三万件であった。九六年十月からは、デジタルのＣＳ放送が始まり、アナログのＣＳテレビは伸び悩んだまま、デジタルに引き継がれる。

このように放送を取り巻く状況は、大きく変わりつつあった。電気通信技術とエレクトロニクスの発達によって高度で新しい機能を備えたニューメディアが出現し、メディアの多様化や複合化が進んだ。「通信と放送の融合」が進展すると考えられた。

ニューメディア時代にあって、放送に関する政策や法律制度はいかにあるべきか――。そのことを検討するために設けられた「ニューメディア時代における放送に関する懇談会」（放送政策懇談会）が八七年四月、郵政相に報告書を提出した。報告書は、多岐にわたる放送政策の提言をしているが、それは大局的に見れば、メディアの特性に応じた規制の緩和であった。

日本の放送制度の基本を定める放送法は、一九五〇年の制定以来、部分的な手直しだけで三十数年が経過し、放送事業の現実との隔たりがあまりにも大きくなっていた。報告書を受けて郵政省は、放送法の改正案を国会に提出、八八年四月に成立した。主な改正点は、次のようなものであった。

一　放送法の構成を改め、初めに放送事業に関する通則を定め、次にＮＨＫ、民放等に関する個別の条項を置く

二　郵政相に「放送普及基本計画」「放送用周波数使用計画」の策定を義務づける。放送局免許の有効期限を三年から五年に延長する
三　放送事業者が定める番組基準、放送番組審議機関の答申や意見の概要の公表を義務づける
四　番組に関する規律（放送番組調和原則、番組準則など）の一律適用を改め、メディアや放送の種類に応じて適用対象を限定する
五　NHKが第三者に施設・設備を賃貸し、外部からの委託で番組制作を行うことを可能にする
六　民放に有料放送制度を導入する

『ニュースステーション』のスタート——〝ニュース戦争〟の発火点

グリコ・森永事件、ロス疑惑（八四年）、日航ジャンボ機の墜落、豊田商事事件（八五年）、フィリピンの政変、三原山の噴火（八六年）——。八〇年代半ばのこの時期は、内外で大きな事件や事故が続いた。人々はニュースに関心を持ち、テレビに注目した。

「いちばん多く放送してほしい番組」を聞いたNHKの調査によれば、「娯楽」を挙げた人の割合は四七％（七五年）→四一％（八五年）→三八％（九〇年）と漸減、対照的に「報道」を挙げた人は二九％→四〇％→四四％と増加している。

テレビ報道は、この時期を境に大きく変わっていく。二つの理由による。

一つは、取材と報道のシステムの技術革新である。ENG取材と衛星を使った素材伝送や現場中継が日常化した。地球の裏側でいま起きていることをリアルタイムで伝えることが可能になり、同

時性・臨場性・訴求性などのメディア特性を存分に発揮するようになった。

もう一つは、「報道が売れる」という認識が民放界に広がったことである。かつて報道は、経費ばかりかかって視聴率の上がらない、〝金食い虫〟として疎んじられた時期があった。それが変わった。報道番組を拡充強化することでステーションイメージが上がり、ひいては増収につながると民放経営者が考えるようになったのだ。

八〇年代半ばは〝報道の時代〟といわれ、〝ニュース戦争〟と関係者が呼ぶ激しい競争が始まる時期であった。一九八四年（昭和五十九年）十月、TBSは看板番組の『ニュースコープ』を午後六時三十分～七時二十分の五十分間に拡大、午後六時にスタートするローカルニュースと合わせて八十分間のニュースゾーンを設定した。フジテレビも初の一時間ニュース『FNNスーパータイム』を新設する。翌八五年十月には、テレビ朝日の『ニュースステーション』がスタートする。〝ニュース戦争〟の発火点となり、その後のテレビ報道にさまざまな波紋を投じた番組の登場である。

『ニュースステーション』は、テレビ朝日報道局次長の小田久栄門、制作プロダクション「オフィス・トゥー・ワン」の社長海老名俊則、電通ラジオ・テレビ局長桂田

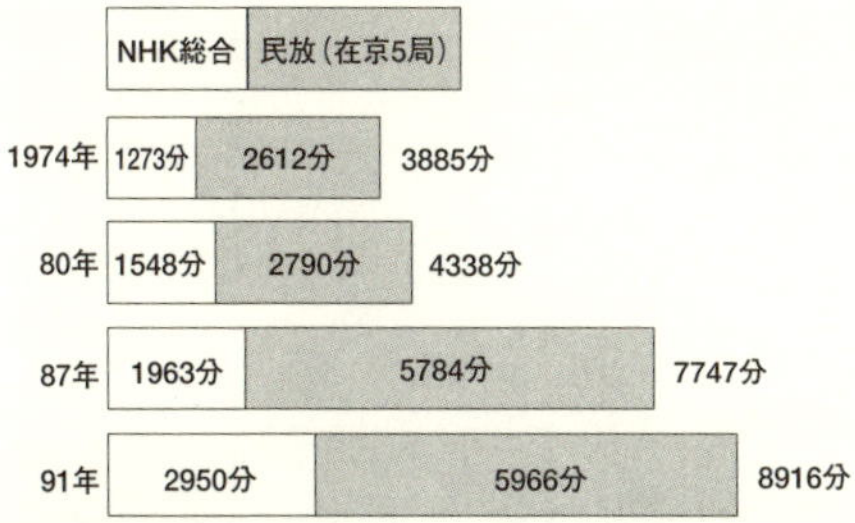

報道番組放送量の増加

ＮＨＫ総合と在京民放キー５局の10分以上の報道番組の放送量を図示した。1991年の放送量を74年と比較すると、ＮＨＫは2.3倍、民放は2.28倍に伸び、とくに80年代後半での急伸が目立つ。

『ニュースステーション』(テレビ朝日)　(写真提供：テレビ朝日)
ビデオリサーチの調査だと『ニュースステーション』は20～34歳の若い視聴者層が多く、女性の個人視聴率は他のニュース番組の倍近い。50歳以上の視聴層が多いＮＨＫニュースとは対照的である。ＮＨＫの「テレビと報道調査」(87年)で「とくに気に入っているニュース番組」を聞いたところ、『ニュースセンター９時』(24%)と『ニュースステーション』(18%)が群を抜いていた。

光喜の三人が企画を立て、路線を敷いた。「報道路線に活路を見出そう」という小田の発想に、海老名と桂田は久米宏のキャスター起用を提案した。久米はＴＢＳアナウンサー時代に、司会する三つの番組の視聴率を合わせると一〇〇％を超えたことから〝一〇〇パーセント男〟の異名を取っていた。ニュースには素人を自認する久米を補い、視聴者の信頼感を得るために朝日新聞編集委員の小林一喜を登用した。

「帰宅した父ちゃんが見ることのできる時間」を考えて、番組の開始は夜十時。十一時二十分までＣＭを除くと正味六十二分間、ニュース番組としては例のない長時間の編成である。だが、十時台はプライムタイムの一角であり、民放にとっては稼ぎ時の時間帯だ。その時間帯でテレビ朝日は、ドラマを中心に十数％の好視聴率を上げていた。それを長時間のニュース番組に置き換えようというのだから、社内には危惧する声が上がった。このため十時台の一時間を全部電通が買い切った上で、スポンサーを探した。月～金曜日のプライムタイムの帯を全部買い切るなどということは、前例がなかった。

「上から伝えるニュースではなくて視聴者が見たいニュース」「中学生にも分かるニュース」「NHKに対抗できる刺激的なニュース番組」「テレビの生の機能や映像、音声をフルに生かした立体的なニュース番組」――。議論の中でしだいに番組のコンセプトが固まっていく。

八五年十月七日、社運を賭ける意気込みで『ニュースステーション』はスタートした。だが初日こそ九・一％あった視聴率は、翌日から四～五％を低迷する。低視聴率は三か月も続き、小田たちは四面楚歌に追い込まれる。

そんな『ニュースステーション』を救ったのは、アメリカのスペースシャトル「チャレンジャー」の事故であった。八六年一月二十八日、打ち上げ直後に爆発、乗組員七人が死亡した事故の一部始終を米CNNが生中継していた。テレビ朝日は、CNNの映像をフルに使ってCM抜き、連続七時間の特別番組を放送する。『ニュースステーション』はスタジオに立体地図や模型を持ち込み、チャレンジャーの構造や考えられる事故の原因を細部にわたって伝えた。この日の視聴率は関東で一四・六％、関西で二一％。初めて二桁に乗せた。

『ニュースステーション』は、しだいに一〇％台後半の視聴率を安定して上げるようになり、民放テレビニュースの代表的番組としての地位を確かなものにしていく。それに伴って、久米の発言が問題を提起したり物議をかもしたりするようになる。とくに消費税導入が争点になった八九年参院選で惨敗した自民党は、実力者が『ニュースステーション』を名指しで批判した。番組への風当りは強まっていくが、久米は「マスコミの使命とは、時の権力を批判すること以外にない、と僕は信じています。…今までのニュースが『政府はこう決めました』だったなら、こちらは『政府はこう決めたようですが、こんな方法もあったんではないか』と言ってやろうと思ったんです」(『文芸春秋』九五年七月号)と言う。

『ニュースステーション』の成功は、各局を刺激した。八六年秋の番組改編で、日本テレビ『NNNライブオンネットワーク』、TBS『ネットワーク』、フジテレビ『ニュース工場一本勝負』の新設ニュース番組が勢ぞろいする。

『ニュースステーション』追撃も始まった。同じ時間帯にニュースを編成して視聴率を競おうという戦術だ。一番手は八七年秋に登場したTBS『ニュース22・プライムタイム』である。NHK出身で朝のワイド番組を司会していた森本毅郎をキャスターに起用し、その日のメインニュースをベテラン記者が掘り下げて分析、中継を多用するなど総合ワイドニュースを目指した。NHKも八八年四月、十四年間続いた『ニュースセンター9時』を発展的に解消、午後九時から十時二十分までの『ニュース・トゥデー』をスタートさせる。政治・経済・社会・国際・スポーツ・気象の分野別に専門のキャスターを配置、層の厚さを売り物にした。

こうして夜十時台は、三つのニュース番組が激突する時間帯となった。だが、先発の強みを見せる『ニュースステーション』は、安定した視聴率を上げ続けた。不振の『プライムタイム』は八九年、朝日新聞出身の筑紫哲也をキャスターとする『ニュース23』に衣替えして、十時台から撤退した。『ニュース・トゥデー』も一年半で放送時間を九時台の一時間に縮小した。夜十時台の〝ニュース戦争〟は『ニュースステーション』の勝利で決着を見た。

八五年八月十二日、羽田発大阪行の日本航空１２３便、ボーイング７４７ＳＲ型機が群馬県上野村の御巣鷹山に墜落した。乗客・乗員五百二十人が死亡、単独の航空機事故としては史上最悪の数字である。

「日航１２３便の機影がレーダーから消えた」。その情報がＮＨＫ社会部に入ったのは、午後七時のニュースの放送中であった。七時二十六分、三十秒の原稿が出稿されニュースの最後に突っ込んだ。ＮＨＫテレビは七時五十分、放送中の『ＮＨＫ特集』を中断して特設ニュースを始めた。羽田の日航オペレーションセンターや大阪空港からの中継、乗客・乗員名簿などが次々に放送された。ＮＨＫは十三日午前九時まで十三時間連続でニュースを放送し続けた。

午後九時前には、航空自衛隊のヘリコプターが山腹が炎上していると伝えてきて、日航機の墜落は確実となった。だが、正確な墜落現場が分からない。報道陣は現場を求めて徹夜で、長野、群馬、山梨の各県を走り回った。

十三日早朝、各社のヘリは御巣鷹山の焼け焦げた斜面に機体の破片が散乱する現場の映像を送ってきた。だが、地上から現場に接近するのは、容易ではなかった。原生林の中を尾根に登り沢を下って現場を探すのだが、人の背丈ほどもあるクマザサに視界を遮られ道に迷う取材クルーが続出した。

フジテレビの取材チームは、五時間近くかけて墜落現場にたどり着いた。現場を撮影したビデオテープを、この年入社したばかりの山口真記者が持って中継車のある上野村を目指した。その頃、制作技術センター副部長の柳下茂らは現場からの地上中継を行おうと、墜落現場に通じる沢にヘリを着陸させた。カメラとパラボラアンテナ、バッテリーなど百キロもある機材をばらし、五人が背負って山を登り始めた。四時間ほど登ったところで、テープを持って駆け降りてくる山口と行き会った。「現場に戻って、そこから伝送だ」

十一時二十分、一行は別の斜面に出た。ここでも機体の破片が散乱し乗客の遺体が横たわっている。急な斜面を消防団員が担架を担ぎ上げてくる。「生存者がいるぞ」の叫び声。柳下らは機材を組み立て、上空をホバリングしているヘリに向けて電波を発射した。ヘリが中継した現場の映像がフジテレビ報道局のモニターテレビに映し出されたのは十一時二十七分を少し過ぎていた。生存者がいるもよう、の情報は群馬県警が発表していた。それが現場からの映像で確認できたのだ。

十一時三十分、『FNNニュース11・30』が始まった。「現場に生存者が四名いたもようであります。いま、現場から救出される映像が入ってきております。ご覧ください」。緊張したアナウンスに続いて、おかっぱ頭の少女が担架で運ばれてくる様子が映し出された。付き添う消防団員の問い掛けにうなずく川上慶子ちゃんの顔がアップになる。

四人の生存が確認されたとき、現場には各社のカメラマンが居合わせ、慶子ちゃんが自衛隊員に抱きかかえられヘリで救出される様子も撮影していた。だが、取材したビデオテープを伝送する手段がなかった。遠く離れた中継車まで走ってテープを運ぶしかなかった。このためフジテレビ以外は、墜落現場の地上の映像の放送は夕方以後になってしまった。

「日航ジャンボ機墜落事故『墜落現場に生存者がいた!』」は八五年度の新聞協会賞を受賞した。「乗客・乗員全員の生命が絶望視されていた状況の中で、『生存者発見』の報が伝えられた直後、ブラウン管に映し出された〝奇跡の生存者〟の姿は視聴者に大きな感動を与えた」「このスクープはテレビが持つ映像と音声の速報機能を最大限に生かしたもので、取材・報道に当たっての優れた着想力、取材班のチームワークとともに高く評価され…」——受賞理由の一節である。

戦争・地価・教育…——問題提起の大型番組

一九八三年(昭和五十八年)から八四年にかけて、「大規模な核戦争が起きたら」という想定に沿ったテレビの大型番組がアメリカ、イギリス、日本で制作された。米ABCの『ザ・デイ・アフター』、英BBCの『スレッズ』、そしてNHK制作の『核戦争後の地球』である。

この頃、ソ連の地上戦力に対抗するためアメリカは短距離核ミサイルの西ヨーロッパへの配備を決め、イギリスや西ドイツでは反核運動が広がった。機を同じくして核戦争の影響についての学術的な調査や研究論文が、さまざまな分野から発表された。こうした背景があって、三つの番組が登場したのであった。

『NHK特集 世界の科学者は予見する・核戦争後の地球』は、第一部「地球炎上」が八四年八月五日、第二部「地球凍結」は六日に放送された。

米ソ両大国の全面核戦争で世界にある核兵器の二〇%が使用された場合、熱線、爆風、放射線、高熱火災で二十五億人が死亡する。死の灰が全世界に拡散して放射能汚染を起こし、大火災による煙が地球を覆って地表の温度は一週間で四十度も下がる――。世界の科学者たちが描いた核戦争後の地球のシナリオを基に、番組は核戦争の被害を実験や学者へのインタビューで証明していく。

演出面でいちばん苦労したのは、東京上空で一メガトンの核が爆発したときの映像であった。ディレクターの相田洋が、写真を火薬で吹き飛ばしそれを超高速度で撮影する方法を編み出した。それまでにも、八月六日を中心にたくさんの原爆関連番組が作られ力作も少なくなかったが、いずれも〝被害者の立場〟と〝過去を振り返る〟という二つの視点で作られていた。それに対して『核戦争後の地球』は〝地球人の立場〟で〝未来を予見する〟視点に立つ番組であった。

制作に当たって、それまでにない新しい試みが取られた。一つは、企画段階で完成後の番組放送権を売り渡す「事前販売型の国際共同制作」である。カナダのテレビオンタリオ、スウェーデン放送協会、韓国放送協会、フランスのテクニソノールという番組販売会社が共同制作者になり、NHKに制作分担金を支払った。もう一つは、放送前に英語版を作り、外国記者クラブで試写会を行ったことだ。「核戦争の悲惨さを伝える番組は、被爆国日本の視聴者はもちろんだが、核を保持している国の国民にこそ見てもらいたい」と考えた安間総介プロデューサーの発案であった。

学術論文を映像化した硬派の科学ドキュメンタリーにもかかわらず視聴率は高く、第一部「地球炎上」は二四・一%を記録した。八四年度に放送した『NHK特集』百三十八本のうち、二番目に高い数字であった。NHKには二日間で約七万件の電話があった。運よく担当者につながった二千七百件余の電話の四割は高校生以下の若者だった。NHKは視聴者からの反響を軸に『NHK特集 核戦争後の地球・その反響から』を急きょその週のうちに放送した。

反響は海外にも広がった。各国のテレビニュースや新聞が「唯一の被爆国である日本の公共放送NHKが『核戦争後の地球』を制作した」ことを報じた。番組そのものもアメリカのPBS、イギリスのチャンネル4、フランスTF1、西ドイツZXDFなど世界各国の主要テレビ局から放送された。

戦争を知らない世代が親の大半を占めるようになり、戦争体験は年々風化していく。何らかの形で戦争の真の姿を子どもたちに伝えることはできないか——。

NHKの若い番組制作者たちの議論の中から生まれたのが、八四年から六年間、毎年八月の初めに放送した『おはようジャーナル』の特集「戦争を知っていますか・子どもたちへのメッセージ」である。

初年度の八四年は、八月一日から三日間の放送であった。十六歳のとき長崎で被爆、車いすの生活で平和を訴えてきた渡辺千恵子。沖縄の疎開船対馬丸に乗っていて撃沈され、一週間漂流した平良啓子。秋田で日本最後の空襲に遭い、看護婦として救護に当たった斎藤キエの三人が登場した。スタジオには東京近郊の小中学生百人が聞き手として並んだ。飲む水もなく死を迎えた幼な子の話、母と子が離れ離れになってしまった話に、子どもたちは身じろぎもせずに聞き入った。

八七年九月六日の夜、NHKスペシャル番組部が五十台の特設電話を設けたスタジオは、異様な興奮と熱気に包まれた。『NHK特集 世界の中の日本・土地はだれのものか』の第一回「地価高騰

『NHK特集 土地はだれのものか』徹底討論のスタジオ　(写真提供：NHK)
87年９月20日の第３回「徹底討論・土地問題をどう解決するか」は、ＮＨＫで最も広い101スタジオにパネラー11人と視聴者代表450人が集まった。全員が発言できるわけではないが、大勢の人がスタジオに駆けつけたというイメージが番組を盛り上げ、視聴者の関心を引きつけた。この土地問題シリーズがきっかけとなり、視聴者の反響を番組に生かす長時間討論が盛んに放送されるようになる。

が日本を変える」の放送が始まると、五十台の電話が一斉に鳴りだしたのだ。
「土地を持つものと持たざるものの不公平をどうする」「働く意欲がわかない」「相続税が上がって将来が不安」「企業は土地投機に走っている」「不動産に融資する銀行が悪い」「政治は無策か」「地価はなぜ凍結できないのか」…。騒然とした電話応対の様子をカメラに収め、一週間後の第二回「国際比較・これが地価対策だ」の冒頭で視聴者のさまざまな意見として紹介した。五千五百件、六千五百件、一万件と、反響の電話は回を追って増えていった。

この年四月の地価公示価格は、東京都の商業地で前年に比べて七四・九％、住宅地五〇・五％増と過去最大の高騰を示した。都心では方々で地上げが進み、カネ余りでだぶついた資金が不動産に流れ込んだ。地価暴騰は経済の歪み、社会の混乱、人々の生活や価値観への影響などさまざまな面に波紋を広げていた。

プロデューサーの西沢和芳ら『NHK特集』事務局のメンバーは、取材を重ねていくうちに、地価問題の奥深さと深刻さを実感した。「…が課題である」とか「…これからの成り行きが注目される」という常套句で番組を終わるのは無責任すぎないか。地価暴騰の多面的な背景や影響の広がりを構造的に探り、解決のために何を優先すべきか、選択の材料を国民に提供することこそ番組の正しいあり方ではないか、と考えた。こうして「土地はだれのものか」が誕生した。

地味なテーマにもかかわらず、三回とも視聴率は一〇％を超え、三回目の徹底討論「土地問題をどう解決するか」は一三・四％だった。『NHK特集』は八七年から翌年にかけて、計八本の「土地はだれのものか」シリーズを放送した。

八七年以降、地価暴騰は都心から首都圏、首都圏から近畿圏へ、さらに全国へと飛び火していく。地価の上昇はとどまるところを知らなかった。『NHK特集』を継承した新番組『NHKスペシャル』は九〇年十月、五夜連続で十二時間に及ぶ「緊急土地改革・地価は下げられる」を放送する。行政や経済界、研究機関の意見をまとめて「四～五年かけて地価を半分に下げる、政策によってソフトランディングできる」と提言した。

九二年を境に、地価は一転して下がり始める。土地への融資が不良債権化し、日本経済の病巣となっていく。不動産業界は、「地価は下げられる」の放送を、ニクソン大統領のドル防衛策が国際経済に大打撃を与えた七一年のニクソン・ショックにならって、〝ＮＨＫショック〟と呼んだ。

七〇年代の後半、小中学生の学習塾通いが当たり前となり、〝偏差値〟や〝落ちこぼれ〟、〝家庭内暴力〟、さらにはいじめの対象者を集団で無視する〝シカト〟など学校や家庭教育の歪みを象徴する言葉が次々と流行語になった。八〇年代には、校内暴力や家庭内暴力が急増し、荒れる学校や家庭の問題は深刻化していった。

『ＮＨＫ特集 日本の条件』の第六シリーズは教育を取り上げた。「教育・何が荒廃しているのか」（八三年二月）は三回にわたって「偏差値が日本の未来を支配する」「いま教師が問われている」「子どもは警告する・伊那小学校からの提言」を放送、大きな反響に応えて第四回「再生への道を問う」を追加制作して放送した。『日本の条件・教育』はこの後、第二部「教師」、第三部「大学と大学生」へと展開していく。

『ＮＨＫ特集』はその後も、子どもに焦点を合わせ続けた。八四年四月から五月にかけて放送した『子どもからの赤信号』は、「からだに何かが起きている」「いじめっ子・いじめられっ子」「農村の子も病んでいる」を放送する。追跡取材を続けて八五年には『ＮＨＫ特集 弱いものいじめ～いま、教師に何ができるか』を、八六年には『体罰～なぜ教師は殴るのか』を放送した。

ＮＨＫは八五年度番組キャンペーンの最重要課題を教育問題とした。教育をテーマに、シリーズや単発で放送された番組はテレビ、ラジオを合わせて六十三本を数えた。朝日新聞の「いま学校で」や「教育のひろば」、毎日新聞の「教育の森」などの企画も始まった。しかし、八六年二月には、東京中野区の富士見中学校の男子生徒が、「このままじゃ、生きジゴクになっちゃうよ」の書き置きを残して、いじめが原因の自殺をする。生徒の生前、教師までが加わって〝葬式ごっこ〟をしていたことも明るみに出て、人々にショックを与えた。

『朝まで生テレビ！』――深夜番組の開拓

ＮＨＫの国民生活時間調査によれば、平日の夜十時に起きている人の割合は一九六〇年（昭和三十五年）の三四％が、八五年には倍の六八％に増えている。生活の夜型化が進んだのである。それは、深夜のテレビ視聴者を開拓する可能性が増えたということでもあった。

ＮＨＫ衛星第1テレビはすでに八七年七月から二十四時間放送を始めていたが、地上波で先頭を切ったのはフジテレビだ。八七年十月、平日五日間の深夜時間帯をレギュラー化した。視聴率を気にせずに好きなものや冒険的な番組を作る、という方針が打ち出され、深夜番組は若手制作者の登竜門となった。新感覚のドラマ『やっぱり猫が好き』、異次元オムニバスドラマ『世にも奇妙な物語』、マニアックなクイズ番組『カルトＱ』などが生まれた。なかでも話題になったのが『カノッサの屈辱』。俳優の仲谷昇が扮した教授が、身近な商品や流行の盛衰を歴史上の人物や故事になぞらえて面白おかしく解説した。

深夜番組の異色は、八七年四月にスタートしたテレビ朝日『朝まで生テレビ！』だ。毎月最終金曜日の深夜一時から五時五十五分までの約五時間、一つのテーマを徹底的に議論しようという番組である。第一回のテーマは「激論！　中曽根政治の功罪」。司会は田原総一朗と筑紫哲也、大島渚や渡部昇一らをゲストに迎えて関東ローカルで放送された。

『朝まで生テレビ!』の誕生には、田原が深くかかわっていた。テレビ朝日から新機軸の深夜番組について相談された田原は、討論番組を提案した。「テレビの討論番組は、声の大きさ、高さ、激しさ、あるいは穏やかさなどはもちろん、その表情、眼の動きや、時にはテーブルをたたく、あるいは立ち上がったりと、あらゆる表現手段を総動員しての応酬となる。これはテレビの魅力であり、うまくいけばこれまでにないドラマチックな番組になるはず」というのが、田原の提案の理由であった。本音の議論には時間が必要だ。五時間は決して長くはない。プロレスをまねて〝無制限一本勝負〟をキャッチフレーズにした。

「角栄政治は終わったか?」「竹下政治で徹底討論!」「日本・韓国・北朝鮮」など政治問題をタイムリーに取り上げ、政治家のテレビ出演のきっかけをつくった。二年目に入ると、原子力発電所の安全性をテーマに、〝原発〟を二回取り上げた。民放にとって大スポンサーである電力会社が最も神経を尖らせるテーマだ。原発推進派の電力会社幹部と危険性を説く学者らが論争し、視聴者から大きな反響があった。差別問題をシリーズで取り上げたこともあった。ほかのマスコミから、〝タブーに挑戦する番組〟〝討論テーマにタブーなし〟などと評価された。

フジテレビに続いてほかの民放も、八七年から八八年にかけて二十四時間放送を開始した。衛星放送を二十四時間化していたＮＨＫは、総合テレビでも段階的に放送時間を拡大していき、九七年四月から日曜日を除いて二十四時間放送に移行した。『ＥＴＶ特集』や衛星放送の紀行番組、地域番組、趣味番組の再放送などを並べたほか、映像と音楽による『映像散歩』を編成した。

ラジオではすでに六〇年代に、民放が主として若者を対象に深夜放送を始めていた。NHKは、台風の接近など災害時には終夜放送をしていたが、二十四時間放送を定時化したのは九〇年四月の『特集ノンストップラジオ深夜便』のスタートからである。

ラジオは予算も人員も少ない。そこで退職したアナウンサーをアンカーに起用した。ゆっくりとした話し方と静かな音楽を中心に構成し、ニュースを重視した。午前〇～一時台は若いビジネスマンを、二時台は深夜に働いている人を、三～四時台は早く目が覚めたお年寄りを番組の対象に考えた。

番組は静かなブームを広げていった。年々投書が増えて九九年度は二万通を数えた。その四分の三は六十歳以上の聴取者からだ。最も反響の大きいのは、昔の唱歌や流行歌を放送する「にっぽんの歌・こころの歌」。宗教家らの人生談義を聞かせる「こころの時代」もファンが多い。ベテランのアンカーたちの語りも、『ラジオ深夜便』の魅力の一つだ。日本語がきれいだ、信頼感がある、緊急時にも落ち着いて聞けるから安心だ、といわれた。

七〇年代から八〇年代にかけて、日本と欧米諸国との経済摩擦がしばしば問題になった。日本経済の急速な国際化に比べて、日本の文化や社会を海外に紹介する情報活動が極めて不十分なことがその背後にはあり、日本からの情報発信を強化することが必要だという声が高まっていた。

NHKの国際放送「ラジオ日本」は、五二年二月に放送を再開、拡大充実が図られてきた。再開時にアジアと北米の五方向に向けて一時間ずつ、一日五時間の放送に過ぎなかったものが、三十年後の八二年には放送対象区域は十八、使用言語二十一、一日の放送時間は三十七時間に拡充されていた。

日本は、モノでは輸出超過、情報では輸入超過といわれてきた。『平成二年度版　通信白書』（九〇年七月）は、日本と外国とのテレビ伝送の送受信量を測定し、八八年度に日本が外国に送信した量を一とすると、外国から受信した量は十八に上るとした上で、「日本の現状をより多くの世界の人々に認識してもらうためにも、マス系メディアを通した海外への情報発信量をより一層増大させていく必要があるだろう」と記した。

八九年十一月、ベルリンの壁が崩壊し東欧諸国は雪崩を打って民主化へと進んだ。その原因の一つに、東欧諸国の市民が国境を越えて西側から入り込む衛星放送を見ていたことが挙げられた。この年十二月には、ヨーロッパ全域をカバーする通信衛星アストラ1aが打ち上げられ、放送が始まった。アジアでは九一年八月、香港を拠点とするスターテレビが極東から中東に至る広い地域を対象に、通信衛星アジアサットを使って五チャンネルの放送を開始した。こうした〝国境を越えるテレビ〟の出現が、日本からの映像による情報発信を促した。

九一年、アメリカとヨーロッパで「テレビジャパン」の放送が始まる。

ニューヨークに日本企業二十九社が出資してJNG（ジャパン・ネットワーク・グループ）が設立され、九一年四月から一日十一時間十五分のサービスを始めた。『七時のニュース』『連続テレビ小説』『おかあさんといっしょ』など、日本から衛星経由で送られてくるNHKの番組を、北米地域をカバーする通信衛星を使って各地のケーブルテレビに流し、家庭で受信する仕組みだ。

ロンドンでは従来から民放の番組を短時間放送していたJSTV（ジャパン・サテライト・テレビ

ジョン）に三十八社が出資して、その事業を引き継ぐ形で九一年七月から一日十一時間のサービスを開始、フジテレビを中心とした従来の番組にＮＨＫの番組を大幅に加えて編成した。こちらは、衛星経由で送られてきた日本の番組を通信衛星アストラ１ｂで流し、家庭で直接受信する。

九四年には放送法が一部改正され、映像による国際放送の規定が盛り込まれた。これを受けて九五年四月から、ＮＨＫの本来業務となった映像による国際放送が、北米で一日五時間、ヨーロッパで三時間十分、テレビジャパンの中で放送が始まった。従来のテレビジャパンはすべての番組にスクランブルがかけられ、契約者しか見ることができなかったが、新しい番組は無料で見ることができた。『おはよう日本』『クローズアップ現代』、英語番組の『Today's Japan』『Asia Now』などを編成したサービスで、対日理解の促進と海外在住日本人や旅行者への情報提供を目的とするものだ。

九八年四月には、アジア・太平洋地域向けの映像発信も大幅に拡充した。これを機会に、短波で行っている国際放送を「ＮＨＫワールド　ラジオ日本」、映像による発信のうちスクランブルをかけない無料のテレビ国際放送を「ＮＨＫワールドＴＶ」、スクランブルをかけてケーブルテレビ局やホテルなどに有料で提供する番組配信を「ＮＨＫワールド・プレミアム」と呼ぶようにした。九九年十月には、テレビ国際放送はともに二十四時間のサービスとなり、放送が届く範囲はアフリカ南部を除いてほぼ全世界に広がった。

第2章 激動の時代の放送

百十一日間の天皇特別報道——昭和から平成へ

一九八八年（昭和六十三年）九月十九日の夜、日本テレビの『NNNニュース・きょうの出来事』が進行していた。十一時二十四分、突っ込みの原稿が読み上げられた。「なお、いま入ったニュースですが、今夜十一時過ぎ、高木侍医長が急きょ皇居に向かいました」。天皇の容体急変を伝えた第一報であった。追いかけるように共同通信が至急報を流した。NHKは二十日午前〇時四十三分で、この日の放送を終了する予定だった。高木侍医長のほか侍従長ら天皇の側近が皇居に向かっていることを確認し、急きょ放送延長に踏み切った。

緊急の記者会見で、天皇が十九日午後十時前、吹上御所二階の寝室で吐血し輸血を受けたことが明らかにされる。各局は終夜放送を続け、天皇の容体急変と皇居の慌ただしい動きを伝えた。崩御まで百十一日間続く「天皇特別報道」の始まりであった。

昭和天皇は八七年四月二十九日の満八十六歳の誕生日に、皇居豊明殿での祝宴で食べたものをもどした。十二指腸の末端から小腸にかけての部分に通過障害があることが分かり、九月に手術を受

皇居の各門で張り番を続ける報道陣 (写真提供:共同通信社)

88年9月19日の天皇の吐血を契機に、皇居では“門番取材”が始まった。宮内庁の厳しい情報管理のため、宮内庁幹部や侍医、侍従らの出入りを押さえることが病状の異変を知る手掛かりになった。皇居の各門には記者とカメラマンが24時間張りついて車の出入りをウォッチした。

けた。回復は順調と発表され、八八年の正月、恒例の宮中一般参賀で天皇は約百日ぶりに国民の前に立ち、「健康を心配してくれてありがとう」と話した。

九月十八日は大相撲秋場所の中日、相撲好きの天皇は両国国技館での観戦が予定されていたが、直前になって中止になった。前日からの発熱が下がらないためと発表された。そして、その翌日の容体急変であった。

報道各社は、かねてから天皇崩御の日を〝Xデー〟と呼んで、その日の編成や特別番組の準備、取材・報道態勢の検討を重ねてきていた。十九日夜の容体急変は、Xデーが遠くないことを思わせた。宮内庁の庁舎前にはテレビ各社の中継車が並び、いつでもリポート可能な態勢が敷かれた。記者やカメラマン、中継スタッフなど千人を超す報道関係者が皇居に詰めた。

宮内庁は一日に三回、後には二回、天皇の体温、脈拍、血圧、呼吸数を発表した。公式の発表はこれだけだ。病状の異変を知る手掛かりは、宮内庁幹部や侍従、侍医らの出入りを押さえることだった。皇居の各門では、二十四時間体制で記者とカメラマンの張り込みが始まった。とくに皇太子一家が出入りする半蔵門の取材が重視された。瞬間の車の動きや車内の様子を追うため、スポーツ担当のカメラマンを配置した社もあった。NHKは全国各地の放送局から、民放は地方の系列局から記者やカメラマン、技術職員らの応援と中継車やカメラなど機材の派遣を求めた。

九月二十四日、天皇の病状が急変する。体温と脈拍が上がり、関係者の間に緊張感が走った。テレビ各局は急きょ番組を差し替えた。NHKはニュース時間を延ばし、民放はお笑い番組を全面的に中止した。

〝自粛〟は長期間で大規模にわたった。エンターテインメント番組の中止が相次ぎ、CMも「元気」「喜び」「ハッピー」などのコピーは禁句になる。閣僚の外国出張中止が続き、五億円の披露宴と騒がれテレビの中継も予定されていた有名歌手の結婚式が延期になる。各地で祭りや運動会が取りやめになった。

九月十九日から翌年一月六日までの病状報道で、民放キー局五社が組んだ緊急特別番組は四十六本、延べ四十時間十四分に及んだ。新聞も連日大きなスペースを割いた。〝過剰報道〟との批判もあった。

年が明けた。一月七日の午前五時前、ＮＨＫ社会部にある一台の電話が鳴った。天皇の容体急変などの際に取材先から一報を入れてもらうために設けたホットラインだ。「容体が悪化した。侍医長も駆けつける」。デスクが全員招集をかけた。五時二十四分、まずＮＨＫが「高木侍医長、急きょ皇居へ」を速報した。

六時三十五分、「天皇危篤」が発表される。ＮＨＫは総合、教育、衛星第1、同第2、ラジオ第1、同第2、ＦＭの七波全部を使って臨時ニュースを流す。すでにその時間、天皇は八十七歳と八か月九日の生涯を終えていた。六時三十三分、皇族や親族、侍従や侍医らが最期をみとった。一九二六年（大正十五年）十二月二十五日の即位以来、在位日数は皇室史上最長の二万二千六百六十日。前年九月十九日の大量吐血から数えて百十一日間に及んだ天皇の闘病は終わった。

崩御の発表と皇太子明仁親王の新天皇への即位は、宮内庁からの中継で直ちに伝えられ、各局は特別編成に入った。ＮＨＫは午前十時から総合テレビとラジオ第1、ＦＭ、衛星第2の四波が特別編成、教育テレビとラジオ第2、衛星第1は通常編成に戻った。民放は在京キー局の編成局長会で、天皇崩御から始まる特別編成はＣＭ抜きでおよそ二日間とすることで合意していた。

昭和の終わりに備えて、各局は入念な準備を進めてきていた。ＮＨＫの場合、長く宮内庁を担当し八八年に死去した伊達宗克記者の提言で、七三年には報道局に「昭和史プロジェクト」が発足、天皇の生涯と昭和の歴史を描く資料の収集が進んでいた。用意された映像素材は三百六十時間分にも達した。『生物と天皇陛下』『大相撲と天皇陛下』（ＮＨＫ）、『天皇陛下のご生涯』（日本テレビ）、『天皇裕仁』（ＴＢＳ）、『人間天皇を語る』（フジテレビ）などは、あらかじめ用意した映像をベースにスタジオに関係者を招いて、ありし日の天皇をしのぶ番組であった。

八日午前〇時から三時間二十分にわたって放送したNHKの『映像でつづる昭和史』は、過去の取材映像やニュース映画のフィルムのほか、視聴者に呼びかけて集めた戦前のフィルムを編集したものだった。『昭和史と天皇』(日本テレビ)、『激動の昭和史・天皇語録』(テレビ朝日)、『昭和を回顧する』(テレビ東京)なども、昭和の歴史を振り返って天皇が果たした役割や、昭和の時代の人々の暮らしに焦点を合わせた企画であった。

崩御の発表から間もなく、宮殿松の間では皇位継承の儀式が行われた。三種の神器のうちの剣と勾玉、天皇の国事行為の際に押される天皇御璽と国璽をささげ持った侍従が新天皇の前に歩み寄る。「剣璽等承継の儀」はNHKが代表取材して各局に映像を分配、宮中の儀式のもようが初めてテレビで国民に伝えられた。午後の臨時閣議で元号が決まる。記者会見に臨んだ小渕恵三官房長官は、「平成」と書かれた色紙をカメラに向けて掲げてみせた。

「平成」が始まった一月八日には、『新天皇ご一家』(NHK)、『新天皇陛下とこれからの皇室』(日本テレビ)、『新天皇の横顔』(TBS)、『新天皇陛下と開かれた皇室〜新時代への期待』(テレビ朝日)など、新天皇の生い立ちを紹介し新しい皇室への期待を語らせる番組が並んだ。

一月七、八の両日、NHK教育と衛星第1を除いて日本のテレビは、天皇報道一色に塗りつぶされた。通常の番組は姿を消し、各局とも類似の番組が並んだ。民放からはCMが消えた。テレビが初めて経験した二日間であった。

ビデオリサーチによれば、七日(土曜日)の関東地区の総世帯視聴率は全日で五三・二%(前年の土曜日の年間平均は四五・四％）、プライムタイム（十九〜二十三時）では六三・四％（同六九・四％）。八日（日曜日）は全日四九・四％（前年の日曜日の年間平均は四七・八％）、プライム六二・六％（同六八・九％）であった。ふだんの土、日曜に比べ全日は高かったものの、夜のプライムタイムは逆に六ポイントほど低かった。

崩御を伝えたNHKの臨時ニュース（七日午前六時三十六分〜）は三二・六％、続く八時台は四〇・二％の高い視聴率だったし、夜七時のNHKニュースも七日が二二・五％、八日は二九・一％でふだんの二〜三倍の高視聴率であった。これに対して、プライムタイムの視聴率が全体に低かったのは、どの局も似通った番組を放送し、娯楽系の番組が消えてしまったことによると見られた。

視聴者のこうした反応は、各局への電話に端的に現れた。七、八の両日にNHKの視聴者センターと地方各局が受けた電話は約一万八千件、その六〇％は特別編成に伴う番組変更についての問い合わせだったが、「生活情報をもっと頻繁に放送せよ」「崩御関係の番組が多すぎる」という苦情もあった。民放キー局五局にかかった電話は二日間で約八千五百件、日本テレビでは三分の一は「もう、うんざり。通常番組に戻せ」というものだったし、テレビ朝日でも「レギュラー番組への復帰要求」が電話の三分の二を占めた。

昭和天皇の大喪の礼は、八九年二月二十四日、東京の新宿御苑で行われた。世界百六十三か国の代表が参列、ブッシュ米大統領やスペインのカルロス国王ら元首クラスは五十五人を数えた。一月の崩御報道に続いて各局は、特別編成で臨んだ。NHKは午前八時三十分から午後四時まで長時間の中継特番『ニュース スペシャル・昭和天皇大喪』を放送、夜も三時間の特番を組んだ。民放も四時間十五分（テレビ朝日）から最長で七時間半（フジテレビ）のCM抜きの特別編成を行った。

この日の関東地区の総世帯視聴率は全日で六二・八％。七二年二月二十八日の浅間山荘事件中継の日と並ぶ最高の数字である。

昭和天皇の崩御から一年半がたった。皇室の最初の慶事は、九〇年六月二十九日の、天皇家の次男・礼宮文仁殿下（結婚して秋篠宮となる）と学習院大学大学院生川嶋紀子さんとの結婚であった。ワイドショーや女性週刊誌の大量報道は〝紀子さんフィーバー〟を巻き起こした。

この時期、マスコミ各社が照準を定めていたのは、皇太子殿下の結婚である。八五年に皇太子がイギリス留学から帰国した直後から、皇太子妃選考を巡る各社の取材は本格化した。昭和天皇崩御の後、取材には一段と拍車がかかった。何人もの女性が候補者として騒がれ、当事者や家族の生活やプライバシーを侵すような報道も一部に見られた。九〇年十二月の記者会見で天皇陛下は、「この問題によって人に迷惑がかからないように、そっとしておいてほしいと思います。とくに事実無根のことで困っている人もいると聞いています」と、一部マスコミの過熱報道にくぎをさした。

藤森昭一宮内庁長官の要請を受けて、日本新聞協会は九二年二月、「皇太子妃の候補者に関する報道は一定期間差し控え、その期間は三か月とする」「皇太子妃候補者の人権・プライバシーに十分配慮し、節度ある取材を行う」ことを申し合わせた。日本雑誌協会もこれに同調した。申し合わせは三か月ごとに更新されていった。

この間も、各社は〝隠密取材〟を続け、外務省勤務の小和田雅子さんに的を絞っていった。九三年一月六日の午後、申し合わせに縛られないワシントン・ポスト紙の東京特派員が「皇太子妃内定」

を本社に打電、夕方にはＡＰとロイター通信社も同様趣旨の記事を配信した。新聞協会は午後八時四十五分で自粛申し合わせを解除した。各局は速報と特別番組で、皇太子妃内定を大々的に報じた。

この後、六月九日のご結婚に向けて、とりわけワイドショーは〝集中豪雨〟的な報道を展開する。ＴＢＳ『ブロードキャスター』の集計によれば、九三年一年間にワイドショーの全番組が取り上げたテーマ別放送時間は、「ご成婚・皇太子さま雅子さま」が延べ二百八十二時間三十分で断然トップ、「山崎浩子さん脱会・揺れる統一教会」（百七十四時間四十七分）、「細川内閣誕生・高まる政治論議」（百十時間十三分）に大差をつけた。テレビによる大量の皇室報道に対し、識者の間からは「過剰報道ではないか」の批判が聞かれたほどである。

六月九日、各局は朝から特別編成で皇太子の結婚〝平成版〟を伝えた。ＮＨＫがニュースの枠広げも含めて八時間、民放は日本テレビの十四時間を筆頭に、ＴＢＳ十二時間九分、フジテレビ十一時間四十九分、テレビ朝日八時間三十四分、テレビ東京五時間三十分の特番を編成した。この日の総世帯視聴率六二％は、ともに六二・八％だった浅間山荘事件と昭和天皇大喪の礼に次ぐ、史上三位の記録である。

皇居での結婚の儀、朝見の儀に続いて、皇居から赤坂御所まで四キロ余りをお二人を乗せたオープンカーが走るパレードが始まった。沿道の六十五か所に取材ポイントが置かれ、ＮＨＫと民放が一台ずつテレビカメラをセットした。民放は沿道を五つのブロックに区切って、キー局がそれぞれ取材を受け持った。この日のスタッフはＮＨＫと民放合わせて三千二百三十人、中継車百五十台、中継カメラは四百五十台に上った。

メディア・ウォーズ——テレビが伝えた湾岸戦争

「ピーター、いまホテルから西の方角を眺めていますが、空一面に閃光が見えます。…何か対空砲火のようです。いま地平線上に光が見えました。決定的な何かが進行しています。飛行機は見えませんが、砲弾が炸裂する音が聞こえます」

日本時間で一九九一年（平成三年）一月十七日、午前八時三十五分。米ABCテレビのゲーリー・シェパード記者が、イラクの首都バグダッドから世界に伝えた湾岸戦争開戦の第一報である。それはまた、世界のテレビ局が〝テレビ・ウォーズ〟と呼んだ地球規模の報道合戦が始まった瞬間でもあった。

ほんの数秒遅れて、CNNのバーナード・ショー記者もバグダッドからの報告を始めた。アトランタのスタジオと音声回線で結び、映像はABCと同様にスタジオで用意したテロップを使った。

前年八月、イラク軍のクウェート侵攻で始まった湾岸危機では、アメリカを中心とする多国籍軍がいつイラクへの武力行使に踏み切るかに、世界中の関心が集まっていた。日本の報道各社はバグダッドに特派員を置いていたが、外務省の勧告で開いた各社の緊急外信部長会は退避を申し合わせ、開戦前日までに日本の取材陣は全員イラク国外に退去していた。バグダッドにとどまったのはABC、CNNなど欧米の記者やカメラマンら約四十人だけだった。

日本のメディアは外国メディアの報道に頼るしかなかった。NHKは八時四十三分、「ABC、CNNが『バグダッドに空襲』と伝えた」の速報をテロップで流した。民放各局の字幕による速報が

湾岸戦争開戦の日のNHKニューススタジオ （写真提供：NHK）

91年1月17日の開戦をテレビ各局は特別編成で伝えた。開戦から1週間の関連番組の放送時間は、ＮＨＫの99時間を最高に、テレビ朝日43時間、日本テレビ37時間、TBS25時間など長時間にわたった。

続いた。ＮＨＫは続いて八時五十二分、七波全部を使って臨時ニュースを出す。ホワイトハウスが開戦を正式に発表したのは現地時間で午後七時（日本時間で十七日午前九時）、ＡＢＣとＣＮＮの一報は米政府の公式発表より三十分も早かった。

日本のテレビ各局も一斉に特別番組に切り換えた。ＮＨＫは翌十八日午前六時まで二十一時間にわたって湾岸戦争開戦を伝え続け、ニュースの連続放送時間の記録を更新した。それまでの最長は、浅間山荘事件（七二年二月）のときの十時間十八分であった。日本テレビ十五時間十五分、ＴＢＳ十五時間三十九分、テレビ朝日十六時間七分など、民放各局も長時間の特番を編成した。どの特番も、アメリカやヨーロッパの動き、アラブ諸国の反応、多国籍軍の行動を支持する日本政府の見解などを衛星中継を交えて伝えた。番組には中東問題の専門家や軍事評論家が登場し、引っ張りだこの評論家がいくつもの局の画面に顔を出す光景がしばしば見られた。

開戦後、イラク情報省はバグダッドにとどまっていた西側の報道陣に国外退去を命じた。ただし、CNNの三人の記者は別だった。「CNNは公正で偏見がないから」とは情報省の説明だった。ただ一社バグダッド残留を認められたCNNは、衛星経由で映像を伝送する可搬型地球局を持ち込み、多国籍軍の攻撃を受けた建物や橋などバグダッド市内の生々しい映像を送り続けた。CNNの独壇場である。アメリカ国内でCNNの視聴率は急上昇した。開戦後一週間のCNNの平均視聴率は、三大ネットワークをしのぐ七・五％を記録した。

サウジアラビアに駐留する米軍司令部は、「ミサイル攻撃は主にイラクの軍事施設を目標にしている」と発表、ミサイルの弾頭に装置された電子カメラが標的に迫っていく映像を初めて公開した。テレビゲームをほうふつさせ、マスコミは〝ピンポイント爆撃〟と表現した。それに対してCNNは、バグダッドから米軍機のミサイル攻撃で破壊されたミルク工場の映像を送ってきた。バグダッド北部の住宅地域への空爆で住民二十四人が死亡したというリポートの中で、アーネット記者は、イラク当局に現場を案内されたこと、リポート内容も検閲済みであることを伝えた。

CNNニュースは公正に事実を報道しているのか、それともイラク寄りの偏向報道を余儀なくされているのか――。アメリカ国内で議論が巻き起こる。米メディアの批判に対してCNNは、「どこの報道機関も機会を与えられれば同じことをするだけだ。バグダッドにだれもいないより、少なくとも二つの目がある方がましだ」と反論した。

情報管理や取材規制という点では、アメリカ軍も同様であった。ベトナム戦争では、プレスの自由な取材で戦争の悲惨さと残酷さがそのまま伝えられ、米国内はもとより世界中に反戦の世論が高まり、米軍兵士の士気の低下につながった。米政府はこのときの反省に立って、湾岸戦争では徹底的な報道管制を行うことを早くから決めていた。

戦況を発表する定例記者会見は、ワシントンの国防総省とサウジアラビアの現地司令部の二か所でしか行われなくなった。戦場では、勝手な取材は許されなかった。国防総省は「ニュースメディアへの指針」と「報道基本原則」を作り、これに従わないものは作戦地域から締め出すという罰則までつけた。体力テストに合格した米メディアの記者やカメラマンが選ばれ、米軍人が同行してやっと取材を認められた。プール取材である。撮影したビデオや録音テープ、原稿は検閲を受けなければならなかった。

二月二十八日、湾岸戦争はイラクの敗北で停戦した。多国籍軍の勝利とは対照的に、厳しい報道管制で「メディアは戦争に敗北した」とする自嘲的な声がジャーナリストの間から上がった。戦争が終わっていろいろなことが分かってきた。ＣＮＮが伝えたミルク工場の被爆は、米大統領報道官が強弁したような軍事施設ではなかった。イギリスのクルーがクウェートの石油精製施設の破壊現場で撮影したという「石油まみれの海鳥」は、イラク軍による環境破壊を象徴する映像として人々に強い印象を与えた。だがこれも、その後の調査で別の場所で撮影された疑いが強まり、映像の信ぴょう性に疑問符がつけられた。

NHKは放送記念日の三月二十二日、『NHKスペシャル テレビは戦争をどう伝えたか』を放送した。各国のテレビ局の湾岸戦争報道を取り上げ、厳しい報道規制の下で何を伝え、何を伝えられなかったか、自責の念を込めて検証した番組である。

湾岸危機では、NHKの国際放送「ラジオ日本」が湾岸周辺の在留邦人にとって唯一の情報源となった。イラクはクウェート侵攻の後、多国籍軍への〝盾〟にしようと大勢の外国人を人質としてイラク国内に軟禁した。その中には百四十一人の日本人も含まれていた。ラジオ日本は九〇年九月六日から、人質になった日本人へのメッセージ放送を開始した。初めは肉親や同僚からのメッセージをアナウンサーが代読していたが、やがて家族の肉声による放送に切り換えた。

「一日も早くパパが帰れるよう皆で写経をしています。もうずいぶんたくさんの人が写経してくださっていますので、よい方向に向かうと確信しています」。イラク軍将校の監視の目を盗んで人々はラジオ日本の放送に耳を傾けた。メッセージ放送は十二月十一日、日本人の人質全員が解放されるまで、一日三回ずつ三か月余り続けられた。人質になった同胞に対し、イギリスBBCはNHKより一日遅れてメッセージ放送を始め、米、独、仏も同じような放送を行った。

ラジオ日本は、湾岸戦争のときも開戦第一報から五十時間余りの生番組を編成し、湾岸周辺の日本人たちに情報を送り続けた。

問われた公平・公正——五五年体制の終えん

一九九〇年代の日本は、激しく揺れ動いた。政治も〝激動の十年〟だった。十年間に七人もの首相が登場した。「五五年体制」に終止符が打たれ、政界再編へ目まぐるしい動きが続いた。放送は、政治を分かりやすく伝えて人々の関心を高める役割を果たした反面、その影響力の大きさから政治報道の公平・公正が厳しく問われた。

テレビ局が、政治報道の中でもとくに力を入れるのは選挙である。九〇年代のテレビ選挙報道は、当確判定競争の激化と政治家のテレビへの登場という二つの要因で大きく様変わりする。

選挙報道に当たって放送局も新聞社も、事前の世論調査や記者の取材などを基に各候補者の得票を予測する。開票所に人を出して開票状況を取材し、事前の票読み通りに開票が進んでいたり、地盤とする地域で予測通りに得票したりしていれば、当選確実を速報する。

だが、九〇年二月の衆院選では、この当確判定にミスが続出した。テレビ朝日の八件を最高にフジテレビ五件、日本テレビ三件、NHKとTBSが二件ずつ落選者を当選確実と伝え、開票速報への視聴者の信頼が揺らいだ。

より正確な当落判定を期して導入されたのが、出口調査である。投票を終えて投票所から出てくる有権者に、性別・年齢、投票した候補者名とその理由、支持する政党などを尋ねるものだ。投票日前に行う世論調査に比べれば精度ははるかに高い。「投票箱に手を突っ込んで調べるようなもの」といわれるくらいにデータとしての魅力は大きい。当落判定の判断材料として使うだけではない。「無党派層はどの党に投票したか」などと、開票速報番組の中で分析材料として活用できる。

九二年七月の参院選で、出口調査が初めて本格的に取り入れられた。フジテレビが十六万人、日本テレビは十五万人の出口調査を行い、TBSも五万人規模の調査をした。開票日の新聞のテレビ欄には、センセーショナルな文言が並んだ。

「史上初・午後六時に全議席当落予測を発表」（日本テレビ）
「参院選速報・一二七議席を全予測」（TBS）
「午後七時X分に全候補者の当落を一気発表」（フジテレビ）

三局とも、開票開始の前後に党派別の予測獲得議席数を画面に表示し、注目候補について男女別・世代別の支持傾向を見せたりした。日本テレビの放送では、選挙区七十七議席の予測で有力と紹介した候補者のうち八人が結果として落選したが、順位が入れ替わる可能性はあると断っての予測であった。三局とも大筋で予測通りの結果となり、出口調査の威力を見せつけた。

このため九三年七月の衆院選ではNHKとテレビ朝日も参加、出口調査は選挙報道に欠かせないものになっていく。新聞社も参入してしだいに出口調査は大規模なものとなり、小選挙区比例代表並立制による初の総選挙となった九六年十月の衆院選では、調査対象者はNHK四十万人、日本テレビ三十万人、フジテレビ二十万人に上った。

NHK『日曜討論』（一九四七年にラジオで始まり、五七年にはテレビでも放送するようになった『国会討論会』を九四年に改称）、テレビ朝日『サンデープロジェクト』、フジテレビ『報道2001』など日曜日の午前中に放送される番組には、政治家が出演して政局を動かすような発言をし、政治記者たちにも見逃せない番組になっていた。

自民党副総裁の金丸信が、東京佐川急便から五億円の裏金を受け取っていた事件（九二年に判明）に端を発して、政局は流動する。竹下派が分裂、政治改革論議が急速に浮上してくる。宮沢喜一首相は『サンデープロジェクト』に出演して、「政治改革は今国会で必ずやらなければならない。私はうそをついたことはない」などと発言。このときのＶＴＲは、その後たびたび再生引用されて解散―総選挙の引き金の一つになった。

九三年七月の衆院選は、自民党を離党した羽田孜らが「新生党」を、武村正義らが「新党さきがけ」をそれぞれ結成、細川護熙の「日本新党」も加わって〝新党ブーム〟が巻き起こった。マスコミは新党に照準を当てた。政治家もメディア、とくにテレビを重視した。羽田は、衆議院の解散をはさんだ一週間の間に三十六回もテレビに出演した。民放ニュースの選挙企画は、冒頭のテロップで候補者全員を紹介するものの、新党の候補者に力点を置いた報道を行った。小泉純一郎郵政相は記者会見で「公平・公正な報道をするよう注意してもらわないと困る」と、テレビの選挙報道にクレームをつけたほどだ。

選挙の結果、自民党は過半数に及ばず、社会党は惨敗を喫した。一九五五年の社会党統一と保守合同による自由民主党の結成以来、政界を主導してきた自民党優位の自社二大政党制「五五年体制」は、崩壊した。細川が首相に指名され、社会・新生・公明・民社・さきがけ・社民連六党の党首が入閣する連立内閣が発足した。三十八年ぶりの非自民政権の誕生であった。

九三年十月十三日付の産経新聞は、「非自民政権誕生を意図し報道・総選挙・テレビ朝日局長発言」と報じた。テレビ朝日の椿貞良報道局長は、九月の民放連・放送番組調査会で「政治とテレビ」と題して報告した。七月の衆院選のテレビ朝日の報道について、「非自民政権が生まれるように報道せよと指示した」「開票速報の間違いは予測ミスで、誤報ではない」「〝公平であること〟をタブーとして、積極的に挑戦する」などと述べた、というのである。

自民党は強く反発し、椿の証人喚問が決まる。郵政省は、放送法が規定した「政治的に公平であること」に違反する疑いがあるとして調査を始める。

公平・公正とは何か——。テレビの政治報道を巡る論議が噴出した。宮崎市で開かれたこの年の民放連大会は、「調査会での一部発言がテレビ報道の公正さに疑惑を招いたのは遺憾」「民放は客観・公正・不偏不党の報道に徹してきたと確信している」という内容の大会決議を採択する。

「テープはない」と言い張っていた民放連は、郵政省を通した国会の要求に、テープから起こした調査会の議事録を提出、椿発言の正確な内容が明らかになる。椿はそこで、『ニュースステーション』への自民党の風当たりがいかに強かったか具体的な例を挙げて説明した上で、「今度の選挙は、梶山幹事長が率いる自民党を敗北させないといけない、ということを冗談でなく局内で話し合ったことがある」「私どもがすべてのニュースとか選挙放送を通じて、五五年体制を今度は絶対に突き崩さないと駄目なんだと、まなじりを決して選挙報道に当たったことは確か」などと発言していた。

十月二十五日の衆議院政治改革調査特別委員会に証人として出席した椿は、「不必要、不用意、不適正な発言が大変迷惑をかけたことをおわびする」「テレビ朝日の選挙報道の成績が良かったので、常識を欠いた脱線的な暴言をした」などと述べ、問題の番組調査会での発言を「荒唐無稽な暴言」とまで言って陳謝した。椿が問題にした、『ニュースステーション』に対する自民党からの圧力については、全く触れられなかった。

この時期は、五年に一度の放送事業者への再免許に当たっていた。十一月一日、郵政省はテレビ

衆院政治改革調査特別委、テレビ朝日前報道局長を証人喚問

（写真提供：共同通信社）

ジャーナリストが、その発言に関して国会に証人として喚問されるのは異例のことであった。筑紫哲也、木村太郎、田原総一朗らフリーのテレビキャスター8人は、「喚問によって報道現場が萎縮や自主規制などに追い込まれることが憂慮される」との声明を発表した。

朝日に対し、「発言に関連した事実関係が明らかになった時点で、改めて必要な措置を取る」という異例の条件をつけて再免許状を交付した。

テレビ朝日は、社内に特別調査委員会を発足させた。翌九四年八月、調査委員会は報告書を発表、九月四日に一時間二十分のCM抜きの検証番組を放送した。報告書は、

○椿発言には、テレビ朝日の報道姿勢に関して、放送法の政治的公平に反すると疑われてもやむをえない発言が含まれていた

○だが、特定の政治的意図による局長の指示または示唆は、全くなされていない

○社外の有識者も加わって選挙期間中に放送された『ニュースステーション』や『サンデープロジェクト』などの番組を検証した結果、公平性に配慮しており、偏向・不公平があったという指摘はなかった

という結論をまとめた。

相次いだ〝やらせ〟の発覚――放送番組の倫理

一九九二年（平成四年）、テレビ番組の〝やらせ〟が相次いで発覚し批判を受けた。

テレビは〝段取りのメディア〟だといわれる。ニュースやスポーツ中継は別として、一般の番組では、筋の運びや組立てに沿って出演者や登場人物と順序や方法を打ち合わせ、撮影・制作を進めていく。その段取りが行き過ぎると〝やらせ〟になる。

〝やらせ〟が刑事事件にまで発展したのは、八五年八月二十日のテレビ朝日『アフタヌーンショー』「劇写!! 中学生番長セックスリンチ全告白」である。河原でパーティーを開いていた女子中学生たちに先輩の女番長が暴力を振るう場面が、VTRで放送された。番組のディレクターが現金を渡してリンチをやらせていたことが判明、暴力行為教唆の容疑で逮捕される。

テレビ朝日の田代喜久雄社長は、特別番組『テレビ取材のあり方と暴力事件放送の反省』の中で陳謝し、二十年六か月続いた『アフタヌーンショー』は十月十八日で放送を打ち切った。テレビ朝日は放送法に基づく訂正放送を行った。テレビ朝日に対する免許更新に当たって、郵政省は異例の注意文書をつけて再免許を交付した。

民放連理事会は、「取材の節度を守り、人権・プライバシーを尊重し、各局の番組審査体制の活性化を図る」という異例の決議を行った。

それから七年がたった。九二年七月、テレビ朝日系で放送された『いつみの情報案内人―素敵にドキュメント―追跡！ＯＬ・女子大生の性二四時』で、ＯＬの女性が制作スタッフの知人だったり、白人男性や黒人米兵が外国人のモデルだったりしたことが判明し、新聞は〝やらせ〟と大きく報道する。番組は朝日放送の委託を受けた東京のプロダクションが制作したものだった。

続いて十一月には、読売テレビが制作して近畿・広島地区で放送された情報バラエティー番組『どーなるスコープ』で、スタジオ出演した二十人の看護婦全員がＯＬや学生など看護婦の資格のない女性たちであったことが発覚する。看護婦を集める仕事は、社外の事務所に発注していた。

郵政省は朝日放送と読売テレビに、「真実でない報道が行われ、大きな社会問題を引き起こした」と文書で厳重注意を伝え、放送法と番組基準の順守・徹底を求めた。

翌九三年二月三日の朝日新聞は、「ＮＨＫスペシャル『禁断の王国・ムスタン』主要部分やらせ・虚偽」と報じた。番組では、自然の過酷さを強調するためチーフディレクターが元気なスタッフに高山病の演技をさせたり、がれきが転げ落ちる〝流砂〟現象をわざと起こしたりしたほか、「雨ごいをする少年僧の馬が死んだ事実はないのに別の馬の死体を映して少年の馬と伝えた」など虚偽の事実があったと指摘した。他紙も「ＮＨＫの看板番組の〝やらせ〟」と大きく報道した。

各紙は社説で、「民放に比べて圧倒的に信頼されているＮＨＫまでが、報道の看板番組でやらせを行っていたことは、〝ＮＨＫ、お前もか〟と強い失望を覚える」（毎日新聞）、「ドキュメンタリーは

朝日新聞 1993年(平成5年)2月3日 水曜日

NHKスペシャル「禁断の王国・ムスタン」

主要部分 やらせ・虚偽

昨秋放送

元気なスタッフ高山病演技
岩揺すり「流砂」現象つくる
雨ごいは少年に金払い撮影

指摘認めて調査委設置

衆院予算委
きょう審議再開
証人喚問 人選詰めず社党妥協

国公立大2次出願締め切る
このごろ上海ではやるもの
看護婦に「お礼奉公」を強要

ムスタン問題を報じた朝日新聞（1993.2.3 朝刊）
『NHKスペシャル』は看板番組だけに、朝日新聞の“やらせ”報道が投じた波紋は大きかった。2月3日以後1週間余り、多くの新聞が連日『ムスタン』問題を取り上げた。

〝事実〟が命だ。それをゆがめることは視聴者をあざむくことで、放送人として許されることではない」（読売新聞）などと厳しく批判した。

ネパールの旧ムスタン王国は、隣接するチベット紛争の影響を受けて約三十年間、外国人の立ち入りが禁止されていた。外国のテレビクルーとして初めて現地取材の許可を得たＮＨＫは、九二年五月から四十日余り、標高四千メートル近いヒマラヤ山岳部の旧王国で取材し、九月三十日と十月一日に『ＮＨＫスペシャル 奥ヒマラヤ・禁断の王国ムスタン』として放送した。

〝やらせ〟の報道に、ＮＨＫは緊急の調査委員会をつくり取材班のメンバーや現地のコーディネーター、通訳らから事情聴取した。その結果、死んだ馬は少年僧のものではなかったなど事実と異なる点が三点、流砂と落石のシーンは故意に起こし、高山病のシーンは演技だったなど行き過ぎた表現がやはり三点あったことが判明する。二月四日夜七時のニュース前の時間で、六点について具体的に説明し、訂正とおわびの放送をした。

二月十七日には、『ＮＨＫ「ムスタン取材」調査報告』を公表。「番組を面白くしたいと思うあまり過剰な演出を行い、事実を誇張して表現したことが批判を招く一因となった」「一連の問題点の根底に、制作者個人の一方的な強い思い込みがあったが、同時に、番組制作過程における管理・責任体制が十分に機能しなかったことにも原因の一半がある」などと問題の背景にも触れた。この日午後十時から放送した『「ムスタン取材」緊急調査委員会の報告』の中で、川口幹夫ＮＨＫ会長はこう述べた。

「テレビの放送が始まって今年でちょうど四十年になります。テレビが発展を続けるその一方で、制作者の一人一人にごう慢さや甘えがなかったのか、また視聴率や効率万能主義に陥っていなかったのかなど謙虚に反省し、改めていきたいと思います」

ムスタン問題をきっかけに、「ドキュメンタリーとは何か」という問題が提起されて広範な議論が巻き起こった。活字メディアでは、記者が見聞した事柄を書くことで事実の報道という目的を果たすことはできる。しかしテレビは、カメラとマイクで記録しなければならない。取材対象者はカメラやマイクを向けられることで感情や行動に影響を受ける。伝えたい事実が、いつもテレビカメラの前で起きるわけでもない。このため、事実をよりどころとするドキュメンタリーの制作においても演出は不可欠となる。問われるべきは演出の有無ではなく、その演出が番組制作の目的や世の中の約束事に照らしてみて適切かどうかということである。

NHKはこの年の放送記念日特集として、三月二十二日の夜、総合テレビで『ドキュメンタリーとは何か』を放送した。出演した評論家加藤周一は次のように語った。

「ドキュメンタリーというものは全部個々の事実をそのまま、じかに撮ったもので、一切演出はないと思い込んでいるから『裏切られた』ということになる。ドキュメンタリーフィルムで決定的に大事なことは、全体が言おうとしていることがうそか本当か、真実かどうかということで、個々の場面が事実か演出かということは、細かい技術問題だと思う」

民放で前年発覚した二件の〝やらせ〟には社外のプロダクションが関係していた。そこで民放連は、初めての試みとして九三年六月、全日本テレビ番組製作社連盟と共催で「番組制作の心構え」「放送と人権」をテーマとする放送倫理セミナーを開いた。

NHKと民放連は、「NHK・民放番組倫理委員会」を設置、九三年六月には放送各社に向けた提言「放送番組の倫理の向上について」を公表した。提言は、テレビの社会的責任がますます重くなる一方で、番組の内容や取材・制作のあり方に対し視聴者の目は一段と厳しさを増しているとした上で、「制作者がより強いインパクトを求めて過剰な演出に走る行為は、必ず破綻を来し結局はテレビの前途を危うくする」と警告した。

しかし、九四年三月にテレビ朝日『ザ・スクープ』は、前年九月に放送した「死刑囚の臓器が売買されている!? 中国の処刑場に潜入―徹底取材!」の内容に事実と異なる点があったとして謝罪、検証番組も放送した。その後も、番組制作に当たっての過剰演出は跡を絶たず、放送界の倫理水準の向上が容易でないことを示している。

震度7の揺れを記録――阪神・淡路大震災

一九九〇年（平成二年）十一月十七日、長崎県の雲仙普賢岳が噴煙を上げた。噴火で山が崩れ落ち有明海で大津波が発生して対岸の肥後の国に押し寄せ、死者一万五千人を出した一七九二年（寛政四年）の〝島原大変・肥後迷惑〟以来、百九十八年ぶりの普賢岳の噴火である。

年が明けた九一年二月頃から火山活動は活発化し、山腹に堆積した火山灰が雨で流れ出す土石流が起き始める。五月には溶岩ドームが出現した。地下のマグマで押し上げられた溶岩が火口でドーム状の塊になる。それが崩れ落ちて斜面を走るのが、火砕流である。五月二十四日に最初の火砕流が発生し、日を追って頻発するようになる。麓の地域には避難勧告が出された。民放各社や新聞社のカメラマンたちは、避難勧告地域内の島原市北上木場町の高台に集まりだした。火口から直線距離で四キロ、普賢岳が見え火砕流の動きもよく分かる場所で、各社は〝正面〟と呼んだ。

六月三日は、朝から頻繁に火砕流が発生していた。午後四時八分、推定二百五十万立方メートル、東京ドーム二杯分の溶岩ドームが崩落した。数百度の熱風を伴った火砕流は、猛スピードで水無川沿いに流れ下り、北上木場町を襲った。熱風は〝正面〟をのみ込み、さらに下流へと広がった。民放や新聞社の記者やカメラマン、雇い上げタクシーの運転手、消防団員、警察官らは一瞬のうちに火砕流にのみ込まれた。大火傷を負ったＮＨＫの二人も手当てのかいなく亡くなった。

このときの火砕流による死者は四十三人、このうち報道関係は二十人を数えた。取材の安全ということが、改めて問題となった。各社は安全管理者を現地に常駐させ、取材マニュアルの作成、安全に役立つ装備や機器類の整備を図った。雲仙普賢岳の教訓は、九年後の北海道有珠山の噴火の際に生かされた。二〇〇〇年三月三十一日、有珠山は二十二年ぶりに噴火した。二日前に気象庁が緊急火山情報を出して、約九千人の住民は事前に避難した。報道各社は、避難指示地域での取材を禁止するなど安全確保に最大限の配慮をして報道に当たった。

気象庁の警報より早く大津波が襲い大きな被害を出したのが、九三年七月十二日夜の北海道南西沖地震である。マグニチュード7・8。地震の直後に起きた巨大な津波は、奥尻島と渡島半島の西岸を直撃した。奥尻島藻内地区での最大波高三十・五メートルは、二十世紀に日本を襲った津波では最大級といわれた。この地震の死者・行方不明者は二百三十一人、山崩れでホテルが埋没して二十八人が死亡したほかは、ほとんどが津波の犠牲者であった。

たまたま紀行番組のロケで奥尻島に滞在していたNHK函館放送局のスタッフが、避難する住民や津波の襲来、青苗地区の大火災のもようを撮影した。飛来した札幌放送局のヘリから伝送した映像は、十三日午前五時前、惨状を伝える第一報としてオンエアされた。

地震発生の五分後、札幌管区気象台は北海道の日本海沿岸に大津波警報、オホーツク海沿岸に津波警報を出した。NHK札幌局にアデス（気象資料自動編集中継システム）で警報が伝えられたのは三十秒後、直通電話で確認の上、テレビ・ラジオ同時に速報したときは、地震発生から七分半がたっていた。奥尻島では、地震と同時に停電してテレビやラジオからの情報入手は不可能となっていた。青苗地区では地震の五分後、警報発表の前に津波の第一波が襲い、十七〜十八分後には第二波が来た。

津波防災のポイントは、早い情報と早い避難である。気象庁は新しいシステムを導入、NHKも津波予報を入手してから放送に出すまでの時間を短縮するためにシステムを改善、気象庁から地震発生の情報が入ると自動的に字幕表示が準備されて速報する仕組みに変わった。

翌九四年十月四日の北海道東方沖地震で、その成果が現れた。マグニチュード8・1、釧路で震度6、北方領土や北海道東部に大きな被害が出た。地震の発生は午後十時二十三分、五分後に北海道の太平洋沿岸に津波警報が出され、NHKはその十四秒後にテレビ・ラジオ・衛星放送など七波で緊急警報放送を行って警報を伝えた。

民放は、日本テレビ、TBS、フジテレビが秋の番組改編に伴う特番を放送していたが、中断して津波警報を速報した。警報発表のスーパーは翌朝の解除まで通常番組の中でも常時表示され、日本テレビとTBSは初めてCMにも津波警報発令中のスーパーをかぶせた。

九五年一月十七日午前五時四十六分、後に「阪神・淡路大震災」と呼ばれる兵庫県南部地震が発生した。マグニチュード7・2、震源地は淡路島北部。死者・行方不明者六千四百三十三人、負傷者四万三千七百九十三人、建物の被害五十一万二千八百八十棟の被害を出した。断水や停電、ガスの供給停止、電話の不通などライフラインは壊滅的な被害を受けた。新幹線の橋げたが落下して線路が宙吊りになり、JR、私鉄は長期間不通となった。阪神高速道路の高架橋が横倒しになり、神戸港では岸壁が沈下したり崩れ落ちたりした。被害総額は十兆円に上った。

激震が襲った瞬間のNHK神戸放送局（スキップバックの映像から）

（写真提供：NHK）

スキップバックレコーダーはＮＨＫ大阪放送局の技術陣が開発した。カメラに写った映像は装置に内蔵した半導体メモリーに蓄積され、常時10秒間の映像と音声が記録された状態にあり、センサーが地震を感知すると自動的にＶＴＲに電源が入って収録を開始する。これによって数秒前から地震発生にいたる決定的な瞬間を動画に記録することが可能になった。

地震が起きたそのとき、ＮＨＫ神戸放送局三階の放送部の部屋では、泊まり勤務の関則夫記者が県警本部などへの警戒電話をかけ終わり、簡易ベッドでまどろんでいた。初めは軽い横揺れだった。すぐに下から突き上げる激動が襲ってきた。轟音とともに書棚やロッカーが倒れ、机やいすが飛び跳ねる。明かりが消える。関は布団を被った。思ったよりも早く揺れは収まった。飛び起きた関は、神戸海洋気象台との直通電話にしがみついた。「６です。６です」と先方が怒鳴っている。「震度６、間違いないですね」。確認した関は、大阪放送局報道部に「神戸、震度６」を伝えた。

この一部始終を放送部の天井に取り付けたスキップバックレコーダーのカメラがとらえていた。激震の瞬間を録画したこの映像は大阪局に伝送され、六時五十分まず近畿ブロックで、七時一分には全国に向けて放送された。全世界に伝えられたこの映像は、震度７（当初の発表は震度６だったが、その後の被害調査で神戸市など阪神地域と淡路島北部は震度７と判定された）の激震をリアルタイムでとらえた空前の記録であった。

ＮＨＫは五時四十九分、まず大阪から近畿地方向けに総合・教育テレビ・ラジオ第１・第２・ＦＭの五波で地震の発生を伝えた。二分後には東京からの全国放送となり、翌十八日の朝まで定時番組を全部中止して二十六時間続く地震報道が始まった。

地震の直後、神戸市内の数か所で発生した火災は密集市街地に燃え広がる。だが、被災地の詳しい状況は、防災機関にも報道機関にもなかなか入ってこない。六時四十四分、神戸の実家に帰省中だった広島局入江憲一アナウンサーの電話リポートがテレビとラジオで流れた。「私は神戸の中央区籠池通りというところにおります。神戸市を見下ろす高台に当たります。…火の手がおよそ七か所前後上がっているのがよく見えます。…炎が赤々と燃え煙が黒々と上がっています」。神戸の惨状を具体的に報じた第一報であった。

午前七時過ぎ、車庫のシャッターをこじあけてやっと中継車を引き出した神戸局では、局の前から関がリポートをし、燃え盛る火災の映像も電波に乗った。ヘリが橋げたの落下した高速道路の映像を中継し、カメラマンが空から見た被災地の様子を報告する。時間がたつにつれて被災地の惨状を伝える映像や報告が次々とオンエアされ、大震災の様相がしだいに明らかになっていった。

神戸の埋め立て地ポートアイランドに本社を置くサンテレビは、放送機器類は無事で六時半から放送を始めた。だが、市街地に通じる橋が通行止めになって中継車を出せない。出社してきた社員を次々にスタジオに入れて、途中見てきた惨状を報告させた。

民放ラジオ局AM神戸では、携帯中継器を持った記者が被災地に飛び出した。町名と番地まで挙げて被害を詳しく伝えるリポートが電波に乗った。

阪神大震災は、放送七十年の歴史で初めて遭遇した大災害であった。放送各社は全国から応援のスタッフを投入して、長期間の取材と報道に当たった。被害の状況や劇甚災害の原因と背景、被災者の安否に関する情報や医療・健康・教育・ライフライン関係の多様な情報をニュースや番組で放送し続けた。

NHKが一月十七日からの一か月間に総合テレビで放送した震災関連番組は、全国放送で二百七十三時間、近畿ブロックでは三百五十四時間に上り、九一年一月の湾岸戦争のときの倍以上の規模の放送となった。このほか教育テレビや衛星、ラジオ、FMなどNHKが持つ七つの放送波のうちの六つまでを使って空前の規模の災害放送を行った。民放も特別編成で震災を伝えた。サンテレビは地震発生から一週間に百十一時間、そのうち九五%の時間はCMを外して震災報道を続けた。

阪神大震災では、ラジオの活躍が目立った。AM神戸には、「つぶれた家の下敷きになっているお年寄りを助けてあげて」「水が欲しい」「透析のできる病院を教えて」など切実な電話が相次いだ。そのほとんどが放送された。反響は大きかった。すぐに水を汲める場所や透析をしている病院を教える電話がかかってくる。それをまた放送に乗せた。地震後一週間でAM神戸にかかった電話は約三万件、ラジオは被災者同士の情報交換の広場の役割を果たした。

NHKのラジオ第1放送は、被害報道が一段落した二十日夕方から「生活情報放送センター」をスタートさせた。神戸市役所内に臨時スタジオを開設し、ライフラインや交通機関の復旧状況、三十万人が避難した一千か所以上の避難所案内、病院情報、ガソリンスタンドやスーパーマーケット、銭湯やコインランドリーの案内、ごみの出し方や公衆トイレの場所、入試日程の変更、被災地に多い疾病と対策、インフルエンザの予防法など実に多彩な情報を次々と放送した。生活情報の放送は、三月十七日に終了するまでの間、延べ二百二十時間に達した。

被災地には家族や親戚、知人の安否を気遣う電話が殺到した。その数は通常の五十倍に上り、ほとんど電話がつながらない状態が続いた。このため人々はNHKに、放送を通じて知人の安否を確かめてほしいと電話してきた。大阪放送局は、安否情報放送の実施に踏み切る。十七日午前十時半、まずFM放送で、午後からは近畿ブロック向けに教育テレビでも放送を始めた。一月末までに受け付けた放送依頼は五万四千件、教育テレビで百五十八時間、FMで百六十二時間の安否情報放送を行ったが、放送できたのは三万一千件余りにとどまった。

テレビは連日、阪神大震災の惨状を伝えた。どの局の中継にも登場したのが、六百メートルにわたって高架橋が横倒しになった神戸市東灘区の阪神高速道路であり、三千人が避難した西宮市中央体育館であった。

〝絵〟になるところ――衝撃的な被災地の映像が、繰り返し放送された。特定の場所の集中・反復報道は、結果として広い範囲に及んだ被害の全容を伝えきれなかった。NHK大阪放送局には、震災報道に対する反響や意見、苦情の電話が相次いだ。「中継場所が偏っている」「テレビで紹介された所は救援物資も豊富だが、届かない所も多い」「ヘリの低空取材をやめてほしい。騒音や風圧で救助が妨げられる」「避難所で疲れて寝ているところにライトを浴びせる」「取材記者が何度も同じことを聞きにきて救援や復旧業務の邪魔をする」などである。

被災地では、道路や鉄道、港湾、大規模事業所など都市施設の復旧は進んだが、被災者の生活復興は遅れた。震災から一年たった時点でなお、不自由な仮設住宅暮らしを余儀なくされている人は四万戸・八万人を数えた。災害は長期化し、深刻化していった。

放送では、震災を検証し復興への方策を提言する息の長い取り組みが続いた。『NHKスペシャル』は毎月一回のシリーズ「阪神大震災」を一年間続けた。『クローズアップ現代』や『くらしのジャーナル』など全国放送番組も随時、震災をテーマに取り上げた。近畿ブロック向けでは、『きんきスペシャル・阪神大震災』『がんばろや! 阪神・淡路』などの被災者を励ます番組が放送された。サンテレビは、夕方の『ニュース・Eyeランド』で毎日、震災関連の企画を放送し続けたほか、『神戸通信・がんばっとうで!』を毎週放送した。

震災から五年目の二〇〇〇年一月、仮設住宅の入居者はやっとゼロになった。震災復興区画整理事業は十八の地区全部で進行している。繁華街はにぎわいを取り戻し、表面震災の傷は癒えたように見えた。だが、住民が戻って来ないため活力のよみがえらない街がある。中小企業の立ち直りははかばかしくない。被災地は数多くの問題を抱えていた。放送は、そうした問題に焦点を合わせて、震災五年の特別編成を行った。

NHKは『三〇時間特別編成 震災五年・支えあって』のタイトルで、一月十六日夕方から十七日深夜にかけ、全体で六部から成る企画を放送した。『NHKスペシャル』は地震時の救命や都市の耐震性などをテーマに三本を集中編成した。サンテレビは十一時間余の特番を編成、このうち『断たれたライフライン～震災の教訓を生かす』は、全国各地の独立U局九局にネットされた。大阪の民放テレビ局も六本の全国ネット番組を放送した。

阪神大震災は多くの教訓を残した。中央防災会議は九五年七月、新しい防災基本計画を決めた。住民の備えと自治体などの災害時の対応を具体的に規定し、被害を最小限度にとどめようという考えを前面に打ち出した。

放送各社も地震時の放送マニュアルの見直しを行った。NHKの場合、総合テレビとラジオ第1放送は基幹情報を扱い、ラジオ第2は外国人や視覚障害者向け、教育テレビとFM放送は安否情報と生活情報を伝える、といったように七波の役割分担を明確にした。

過熱した取材と報道――オウム事件とテレビ

一九九四年（平成六年）六月二十七日の夜、長野県松本市の閑静な住宅街に救急車やパトカーのサイレンが響きわたった。大勢の人たちが目の痛みや激しい吐き気を訴えて病院に運ばれる。七人が死亡、重軽症者六百人を出した松本サリン事件である。

事件の第一報は、北深志一丁目に住む河野義行からの「妻が苦しがっている。すぐ救急車を」の一一九番であった。二十八日朝のニュースや朝刊は、有機リン系のガスによる集団中毒か――と大きく報道した。

その日の夜から報道のトーンが変わった。長野県警が第一通報者の河野宅を、容疑者不詳の殺人容疑で捜索し薬品類数点を押収したと発表したからだ。日本テレビの『きょうの出来事』は、「第一通報者が容疑者として浮かんだ」と述べ、間もなく河野が逮捕されるかのような報道を行う。さらに各社の東京社会部の記者たちの警察庁幹部への夜回り取材から、「河野が農薬の調合を間違えた」という情報がもたらされる。二十九日朝のニュースは、河野の名前は伏せたものの通報者の会社員が除草剤を調合していて間違って有毒ガスを発生させた、という報道一色になった。

河野は弁護士を通して事件への関与を否定した。事件から一週間後、捜査本部は原因物質はサリンと推定した。第二次大戦の直前、ナチスが開発した猛毒のガスである。各社は、河野宅から押収した薬品でサリンを造れるかどうか専門家に取材した。答はノーであった。だが、報道の基調は変わらない。河野の農薬調合ミスという警察の見方に引きずられていた。

河野は自著『「疑惑」は晴れようとも』の中で、テレビの報道をこう批判している。

「実際の番組でも、非常に意図的な構成による映像が流されている。例えば、『犯人は許せない』と話す被害者を映した直後、画面は私の家の門に切り替わり、河野という表札をズームアップさせる。視聴者に、いかにも『犯人＝河野』という印象効果を与えているとしか思えない。これは、まるでテレビ局の独自制作に名を借りた県警の広報番組ではないかとさえ思った」

九五年一月一日の読売新聞は、「サリン残留物を検出　山梨の山ろく　松本事件の直後」と報じた。前年の七月、オウム真理教団が拠点を置く山梨県上九一色村で悪臭騒ぎがあり、土壌からサリンの残留物が検出されたというスクープである。

後の地下鉄サリン事件に続く教団への強制捜査で、松本の事件は教団代表の麻原彰晃の指示で、教団で開発したサリンの効果を確かめるとともに教団が関係した裁判を妨害する目的で、裁判官宿舎を狙って噴霧車からサリンを撒いたことが分かる。

河野は事件とは無関係であることが明確になった。名誉回復をかけて河野は、報道各社を提訴する準備を進めた。これに対してまず朝日新聞が四月二十一日付の紙面で「河野さんが農薬の調合に失敗し有毒ガスを発生させた、との印象を読者に与えた」として謝罪した。五月から六月にかけて新聞・通信各社の謝罪が続いた。

「新聞については、当時の記事が残っているので検証できるが、困ったのはテレビ報道だった。ビデオに録っているのはごく一部だから、正確に検証しようがない。当時のテレビニュースを見たいと言っても、テレビ局は出してこない。新聞と違って流しっぱなしのテレビ報道の無責任さを感じる。仕方ないのでテレビ各局には、内容証明による照会書を送って対応を求めることにする」(河野義行・前掲書)。テレビが河野に謝罪したのは、日本テレビ(六月二日)を先頭にNHK、TBS、フジテレビ、テレビ朝日といずれも六月に入ってからであった。

すべてのメディアがそろって誤報をし、謝罪するという日本のメディアの歴史では前例のない事態となった。各社は厳しい批判にさらされ、取材と報道を検証する記事や番組を作った。七月に開かれた民放連の放送倫理セミナーでは、「警察情報を過信するな」「事件を立ち止まって冷静に見直すことが必要」などの反省と課題が提示された。テレビ朝日『ザ・スクープ』は、新聞・放送各社のデスクや取材記者に質す一方、河野や家族の証言を交えてメディアが〝総誤報〟に至った過程を検証した。

九五年三月二十日の朝、東京の営団地下鉄の三つの線の五本の電車内でサリンが撒かれ、十二人が死亡、五千五百人が中毒症を呈した、空前の無差別テロ「地下鉄サリン事件」が起きた。二日後、警視庁などは上九一色村のオウム真理教の施設などを捜索、本格的捜査が動きだす。教団幹部の逮捕が相次ぎ、事件は、オウム教団への捜査をかく乱する目的で麻原が計画、信徒を指揮して起こした組織的犯行と断定された。警視庁は五月十六日、上九一色村の施設に隠れていた麻原を逮捕する。

麻原逮捕で、地下鉄サリン事件以来ほぼ二か月間続いてきたテレビ各社の〝オウム報道〟は頂点に達する。この日の取材態勢はＮＨＫと民放を合わせて総勢三千人、中継車は百台以上、ＥＮＧカメラが三百数十クルー、ヘリ十六機など、阪神大震災に次ぐ規模の取材となった。ＴＢＳが通常より一時間三十五分も繰り上げて午前三時五十分に放送開始、深夜まで十九時間二十四分もの関連番組を放送したのをはじめ、各局は長時間の特別編成で臨んだ。ＮＨＫ総合テレビも、午前五時から夜十一時半まで『連続テレビ小説』『ドラマ新銀河』『大相撲中継』を除いてほかはすべてオウム関連のニュースで埋めた。

地下鉄サリン事件の後も、オウムが関与したと見られる事件が続いた。メディアのオウム報道は一気に高揚した。とくに民放テレビは報道番組にワイドショーが加わって、トップニュースは常にオウム関連が占めた。「オウムをやれば視聴率が上がり、やらないと下がる」——〝オウムの法則〟などといわれ、まさに〝オウム漬け〟とでもいうべき状況が続いた。

日本テレビ『緊急スペシャル—オウム真理教の世界戦略とサリン事件のなぞ』（四月十七日、三六・

オウム事件・麻原逮捕の日　山梨県上九一色村に集まった報道陣
（写真提供：共同通信社）

オウム真理教に対する警視庁などの捜査が進み95年５月16日、教団代表麻原彰晃（本名松本智津夫）は上九一色村の第６サティアンの屋根裏の小部屋に隠れていたところを逮捕された。東京に護送される麻原の車を追ってヘリが中継するなどＮＨＫと民放各局は大掛かりな取材態勢を敷いた。

四％）、『ＮＨＫスペシャル―オウム真理教』（四月十六日、三三・一％）、ＴＢＳ『スペースＪ』（五月三日、三二・六％）など各局の「オウム特番」は、いずれも高い視聴率を上げた。九五年の視聴率上位五十本の番組のうち、オウム関連番組は関東地区で十六本、関西地区で十本を数えた。一方、阪神大震災関連の番組で上位五十位に入ったのは、関西で七本、関東で二本にとどまった。

ＴＢＳ『ブロードキャスター』の集計によれば、九五年にワイドショーがオウムを取り上げた累計時間は千二百七十二時間、二位の阪神大震災の百二十六時間の実に十倍に達した。

テレビは、オウム教団の反社会性

をえぐり出して見せた。その反面、オウムの宣伝に荷担したとの批判も聞かれた。三月末頃からNHKとテレビ東京を除く各局の報道番組やワイドショーには、連日のように教団のスポークスマン上祐史浩ら幹部が登場した。局内では「上祐を出せば三%は視聴率が上がる」といわれたという。教団幹部の頻繁な生出演への批判に、局側は「教団への疑惑が膨らんでいく中で、当事者であるオウムの幹部に真意を聞くのは当然」と反論した。しかしオウムは、番組には生出演とし、ある程度時間を取ることやオウムに詳しいジャーナリストとは同席しないことなどの条件をつけた。ワイドショーの放送時間に合わせて記者会見を設定するため、番組がオウムの一方的な宣伝と釈明の場になることもしばしばであった。

テレビのオウム報道ではまた、モザイクや音声変換の過剰使用が問題になった。発言者の名誉やプライバシーを守るために、顔にモザイク模様をかけたり電子処理で声を変えたりする措置は、以前から取られてはいた。しかし、画面が不自然になる上、それほど内容のない話をあたかも重要な情報であるかのように思わせるおそれもある。このため乱用は戒められていたものだ。

NHKでは、インタビューでは人物の後ろ姿や口許のアップ、手元を写すなどモザイクを使わないよう現場に徹底を図った。だが、ワイドショーでは、安易にモザイクをかけ声を変えるケースが横行した。教団内での儀式を、〝再現映像〟の断りを入れながらもっともらしく見せる手法もしばしば登場した。

九五年十二月に民放連研究所は、全国百二十三の民放テレビ局の報道担当者八百六十五人にアンケートを行った。オウム報道に対する批判で「そう思う」ものは、の質問に対して多かったのは、

「映像編集や効果音が必要以上に使われた」（六一％）、「無用な現場中継が多かった」（五八％）、「地下鉄サリン事件以前の事前報道が不十分」（五七％）などであった。

オウム事件は、テレビの取材と報道にも多くの問題を突きつけ、大きな課題を残したのであった。

「TBSが報道機関として犯した過ちの大きさは計り知れないものがあります。…さまざまな判断の誤りが重なって今回の事態を招きました。…深い反省の上に立って報道機関としての信頼をどうすれば回復できるか、真剣に悩み、考え、努力を重ねています」

九六年四月三十日の夜七時、TBSテレビの特別番組『視聴者の皆様へ』の中で、磯崎洋三社長はこう述べて頭を下げた。「坂本弁護士テープ問題」についての最終報告書の内容を説明し陳謝したものだ。磯崎は翌日、引責辞任した。

オウム真理教被害対策弁護団をつくって、オウムとの交渉やマスコミへの対応に当たっていた坂本堤弁護士一家の三人が、横浜市内の自宅マンションから姿を消したのは八九年十一月四日であった。捜査は進まなかったが、九五年の秋、オウム教団の一連の犯罪が明らかにされていく中で、衝撃的な事実が浮上してくる。

八九年十月に、TBSのワイドショー『3時にあいましょう』が坂本弁護士にインタビューし、坂本はそこでオウムの詐欺的なやり方を厳しく糾弾した。このビデオテープを早川紀代秀ら教団幹部がTBS社内で見て麻原に報告し、麻原の指示で坂本殺害計画が練られ、早川らが三人を殺害したというのだ。

九五年秋、東京地検は、『3時にあいましょう』の総合プロデューサーや曜日担当プロデューサーらを参考人として呼び、問題のテープの提出を求めた。TBSは社内に調査委員会をつくって関係者から話を聞くが、結論は「テープを見せたことにつながる事実や記憶はない」であった。

十月十九日、日本テレビの昼のニュースが「TBS社内で坂本弁護士のインタビューテープを見た、と早川が供述している」と報じた。TBSは電話で日本テレビに抗議する一方、その日夕方の『ニュースの森』で日本テレビの報道を否定、「TBSの社内の調査では、テープを見せたという事実はありません」と言い切った。

五か月後の九六年三月、TBSは社内調査の結果を正式に発表する。「六年前の出来事であり、物証もなく社内調査の限界まで努力したが、テープを見せたという事実につながる記憶は出てこなかった」。しかし翌日、東京地裁の公判における坂本弁護士事件の冒頭陳述で、早川らがインタビューの内容を知った過程が明らかにされる。TBSは再調査を行った。見せた記憶がないと言い張っていた金曜日担当のプロデューサーがついに認めた。「見せたとしか思えない」「私の判断ミスだった」。わずか二週間の再調査で正反対の結論となった。三月二十五日、磯崎社長は緊急記者会見で「オウム幹部にテープを見せていた」ことを認め、金曜日担当プロデューサーの懲戒解雇などの処分を発表、『ニュースの森』も日本テレビの報道を否定した前年十月の放送を陳謝した。

事の発端は、八九年十月二十六日に『3時にあいましょう』のスタッフが、オウム真理教の修行を取材したことにあった。翌日、坂本弁護士へのインタビューと合わせて放送を予定していた。ところが、このときの取材が紛糾してオウム幹部に迫られた金曜日担当プロデューサーは、インタビューテープを見せる約束をしてしまう。その夜、早川らがTBSの千代田分室を訪れてテープを見る。二十七日の放送は中止となった。坂本弁護士一家が姿を消し、公開捜査となった後も、オウムにテープを見せた事実は伏せたままだった。

TBSでは、調査チームを再編成し、元最高裁判事佐藤庄市郎が特別調査人になって詳しい調査を行った。四月三十日にまとまった最終報告書は、問題を起こした構造的な背景や社内事情についても考察し、次のように指摘した。

「取材協力者と対立する相手に、その協力者に無断でテープを見せた行為は、取材の原則から逸脱し、番組制作の倫理に反するものであり、放送への信頼を損なう行為である」

「八九年の時点で当社が組織として対応し得なかったことは、当社の組織が機能していなかったためである」

「当時の千代田分室では、生放送というリスクの高い番組制作にもかかわらず、制作経験のない者に対して現場教育が適切に行われていなかった。職場環境として緊張感の欠如が見られた」

坂本弁護士テープ問題は、TBS社内にも大きな衝撃を与え、社員の間に危機感が高まった。報道局員が中心になって検証番組制作プロジェクトが出来、一か月かけて検証番組を完成させた。四月三十日の夜、『視聴者の皆様へ』に続いて七時二十分から三時間三十三分にわたって放送された『証言～坂本弁護士テープ問題から6年半』がそれである。

磯崎に代わって社長に就任した砂原幸雄は五月二十日、テープ問題に関連した改善策を発表する。不祥事の舞台となりワイドショーなどを制作していた社会情報局の廃止、番組内容をチェックする編成考査局の新設などが骨子であった。

権利侵害に自主対応——BROの発足

衛星放送やケーブルテレビなどの新しい放送メディアが登場して多チャンネルの時代が来ると、ニュースや番組が人権・プライバシーなどの権利を侵害し、深刻な被害をもたらすことが心配される。放送による権利侵害に対し、被害者を迅速かつ公正に救済することが必要だ。そのための制度を検討しよう——。一九九五年（平成七年）五月に郵政省放送行政局長の私的な研究会として発足した「多チャンネル時代における視聴者と放送に関する懇談会」（多チャンネル懇）の狙いである。

懇談会では、一部の学者や消費者団体、ＰＴＡの委員から、「放送事業者に苦情処理を任せてはおけない。外部に第三者機関を置くべきだ」との主張が強く出された。これに対して放送事業者側は、「第三者機関の設置は検閲につながるおそれがある。視聴者センターや番組審議会などを活用し放送事業者の自主・自律性にゆだねるべきだ」と反論した。

九六年十二月に出された「多チャンネル懇」の最終報告書は両論併記の形となり、注目の苦情対応機関の形態では、①公共的な機関、②放送事業者が自主的に設置する機関、③両者の中間に位置するものとして法律の規定を基に放送事業者が設置する機関——の三つが考えられるとした。

「多チャンネル懇」の発足の背景には、テレビ朝日報道局長発言や松本サリン事件報道、坂本弁護士テープ問題など放送事業者の姿勢や自律・自浄の力不足への不満・批判があった。一方、放送事業者側は多チャンネル化を名目に放送内容への規制を強めようという公権力の意図が透けて見える、と警戒した。

自民党内では、法律に基づく機関をつくるべきだとする意見が強かった。放送事業者としては公権力の介入を防ぎながら世論の支持を得られる方策を考えなければならなかった。民放キー局五社の社長とNHK会長のトップ会合で、新しい苦情対応機関を発足させることが決まる。公的規制を避けるために、「放送事業者が自主的に設置する機関」とすることになり、経費はNHKと民放連が負担することも決まった。

日本の放送界が初めてつくった苦情対応機関の名称は、「放送と人権等権利に関する委員会機構」(BRO:Broadcast and Human Rights/Other Related Rights Organization)と決まる。初代委員長には多チャンネル懇の座長も務めた有馬朗人元東京大学学長が就任し、四人の法律家を含め多様な分野から八人の委員を選んだ。BROは九七年六月、業務を開始した。

BROが取り扱うのは、放送番組によって人権などが侵害されたとして放送局に苦情を申し立てたが、話し合いのつかない事例に限られる。委員会(BRC)は苦情申立人と放送局の双方から事情聴取し、番組のテープなど関係資料の提出を求めて審理する。その結果を、放送局側に訂正放送を求めるなどの「勧告」、または「見解」として公表する。

九六年五月に、アメリカのサンディエゴ市で日本人大学教授とその長女が射殺される事件が起き、放送は大きく報道した。教授の妻は、放送で名誉とプライバシーを侵害されたとBROに申し立てた。訴訟に発展していた日本テレビ、フジテレビを除く民放三局とNHKが相手であった。

BRCは九八年三月、NHKに対しては「放送倫理上何ら問題はなかった」との判断を示した。TBS、テレビ朝日、テレビ東京の民放三局に対しては「個々の放送は権利侵害とまではいえないが、

放送と人権等権利に関する委員会（BRC）の審理（発足当時）
（写真提供：放送と人権等権利に関する委員会機構〔BRO〕）

放送と人権等権利に関する委員会機構（ＢＲＯ）は日本で初めて出来た苦情対応機関。法的規制と公権力の介入を免れるためにＮＨＫと民放が共同で設立した第三者機関である。事件報道などの行き過ぎを巡ってメディア批判が跡を絶たず、新聞社も社内に第三者機関を設けるところが増えている。

放送倫理上問題があった」と指摘、人権への配慮と放送倫理の徹底を強く求めた。この委員会決定を各局はニュースや広報番組で伝えた。しかし、教授夫人は「日本的な玉虫色の決定で非常に不満だ」と語った。

九九年十月、埼玉県のＪＲ桶川駅前で白昼、女子大生が殺される事件があった。女子大生の交際相手が風俗店の経営者だったことや、女子大生に対する執拗なストーカー行為が繰り返されたことなどで、ワイドショーや週刊誌が大きく報道していた事件だ。容疑者四人が逮捕された直後、被害者の母親からＢＲＯに「テレビの執拗な取材によって日常生活が脅かされている。何とかならないか」との電話がかかる。委員会は即日、在京テレビ各社に異例の要望書を出した。

「今回も犯罪被害者の立場に十分な配慮をせず、被害者家族に二次的な被害が及んでいる事態が生じていることを憂慮せざるを得ない。…今後の取材に当たっては、被害者および家族のプライバシーを侵害することのないよう節度をもって当たることを強く要望する」

委員会は二〇〇〇年十月、愛媛県の伊予テレビに対し、放送による人権侵害があったとして、初の「勧告」を行った。伊予テレビが九九年九月のニュースで放送した自動車詐欺事件で、無関係の販売会社の映像にボカシ処理を施して「関係が指摘されている自動車販売会社」のスーパーを入れて放送したため、販売業者やその家族の名誉・信用が損なわれ、経営も追い詰められたとＢＲＯに申し立てたものだ。

ＢＲＯは出来たものの、事件取材の過熱と逸脱はその後も跡を絶たなかった。

神戸市須磨区の小学校六年生土師淳君が殺され、頭部が中学校の門前で見つかった事件（九七年五月）は、三月にも同じ団地の小学校三年生山下彩花ちゃんが通り魔に襲われて死亡していただけに、大勢の取材陣が押し寄せた。被害者の家族や周辺の人たち、ニュータウンの住民に執拗な取材を繰り返した。

公園や通学路にはカメラの放列が敷かれ、軒並み住宅のインターホンにマイクを押しつけて取材するテレビ局もあった。団地の自治会は個別取材の自粛を求め、神戸市教育委員会やＰＴＡからは、児童への取材には配慮してほしいという申し入れがあった。

地元神戸のサンテレビはデスク会で、判明した事実と警察発表で分かった確実な情報だけを報道することを確認した。「他局のように面白くなくてもよい、冷静で住民の不安を取り除くような報道を」という社長の通達が報道部員に徹底された。現場での映像取材は一クルーに縮小、中継車も引き揚げた。NHKは、登下校する子どもたちを撮影するときには顔が分からないようにカメラアングルに工夫した。子どもへのインタビューは、親の承諾を得ることを条件とした。

しかし、ワイドショーは相変わらずだった。目撃者の話を基に〝不審な男〟の似顔絵を描き住民に見せて反応を探ったり、神戸新聞社に〝酒鬼薔薇聖斗〟の名前で犯行声明文が届くとスタジオのゲストが勝手な推理を語ったり、事件のショーアップはエスカレートする一方だった。

六月二十八日、同じ団地に住む中学三年生の少年が容疑者として逮捕される。十四歳の少年の異常な犯行は、人々に衝撃を与えた。同時に、少年法六十一条との関係で容疑者少年の報道の仕方が問題となった。NHKは、少年が通っていた学校名を伏せ映像取材でも配慮した。しかし、新潮社発行の写真週刊誌『フォーカス』と『週刊新潮』は、少年の顔写真を掲載した。インターネットの掲示板には少年の実名が流れ、『フォーカス』から転用した顔写真が掲載されて波紋を広げた。

翌九八年にも、マスコミの過熱取材と報道が問題になる事件が起きた。和歌山市の毒物カレー事件である。団地自治会主催の夏祭りで、手作りのカレーライスを食べた四人が死亡、六十三人が中毒症状を訴えた。

ピーク時には五百人もの取材陣が殺到した。「心身共に疲労しています。報道取材を自粛して、静かに休息させてください」の張り紙が全世帯に張り出される有様だった。カレーに毒物を入れたのではないかとの疑惑を持たれた住民の家には、二十四時間記者が張りつき、カメラマンの脚立が林立した。NHKと毎日放送はカメラの位置を下げる措置を講じたし、住民への取材でもNHKは、前もって手紙で話を聞かせてもらえるかどうかを打診した。

だが、大勢は相変わらずの〝集中豪雨〟的取材であった。日本弁護士連合会は、「一部の報道が特定の個人の住居を昼夜監視し、子どもの写真を撮影するなど、個人のプライバシーや近隣住民の生活を侵害している」との会長談話を発表して、節度ある取材を呼びかけた。

高まる批判に第三者機関――子どもとテレビ

神戸の連続小学生殺傷事件に続いて、一九九八年（平成十年）一月には栃木県黒磯市の中学校で、一年生の男子生徒がナイフで女性教師を刺して死亡させる事件が起きた。「テレビドラマで俳優がバタフライナイフを素早く扱っているのを見て格好いいと思い、事件の一週間ほど前にナイフを購入、毎日学校に持ってきていた」という少年の供述が衝撃を与えた。

三月には、総務庁の青少年対策推進会議が「深刻化する少年非行」を裏づけるデータを発表する。少年の刑法犯、とくに殺人や強盗などの凶悪犯が急増しているというものだ。少年非行の増加と深刻化は、少年法改正論議とマスメディア、とくにテレビの影響を巡る論議を再燃させた。

テレビ番組が子どもに与える影響については、放送初期からさまざまな議論が展開され、数多くの調査研究も行われてきた。子どもの生活の中で、テレビは大きな比重を占める。NHKの九八年の調査によれば、テレビを見る時間は週平均一日当たり小学生が二時間十七分、中学生二時間四分、高校生二時間に達する。小学生が学校の行き帰りに友達と話題にすることは、テレビ（四三％）、友達のこと、テレビゲーム（各四一％）である。

それだけにテレビ番組の内容が問われてくる。九八年に民放労連は、民放局とプロダクションで働く二千人を対象に「子どもとテレビ」のテーマでアンケートを行った。

「テレビの暴力表現や性表現は、全体として以前より過激になっている」と思うもの（四七％）は、そうは思わないもの（二三％）の倍以上もあった。過激になった理由や背景については、「視聴率をとるためには過激な表現もやむを得ないから」（六六％）が圧倒的で、以下「視聴者ニーズがあるから」（三四％）、「ほかの番組も過激だから」（二六％）、「リアルな表現が求められているから」（一九％）と続いている。

民放連の放送基準は、「武力や暴力を表現するときは、青少年に対する影響を考慮しなければならない」「暴力行為の表現は、最小限にとどめる」「犯罪の手口を表現するときは、模倣の気持ちを起こさせないように注意する」などと定めている。前記アンケートによれば、この放送基準を読んだことのあるものは四人に一人で、放送基準の内容を意識して仕事をしているものとなると、十人に一人に過ぎない。

多チャンネル化は、一方で良質な番組を、他方では質の低い番組を増加させる傾向がある。茶の間や居間で親と子が一緒に視聴する機会が減り、一人ひとりが個室でテレビを見ることが多くなってきているが、多チャンネル化が進むとこうした傾向がさらに強まることが考えられる。

「多チャンネル時代における視聴者と放送に関する懇談会」はこうした問題意識に立って、①青少年の視聴する時間帯における番組制限、②番組の事前表示、③デジタル放送におけるペアレンタルロック機能とVチップ――の三点について提言した。

アメリカでは午前六時から夜十時まで、フランスは六時から十時半まで、韓国では午後一時から十時までなどと時間を決めて、青少年に不適切な番組の放送を制限している。また、青少年に不適当な番組をあらかじめ表示する制度もアメリカ、フランス、カナダなどでは実施されている。VチップのVはViolence（暴力）の頭文字。暴力や性描写の程度に応じて番組のランクづけを行い、これを参考に親が子どもに見せたくない番組のコード番号をインプットしておくと、受像機に内蔵したVチップが働いてその番組が映らなくなる仕組みで、九七年にアメリカが世界で最初に導入した。

この頃、青少年の健全育成とテレビとの関係を問題視する動きが各方面で顕在化し、番組の事前表示やVチップを日本でも導入すべきとする意見が続出していた。郵政省が発足させた「青少年と放送に関する調査研究会」は、九八年十二月にまとめた報告書の中で、青少年向け番組の充実、メディア・リテラシーの向上、第三者機関の活用、放送時間帯の配慮などを提言、Vチップについてはデジタル技術の動向などを踏まえて引き続き検討するということになった。

二〇〇〇年四月には、「放送と青少年に関する委員会」が発足した。提言にあった第三者機関である。NHKと民放連が、放送事業者による自主的な機関として放送番組向上協議会に併設した。①放送と青少年に関する視聴者からの意見を受け付けて各放送事業者に伝える、②放送事業者や番組制作者、青少年自身、保護者などと意見交換を行う、③大学などと協力し放送と青少年に関する調査研究を行う――が委員会の役割である。

委員会は二〇〇〇年十一月、『めちゃ²イケてるッ！』（フジテレビ）の「しりとり侍」のコーナーと、『おネプ！』（テレビ朝日）のタレントが若い女性を巴投げで投げるコーナーについて、「暴力や性表現に問題があり、青少年への配慮に欠ける」との初の見解を発表、両社は指摘を受けたコーナーを中止した。

テレビのアニメ番組を見ていた子どもがけいれんを起こして病院に運ばれる〝事件〟が起きた。それまで、テレビの子どもへの影響といえば、番組の表現内容が意識や行動に及ぼす影響のことであった。この事件は、映像表示手法による人体への影響という全く別の種類の影響をクローズアップさせた。

九七年十二月十六日にテレビ東京系で放送された『ポケットモンスター』（通称『ポケモン』）（第三十八話）を見ていた子どもたちの間で、けいれんや頭痛、吐き気などを訴えるものが続出、全国で六百八十五人が病院に運ばれ治療を受けた。第三十八話では、画面の背景が強い光で明滅する「透過光撮影」という表示手法が多用されていた。子どもたちの発症は、この表示手法と関係があると見られた。

日本のアニメは海外にも輸出され、世界市場の六五％を占める。映像表示の安全性を確保することは、緊急を要する。テレビ東京とＮＨＫは社内に調査チームを発足させ、厚生省と郵政省も研究班や検討会を設置した。

九八年四月、ＮＨＫと民放連はアニメの映像手法に関するガイドラインをまとめた。そこでは、一秒間に三回を超える映像や光の点滅は避け、とくに鮮やかな赤色の点滅は慎重に扱う、しま・渦巻き・同心円模様など規則的なパターン模様が画面の大部分を占めることを避けることなどを明記し、テレビを見るときは明るい部屋で受像機から二メートル以上離れるなどの予防策も必要、と注意を促した。

スポーツは優良ソフト――高騰する放送権料

一九九九年（平成十一年）の夏、BS有料放送のWOWOWは八シーズン続けてきたイタリアのサッカーリーグ＝セリエAの放送ができなくなったと、契約者に「おわび」をした。CS有料放送のスカイパーフェクTVが地上波放送への再販売を含む日本国内の独占放送権を獲得したためである。権利の期間は三年間、金額は六十億円と推定された。

たちまち効果が現れた。開局以来、月三万件前後だったスカイパーフェクTVの新規契約は、八月、九月とそれぞれ七万件を超した。WOWOWはこの間、前年の倍近い解約者を出した。セリエAのファンがまるごとスカイパーフェクTVに移ったと推測された。デジタル多チャンネル時代の本格的な幕開けに先駆けて、スポーツソフトが持つ経営戦略的な重みを見せつけたものであった。

スポーツソフトの価値は、競技の普及やヒーローの出現、メディアの仕掛けなどで、時には激変する。日本が初出場した九八年のワールドカップ・サッカー・フランス大会はその典型だった。それ以前のワールドカップ・サッカーは、日本のテレビにとって優良なソフトとは言い難かった。九〇年のイタリア大会でNHKは、全五十二試合中五試合を総合テレビで中継したが平均視聴率は二％前後と振るわなかった。前年に本放送を始めた衛星放送は全試合を中継したが、衛星の受信機は百万台に達したばかりだった。九四年のアメリカ大会でも衛星は全試合を中継、総合テレビは準々決勝以後の八試合を生中継した。ブラジル対イタリアの決勝戦が二〇%近い視聴率を上げたものの、八試合の平均では四・九%だった。

フランス大会では、それが大きく変わった。〝BSは、ぜんぶやる〟をキャッチフレーズに衛星第1は約一か月間、開幕戦から決勝まで六十四試合全部を生中継した。総合テレビは十二試合を放送したが、日本の対クロアチア戦六〇・九%、対アルゼンチン戦六〇・五%と驚異的な視聴率を記録した。この唐突とも思える熱狂は、日本チームが念願のワールドカップ初出場を果たしたこと、二〇〇二年大会の日本と韓国共催が決まっていたことによる。九三年に発足したJリーグがプロスポーツとして定着したことも理由の一つであろう。

多チャンネル化は番組のソフト不足を招き、優良スポーツソフトの獲得競争を激化させ、放送権料の高騰に拍車をかけることになった。多チャンネルで生まれた有料テレビが放送権を独占、無料放送での人気スポーツの放送が少なくなるという新たな問題が持ち上がってきた。

九〇年十一月、〝世界のメディア王〟の異名を取るルパート・マードックが率いる有料の衛星放送Bスカイ Bが、イギリスに誕生した。Bスカイ Bは、スポーツの独占放送権を経営戦略の核に据えた。マードックは世界最古のサッカーリーグ＝イングランドリーグから人気チームを集めてプレミアリーグを結成させ、その全試合の放送権を独占するという荒っぽいやり方で契約者を急速に増やしていった。Bスカイ Bは五年間で六億八千万ポンド（千二百六十億円）の高額の放送権料を支払った。

放送権料の高騰は、オリンピックも例外ではない。八四年のロサンゼルス大会が導火線であった。

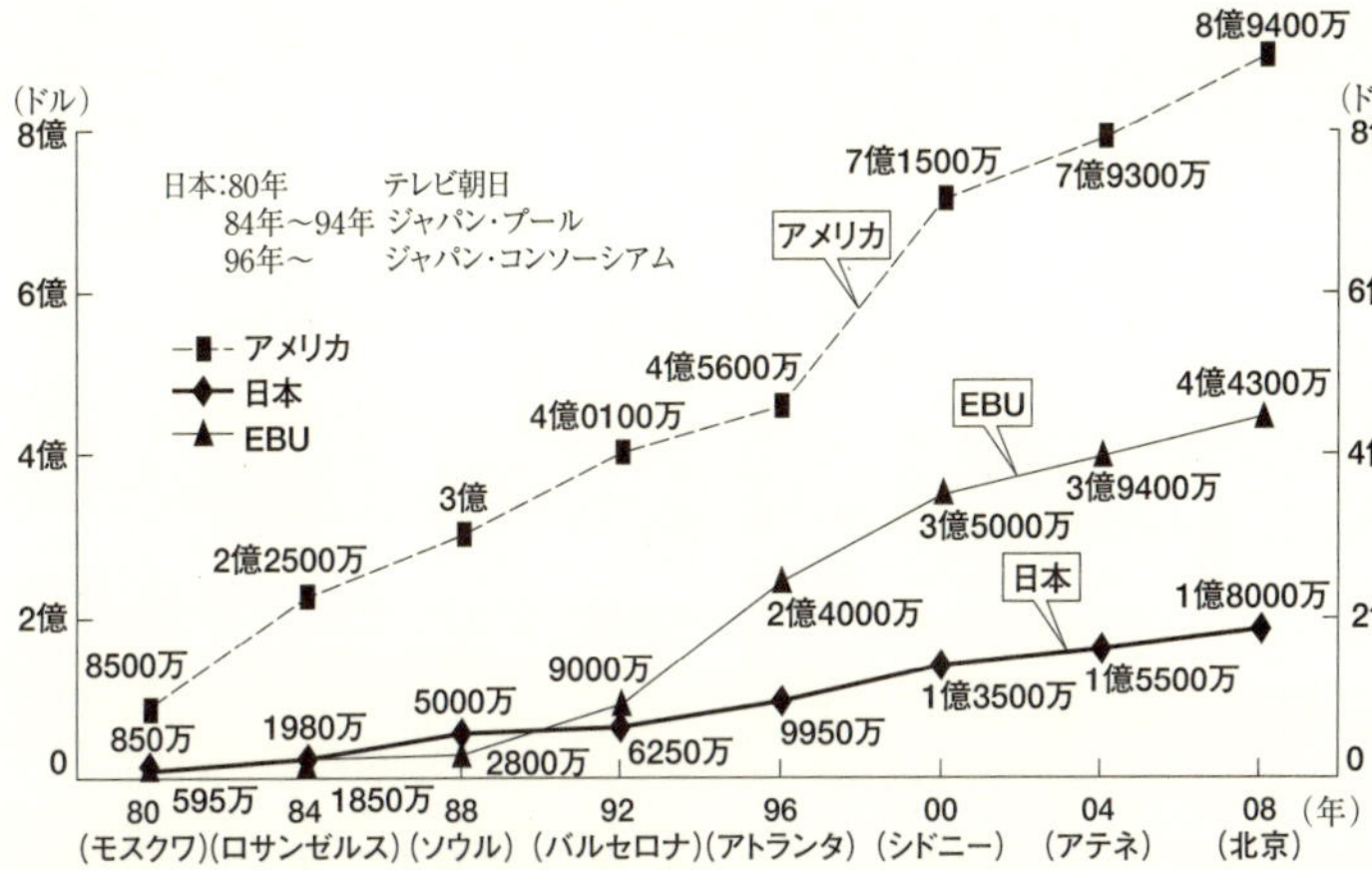

夏期オリンピック大会の放送権料の推移

オリンピックはロサンゼルス大会(84年)を契機に商業主義路線をひた走るようになり、放送権料は以後急騰する。とくに有料放送の高額放送権料の提示が“先物買い”に火をつけた。

このときの放送権料は、米ABC一社で二億二千五百万ドルの巨額に上った。日本はNHKと民放連とのプール方式で交渉に臨み、組織委員会の提示額一億ドルを千九百五十万ドルまで引き下げた。ロサンゼルス大会を契機に商業主義路線が本格化、放送権はオリンピック・ビジネスの核となる。これ以後、大会のたびに大幅な高騰が続く。

二〇〇〇年夏のシドニー・オリンピックでは、ヨーロッパ全域の独占放送権を目論むBスカイBが二十億ドルの高額を提示した。だが、IOC(国際オリンピック委員会)は、BスカイBよりもはるかに安い三億五千万ドルを提示したEBU(欧州放送連合)に放送権を与えた。EBUが長年、「無料放送」でオリンピックを放送してきた実績を評価したのだった。

この後、地上波テレビ局は長期間の放送権獲得を急いだ。「無料放送」優先を言明したIO

Cの方針が変わらないうちに、またインターネット配信など新たな放送権の問題が生じる前に、先々の大会の権利を固めておきたいという意向によるものだ。

九五年に米NBCは、二〇〇〇年夏のシドニー大会と〇二年冬のソルトレークシティー大会の二大会の放送権をIOCと初めて一括合意、さらに〇四年から〇八年までの夏冬三大会についても合意した。契約金の総額は、五大会を合わせて三十五億六千五百万ドル（約三千五百六十五億円）に上った。EBU、オーストラリア、カナダ、日本（NHKと民放共同のジャパン・コンソーシアム）が続いた。開催国も決まっていない十年も先の大会の〝先物買い〟であった。

FIFA（国際サッカー連盟）は九六年、二〇〇二年と〇六年の二つの大会の放送権を、ドイツのキルヒ・メディアグループと、スイスのスポーツエージェントISLが出資するスポリスに売却した。金額は〇二年大会が十三億スイスフラン（約千三百億円）、過去六大会を合わせた放送権料の三倍、前回フランス大会の十倍であった。日本国内での放送権は、スカイパーフェクTVが推定百三十五億円、NHKと民放が組んだジャパン・コンソーシアムが推定六十三億円、計百九十八億円でキルヒ・ISLと合意した。フランス大会でNHKが支払った放送権料（五億八千七百五十二万円）の実に三十三倍強である。高騰というよりも暴騰というべき値上がりようであった。

二十世紀最後のオリンピックとなったシドニー大会は、二〇〇〇年九月十五日から十月一日まで開かれ、過去最高の二百か国・地域から一万一千人の選手が参加した。国内での放送は、NHKと民放が種目ごとに優先順位をつけ各局が分担して放送した。日本選手の活躍や、時差が二時間しかなく主な競技が日本のゴールデンタイムに集中したことなどで人々の関心は高く、サッカー男子準々決勝日本対アメリカ（ＮＨＫ）が四二・三％、高橋尚子選手が優勝した女子マラソン（テレビ朝日）が四〇・六％などの高い視聴率を記録した。

CS、BS、そして地上波——デジタル時代の幕開け

一九九五年（平成七年）三月、郵政省放送行政局長の私的懇談会「マルチメディア時代における放送の在り方に関する懇談会」が報告書をまとめた。

放送のデジタル化は世界的な潮流という認識に立ち、デジタル化は多チャンネル化・高画質化・高機能化を可能にし、ほかの情報メディアとの連携・融合も可能になると述べた。そして、デジタル放送の導入可能な時期を、通信衛星（ＣＳ）によるテレビ放送とケーブルテレビは九六年、地上波テレビは二〇〇〇年代前半からなどと明記した。

翌九六年は、日本における放送デジタル化の幕開けの年となった。十月一日、初のデジタル放送パーフェクＴＶが本放送を開始した。通信衛星のＪＣＳＡＴ-３の十三本の中継器を使って五十三チャンネルのテレビ放送と四チャンネルのラジオ放送を行った。テレビには、ニュース、気象情報、スポーツ、ドキュメンタリー、旅番組、映画、囲碁・将棋、カラオケ、外国語番組、成人向け映画など多彩な専門チャンネルがそろっていた。

パーフェクＴＶは翌九七年から有料放送に移行する。ＣＳデジタル放送の受信に必要なパラボラアンテナとチューナーは五〜七万円、このほか加入料、基本料、月々の視聴料がかかる。視聴料は月額三百円のニュースから三万円の経営情報まで幅があり、料金体系もいくつかのチャンネルを組

み合わせて料金を設定したパッケージや、番組を見るごとに料金を加算するペイ・パー・ビューなどがあった。契約は順調に伸び、三月末で二十三万六千件に達した。

パーフェクTVは資本金百億円、主な出資者は伊藤忠商事、住友商事、三井物産、日商岩井の四社である。CSデジタル放送の二番手ディレクTVは、アメリカの衛星放送会社ディレクTVと日本のレンタルビデオ会社CCCが筆頭株主となり、松下電器産業、三菱商事、三菱電機、大日本印刷などが資本参加した。九七年十二月、通信衛星スーパーバードCを使い六十三チャンネルの有料放送を始める。

しかし、二つのCSデジタル放送は、使用する衛星の位置が違いチューナーの機種も異なるため、両方の放送を見るためには別のアンテナとチューナーが必要だった。ディレクTVは後発の不利に加えてチャンネルの数が少ないこともあって契約が伸び悩んだ。

九六年に来日したルパート・マードックは、二年以内に百五十チャンネルのCSデジタル放送を開始すると発表した。マードックのニューズ・コーポレーションと孫正義のソフトバンクが中心となってJスカイBを設立、ソニーとフジテレビも参加した。

だが、三社ものCSデジタル放送が鼎立しては過当競争を招く。JスカイBはパーフェクTVとの合併に動いた。九八年三月、両社は合併して社名をスカイパーフェクTVとした。

スカイパーフェクTVは、合併によるチャンネル増とサッカーなど人気番組の独占放送で着実に契約を伸ばしていく。本放送開始二年二か月後に百万、三年八か月後の二〇〇〇年六月には二百万件に達した。一方、ディレクTVは業績不振が続き、二〇〇〇年九月にはスカイパーフェクTVに統合された。三社で始まったCSデジタル放送は、三年余りで一社に集約された。

ケーブルテレビの業界では、規制緩和と外資の参入による〝激震〟が続いた。ケーブルテレビは、「事業主体は地元の企業を中核とすること」などの〝地元要件〟が足かせとなって小規模な事業者が乱立、効率的経営ができないまま停滞していた。

だが、細川内閣による規制緩和が、経営環境改善のきっかけとなった。九五年一月、アメリカのケーブル会社も参加して、タイタス・コミュニケーションズとジュピターテレコムの二つのケーブルテレビ運営会社（MSO）が誕生した。MSOとは、複数のケーブル局を所有し財務、広報、番組購入などを統括して行う組織のことだ。両社は事業規模の拡大を図り、二〇〇〇年五月末で、ジュピターは二十一施設・加入世帯六十五万三千、タイタスが七施設・九万六千世帯のMSOとなった。九九年を境に、ケーブルテレビを取り巻く状況がまた大きく変わった。ケーブルの伝送路を利用するインターネット接続サービスと、ケーブルテレビのデジタル化が引き金となって、事業の統合や広域化の動きが出てきた。

放送衛星（BS）を使ったデジタル放送は、二〇〇〇年十二月一日から始まった。

テレビはNHKと民放キー局系五社（ビーエス日本、ビーエス朝日、ビーエス・アイ、ビー・エス・ジャパン、ビーエスフジ）がデジタルハイビジョン、映画専門のスターチャンネルは現行の標準テレビ（SDTV）、WOWOWはSDTVとデジタルハイビジョンの両方での放送である。

ラジオ放送は、十社が高音質の音楽番組など二十三チャンネルの放送を始めた。また、ニュースや番組案内、気象情報などのデータ放送も始まった。

BSデジタル放送の本放送開始（2000年12月1日）　（写真提供：NHK）

ＮＨＫと無料放送の民放キー局系の５社、有料放送のＷＯＷＯＷとスターチャンネルがこの日から本放送を開始した。“1000日で1000万世帯”を普及の目標に掲げたが、目標達成のかぎは受信機の価格引き下げと魅力ある番組ソフトの提供にかかっている。

各局はそれぞれ特色ある編成を打ち出した。ＢＳ日テレ（通称、以下同じ）は、日本テレビがＣＳで行っている二十四時間ニュース「ＮＮＮ24」を柱に据えた。ＢＳ朝日は、地上波放送に飽き足らない視聴者層を対象にＢＢＣのドキュメンタリーやスペシャル番組をゴールデンタイムに組んだ。ＢＳ-ｉ（ＴＢＳ系）は、データ放送とＢＳデジタル放送の独自番組を両輪に位置づけ、双方向機能を使ったショッピング番組などを重点的に編成。ＢＳジャパン（テレビ東京系）は、ＢＳによってテレビ東京の放送が全国に拡大した利点を生かして、経済ビジネス情報を中心に全体の七〇％を地上波と同じ番組で編成した。〝情報とエンターテインメントのおもちゃ箱〟とうたったＢＳフジは、フジテレビの地上波の番組や双方向機能を使った若者向けの番組を並べた。

民放キー局系の放送は、広告料収入による無料放送である。BSデジタルテレビの広告料は地上波の十分の一といわれる。民放連は視聴世帯が千五百万に達した時点で年間千五百億円、電通は二〇一〇年で六千億円と広告費を予測した。

スタートに当たってBSデジタル放送の事業者は、〝一千日で一千万世帯〟の普及目標を掲げた。NHKとWOWOWを合わせたアナログ衛星放送の契約が千三百万を超えていることを基に予測した数字である。目標達成のかぎは、受信機の価格引き下げと魅力ある番組ソフトの提供如何にかかっている。

放送開始から一年、〇一年末までに約百万台のデジタル受信機が出荷され、ケーブルテレビ経由を含めると視聴世帯は二百五十万に達した。

〝デジタル時代の本番〟は、地上波放送のデジタル化である。郵政省の「地上デジタル放送懇談会」は九八年十月の報告書で、地上波放送をデジタル化するメリットとして、高品質な映像と音声サービス、チャンネルの多様化などを挙げ、視聴者自らが番組を選択する能動的な〝視聴者主権の確立〟にこそ、デジタル化の社会的意義があると強調した。また、経済効果では、二〇一〇年の放送市場は現在の約五倍の十六兆円になると予測した。

地上波テレビのデジタル化の時期は、関東・近畿・中京広域圏が二〇〇三年末までに、その他の地域は二〇〇六年末までにそれぞれ本放送を開始する、現行のアナログ放送は二〇一〇年を終了の目安とする、ということになった。

デジタル化のための投資が、放送事業者にとって重い課題としてクローズアップしてきた。親局の送信設備や中継局のデジタル化、アンテナの建て替えなどすべてをデジタル化した場合、NHKは全国で約三千五百億円、民放は一局当たり約四十五億円で全体で六千六百五十億円が必要と見積もられた。

デジタルに切り換える前の段階で、地域によっては従来使っていたアナログ周波数を一時的に別のアナログ周波数に変えなければならないところが出てくる。影響を受けるのは当初二百四十六万世帯、国費で賄う対策費が八百五十二億円と発表されたが、その後四百三十六万世帯・二千億円に膨らむことが判明する。

これから本番を迎える地上波放送も含めて、開幕したデジタル放送時代の先行きはまだ見えてこない。

執筆・小田貞夫（おだ・さだお）
経歴　一九三六年生まれ。NHK入局後、社会部デスク、解説委員、新潟放送局長、放送文化研究所主幹などを経て、二〇〇一年から十文字学園女子大社会情報学部教授。災害報道・メディアの倫理・放送史などの調査・研究に当たる。

編集協力――――青藍社
　　　　　　　阿萬壱子
ブックデザイン――中山郁雄
カバー写真撮影――小林雅裕

JASRAC　出0201282-201

放送の20世紀

ラジオからテレビ、そして多メディアへ

二〇〇二(平成一四)年三月二五日　第一刷発行

監　修——NHK放送文化研究所

編　集——日本放送出版協会

発行者——松尾　武

発行所——日本放送出版協会
〒一五〇-八〇八一　東京都渋谷区宇田川町四一-一

電　話——〇三-三七八〇-三三二五(編集)
〇三-三七八〇-三三三九(販売)
http://www.nhk-book.co.jp

振　替——〇〇一一〇-一-四九七〇一

印刷・製本——大日本印刷

乱丁・落丁本はお取り替えいたします。
定価はカバーに表示してあります。

Printed in Japan
ISBN4-14-007203-2 C3065